光学ライブラリー
3

物理光学
―媒質中の光波の伝搬―

黒田和男 [著]

朝倉書店

まえがき

　レーザーが発明されて半世紀が過ぎた．この間，光学技術の発展は目覚ましく，現代科学技術を支える基盤技術として不可欠の存在となっている．ところが，最近大学において光学に関連する講義が減っているように思われる．このため，研究開発の現場で光学技術に直面した研究者や技術者が，必要にかられて光学の基礎を勉強をする機会が増えているのではないだろうか．

　本書は，大学で光学を学ぶ学生や，企業において光学に関連する研究開発に従事する研究者や技術者を念頭に，物理光学の基礎を論じた教科書である．著者の意図は，入門書では物足りないが，Born–Wolf のような大部の教科書や，特定のテーマを深く扱った専門書にはなかなか手が出せない中間層を狙った教科書を書こうということにある．英語でタイトルを付けるとすれば，Introductory と Advanced の間の Intermediate Optics がぴったりとしている．日本語に直訳すれば「中等光学」とでもなろうが，本のタイトルとしてしっくり来ないので，結局は内容を考え「物理光学」と名付けた．

　物理光学と呼ぶとき，通常，そのカバーする分野は大変広い．極論すると，光学全般から，幾何光学と量子光学を除いたものが物理光学だと言ってもよい．しかし，本書ではテーマを絞り，様々な媒質中の平面電磁波の伝搬を解析することに集中した．干渉や回折も物理光学の重要なテーマであるが，あえて除外した．ページ数を増やしたくないという物理的な制約もあるが，それよりも，平面波の伝搬を理解することが物理光学を理解する上で重要であり，基本であると考えたからである．すべての光波は平面波で展開できるから，平面波の伝搬が分かれば，回折も結像もそれから導出できるはずだ，というのもあながち強弁とは言えないだろう．ともかく，波動光学や結像光学についての記述がないことをあらかじめ断っておきたい．幸い，これらの分野については別に良書があるので，そちらを参照していただきたい．

まえがき

　本書では，マクスウェル方程式を解いて，様々な媒質中を伝搬する光波の性質を明らかにするという作業を繰り返し行っている．マクスウェル方程式は電磁気学の一つの終着点であるが，光学にとっては出発点である．だからといって，あわてて電磁気学を復習する必要はない．マクスウェル方程式は天が与えたものとして，あるがままに受け入れてしまえばよいのである．マクスウェル方程式に限らず基本方程式は，それが導かれる根拠を知ることも大事であるが，正しい使い方を学ぶのも同じように重要である．実際，マクスウェル方程式に慣れることが，電磁気学の理解を深める最良の方法であると信じる．さらに，マクスウェル方程式は偏微分方程式系であるから，数学的にも手ごわい．しかしこれも，平面波の解を仮定すれば結局は代数方程式に帰着し，ベクトルや行列の知識で十分扱うことができる．もちろん，媒質が複雑な構造を持てば，マクスウェル方程式の解は単純な平面波では書けない．原理的には，すべての解は平面波の重ね合わせで書けるはずだが，それが実際に実行可能か否かは，媒質の構造の複雑度に依存する．本書では平面波で扱える程度に単純な構造の媒質，具体的には，一様な媒質，および，層状媒質に限った．このように限定しても，実用的に重要な媒質の多くが含まれる．

　本書の各章は比較的独立している．1章にざっと目を通して記号の使い方に慣れた後は，どの章に飛んでも問題なく読めるはずである．特に後半の各章はトピックごとにまとめたので，いきなり興味のある章を読みはじめて差し支えない．また，所々に問題と解答を置いた．これは演習問題というより，飛ばしても本文の理解に差し障りのない派生的な事柄の説明や面倒な計算を切り離したものと考えてほしい．余裕があれば，本文と同様に読んでいただきたい．

　末筆になりますが，研究を通じて光学について多くの議論を交わした研究室のメンバー，著者の執筆活動を支えてくれた家族，そして，出版に際してお世話になった朝倉書店に深く感謝いたします．

　　2011年2月

黒　田　和　男

目　　次

1. 電　磁　波 ··· 1
　1.1　マクスウェル方程式 ··· 1
　　1.1.1　誘電率と透磁率 ··· 2
　　1.1.2　電荷の保存則 ·· 4
　1.2　波動方程式 ·· 4
　1.3　一様な透明等方媒質中の単色平面波 ··························· 5
　　1.3.1　平　面　波 ·· 5
　　1.3.2　直　線　偏　光 ·· 8
　　1.3.3　電磁場の大きさ ··· 9
　　1.3.4　電磁波伝搬の物理的解釈 ····································· 10
　1.4　光エネルギー ··· 11
　　1.4.1　エネルギー密度 ··· 11
　　1.4.2　ポインティングベクトル ····································· 12

2.　反射と屈折 ··· 13
　2.1　反射屈折の法則 ·· 13
　2.2　反射透過係数 ··· 15
　　2.2.1　s　偏　光 ··· 16
　　2.2.2　p　偏　光 ··· 18
　　2.2.3　フレネル係数の別表現 ·· 19
　　2.2.4　反射率と透過率 ··· 21
　　2.2.5　フレネル係数の間の関係 ····································· 22
　　2.2.6　垂　直　入　射 ·· 23
　　2.2.7　かすり入射 ··· 23

	2.2.8	ブルースター角	23
	2.2.9	裏からの入射	25
	2.2.10	時間反転	25
	2.2.11	ポインティングベクトル	26
2.3	全 反 射		28
	2.3.1	フレネル係数	30
	2.3.2	エネルギーの流れ	30
	2.3.3	全反射の時間反転	32

3. 偏 光 ... 33

3.1	完 全 偏 光		33
	3.1.1	直 線 偏 光	34
	3.1.2	楕 円 偏 光	34
	3.1.3	円 偏 光	35
	3.1.4	一般の楕円偏光	36
	3.1.5	標 準 形	37
3.2	ジョーンズベクトルとジョーンズ行列		40
	3.2.1	ジョーンズベクトル	40
	3.2.2	内積と直交関係	41
	3.2.3	偏光素子とジョーンズ行列	42
	3.2.4	旋 光 子	42
	3.2.5	偏 光 子	42
	3.2.6	マリュスの法則	43
	3.2.7	移相子 (位相板)	43
	3.2.8	1/4波長板	44
	3.2.9	半 波 長 板	45
3.3	部 分 偏 光		46
	3.3.1	コヒーレンシー行列	46
3.4	ストークスパラメーター		47
	3.4.1	完全偏光のストークスパラメーター	48
	3.4.2	パウリのスピン行列	49

3.4.3　ストークスパラメーターの測定 ･････････････････････････ 49
　3.4.4　回転検光子による測定 ････････････････････････････････ 50
3.5　ポアンカレ球 ･･ 52
3.6　ミューラー行列 ･･ 54
　3.6.1　偏　光　子 ･･ 54
　3.6.2　旋　光　子 ･･ 54
　3.6.3　移相子 (位相板) ･･ 55
　3.6.4　マリュスの法則 ･･ 56
　3.6.5　複屈折と旋光性が同時に存在する場合 ････････････････････ 57

4. 結晶光学　59
4.1　誘電率テンソル ･･ 59
4.2　固有偏光とフレネル方程式 ･･････････････････････････････････ 60
　4.2.1　フレネル方程式 ･･ 61
　4.2.2　フレネル方程式の別表現 ････････････････････････････････ 64
4.3　屈折率楕円体 ･･ 64
4.4　光　線　速　度 ･･ 67
4.5　双　対　性 ･･ 68
4.6　屈折率面と光線速度面 ･･････････････････････････････････････ 69
　4.6.1　光線ベクトルは屈折率面に直交する ･･････････････････････ 70
　4.6.2　群速度は屈折率面に直交する ････････････････････････････ 71
4.7　結晶の光学的な性質による分類 ･･････････････････････････････ 71
4.8　一　軸　結　晶 ･･ 72
　4.8.1　光線ベクトル ･･ 74
　4.8.2　光線速度面 ･･ 74
　4.8.3　一軸結晶の群速度 ･･････････････････････････････････････ 75
4.9　二　軸　結　晶 ･･ 77
　4.9.1　光　学　軸 ･･ 78
　4.9.2　二軸の極限としての一軸結晶 ････････････････････････････ 78
　4.9.3　副　光　学　軸 ･･ 78
　4.9.4　固有偏光の振動面 ･･････････････････････････････････････ 79

4.9.5　屈　折　率 …………………………………………… 79
　　4.9.6　球面三角法 …………………………………………… 80
　　4.9.7　球面三角法の余弦法則 ……………………………… 82
　　4.9.8　円　錐　屈　折 ……………………………………… 83
　4.10　複　屈　折 ………………………………………………… 85
　　4.10.1　屈折率面を用いた説明 ……………………………… 85
　　4.10.2　ホイヘンスの原理による説明 ……………………… 86
　4.11　電気光学効果 ……………………………………………… 87
　　4.11.1　ポッケルス効果 ……………………………………… 87
　　4.11.2　有効電気光学定数と半波長電圧 …………………… 88
　　4.11.3　カ　ー　効　果 ……………………………………… 89

5. 光　学　活　性 …………………………………………………… 91
　5.1　旋光性と円二色性 …………………………………………… 91
　5.2　等方性媒質の光学活性 ……………………………………… 92
　　5.2.1　構成関係式 ……………………………………………… 92
　　5.2.2　光　学　活　性 ………………………………………… 94
　　5.2.3　螺旋構造体 ……………………………………………… 96
　5.3　異方性媒質の光学活性 ……………………………………… 97
　　5.3.1　6次元固有値方程式 …………………………………… 97
　　5.3.2　旋回ベクトル …………………………………………… 98
　　5.3.3　異方性媒質中の旋光性 ………………………………… 100
　5.4　磁気光学効果 ………………………………………………… 102
　　5.4.1　ファラディ効果 ………………………………………… 102
　　5.4.2　磁気カー効果 …………………………………………… 105

6. 分散と光エネルギー …………………………………………… 107
　6.1　電　磁　応　答 ……………………………………………… 107
　6.2　誘電体の誘電率 ……………………………………………… 108
　6.3　パルス伝搬と群速度 ………………………………………… 110
　6.4　分散媒質中の光エネルギー ………………………………… 112

	6.4.1 エネルギーの平衡方程式 ········· 112
	6.4.2 分散媒質中の電磁場のエネルギー密度 ········· 113
6.5	吸　　　収 ········· 115
	6.5.1 振幅の減衰 ········· 115
	6.5.2 エネルギー損失率 ········· 116

7. 金　　属 ········· 119

- 7.1 金属中のマクスウェル方程式 ········· 119
- 7.2 金属の誘電率 ········· 120
- 7.3 金 属 反 射 ········· 121
- 7.4 ポラロイド ········· 124
- 7.5 表面ポラリトン ········· 125
  - 7.5.1 表面に局在する波の存在条件 ········· 125
  - 7.5.2 表面プラズモン ········· 126
  - 7.5.3 減衰全反射 ········· 127
  - 7.5.4 フレネル係数の特異点 ········· 128
  - 7.5.5 単層膜としての解析 ········· 129

8. 多 層 膜 ········· 132

- 8.1 多層膜中の電磁波 ········· 132
- 8.2 特 性 行 列 ········· 133
  - 8.2.1 s 偏 光 ········· 134
  - 8.2.2 p 偏 光 ········· 134
  - 8.2.3 層内の伝搬 ········· 135
  - 8.2.4 反射透過係数 ········· 136
- 8.3 単 層 膜 ········· 137
  - 8.3.1 反射率と透過率 ········· 137
  - 8.3.2 単層反射防止膜 ········· 139
  - 8.3.3 膜厚 0 の極限 ········· 141
  - 8.3.4 漏洩全反射 ········· 141
  - 8.3.5 二つの疑問 ········· 144

目　次

- 8.4 光学薄膜 …………………………………………………… 147
  - 8.4.1 1/4波長膜 ………………………………………… 148
  - 8.4.2 半波長膜 …………………………………………… 149
  - 8.4.3 アドミッタンス図 ………………………………… 150
- 8.5 異方性媒質多層膜 …………………………………………… 151
  - 8.5.1 透　過 ……………………………………………… 152
  - 8.5.2 座標変換 …………………………………………… 153
  - 8.5.3 異方性媒質中の伝搬 ……………………………… 154
  - 8.5.4 拡張ジョーンズ行列 ……………………………… 155
  - 8.5.5 位相遅れ …………………………………………… 155
  - 8.5.6 コノスコープ ……………………………………… 158

9. 不均一な層状媒質 …………………………………………… 161
- 9.1 屈折率が連続的に変化する膜 ……………………………… 161
  - 9.1.1 s 偏光 ……………………………………………… 162
  - 9.1.2 反射透過係数の位相因子 ………………………… 165
  - 9.1.3 p 偏光 ……………………………………………… 165
- 9.2 解析的に解ける例 …………………………………………… 169
  - 9.2.1 tanh 型 ……………………………………………… 169
  - 9.2.2 線　形 ……………………………………………… 170
- 9.3 数値計算 ……………………………………………………… 171

10. 光導波路と周期構造 ………………………………………… 173
- 10.1 平板導波路 …………………………………………………… 173
  - 10.1.1 TE モード ………………………………………… 174
  - 10.1.2 TM モード ………………………………………… 178
- 10.2 1次元周期構造 ……………………………………………… 180
  - 10.2.1 TE モード ………………………………………… 182
  - 10.2.2 TM モード ………………………………………… 184
  - 10.2.3 構造複屈折 ………………………………………… 184
  - 10.2.4 屈折率面 …………………………………………… 186

  10.2.5 1次元フォトニック結晶 ·········· 186

11. 負屈折率媒質 ·········· 188
 11.1 メタマテリアル ·········· 188
 11.2 負屈折率媒質 ·········· 189
 11.3 複素屈折率と複素アドミッタンス ·········· 190
 11.4 ドップラー効果とチェレンコフ効果 ·········· 191
  11.4.1 ドップラー効果 ·········· 191
  11.4.2 チェレンコフ効果 ·········· 192
 11.5 反射と屈折 ·········· 193
  11.5.1 スネルの法則 ·········· 193
  11.5.2 光パルスの屈折 ·········· 194
 11.6 完全レンズ ·········· 197
 11.7 層構造 ·········· 198

付録　ベクトル演算 ·········· 202
 A.1 微分演算 ·········· 202
 A.2 ベクトル演算公式 ·········· 204
 A.3 積分公式 ·········· 204

索　引 ·········· 208

1

電　磁　波

1.1　マクスウェル方程式

　光は電磁波の一種であることはよく知られている．したがって，光学，特に波動光学は電磁気学の一部であるといえないこともない．しかし実際には，静電気や磁気を扱う電磁気学と，電磁波の伝搬を扱う光学は，扱う対象も数学的な方法も相当異なる，別のものと考えた方がよいだろう．本章では，電磁気学の基本方程式であるマクスウェル (Maxwell) 方程式を出発点として，一様な媒質中の光波の伝搬を解説する．

　波とは，何らかの変位または擾乱 (disturbance) が，時間の経過とともに空間を伝わる現象である．例えば音波であれば，空気の密度の平均値からのずれが変位に相当する．光における変位とは，電磁場である．電場と磁場の二つが絡み合っていることが重要で，互いに作用し合って，空間を伝わっていく．

　電磁場はベクトル量であり，電場 (electric field) を $\boldsymbol{E}$，磁場 (magnetic field) を $\boldsymbol{H}$ と書く．これらの量は位置 $\boldsymbol{r}$ と時間 t の関数である．このような量を場 (field) の量という．マクスウェル方程式は，電場と磁場の時間的な変化や空間的な分布を記述する方程式で，次の四つの偏微分方程式からなる．

$$\operatorname{rot} \boldsymbol{H}(\boldsymbol{r},t) = \frac{\partial \boldsymbol{D}(\boldsymbol{r},t)}{\partial t} + \boldsymbol{J}(\boldsymbol{r},t) \tag{1.1a}$$

$$\operatorname{rot} \boldsymbol{E}(\boldsymbol{r},t) = -\frac{\partial \boldsymbol{B}(\boldsymbol{r},t)}{\partial t} \tag{1.1b}$$

$$\operatorname{div} \boldsymbol{D}(\boldsymbol{r},t) = \rho(\boldsymbol{r},t) \tag{1.1c}$$

$$\operatorname{div} \boldsymbol{B}(\boldsymbol{r},t) = 0 \tag{1.1d}$$

この方程式には，電場と磁場のほかに四つの物理量が登場する．すなわち，$\boldsymbol{D}$ は

電束密度 (electric flux density) または電気変位 (electric displacement), B は磁束密度 (magnetic flux density), J は電流密度 (current density), ρ は電荷密度 (charge density) である. J と ρ は自由電荷による電流, 電荷密度であるので, 真電流, 真電荷と呼ばれる. マクスウェル方程式に現れるベクトル演算 rot や div の意味は付録 A にやや詳しく述べたので参照してほしい.

電場と電束密度, 磁場と磁束密度は次の関係で結ばれる.

$$D = \epsilon_0 E + P \tag{1.2a}$$

$$B = \mu_0 (H + M) \tag{1.2b}$$

ここで, ϵ_0 は真空の誘電率 (permittivity), μ_0 は真空の透磁率 (permeability) で, それぞれ

$$\epsilon_0 = \frac{1}{4\pi c^2} \times 10^7 = 8.854 \times 10^{-12} \ (\mathrm{F \cdot m^{-1}})$$

$$\mu_0 = 4\pi \times 10^{-7} = 1.2566 \times 10^{-6} \ (\mathrm{H \cdot m^{-1}}) \tag{1.3}$$

で与えられる. ここで, c は真空中の光速度である.

P は媒質の電気分極 (electric polarization), M は磁化 (magnetization) である. これらは, 媒質を構成する原子や分子に束縛され自由に動けない電荷 (束縛電荷) が, 電磁場に応答して媒質内部に誘起された量で, それぞれ, 電気双極子モーメント密度, 磁気双極子モーメント密度と定義される. 付加的な式 (1.2) を構成関係式 (constitutive relations) という.

1.1.1 誘電率と透磁率

構成関係式 (1.2a) は, 電場と電束密度の関係を述べたものであるが, 電場が与えられたときに物質の分極が計算できてはじめて両者の関係が決定される. そのためには, 物質の性質に関する知識が必要になる. 磁場と磁束密度についても同様である.

分極 P と磁化 M は, それぞれ, 媒質の単位体積あたりの電気双極子モーメントおよび磁気双極子モーメントである. 通常の光の電磁場は, レーザー光を集光したスポットのような例外的な場合を除けば, 物質内部において電子や原子核が作る電磁場に比べ十分弱い. この場合, 電磁場が媒質に及ぼす効果を摂動論で扱

うことができる．その結果，分極は電場に比例すると近似できる．同様に，磁化は磁場に比例する．したがって，分極は電場に比例し

$$\boldsymbol{P} = \epsilon_0 \chi \boldsymbol{E} \tag{1.4}$$

と書くことができる．係数 χ を電気感受率 (electric susceptibility) という[*1)]．式 (1.2a) にこの式を代入すると，電束密度は

$$\boldsymbol{D} = \hat{\epsilon}\boldsymbol{E} = \epsilon_0 \epsilon \boldsymbol{E}$$
$$\epsilon = 1 + \chi \tag{1.5}$$

と表される．ここで，$\hat{\epsilon} = \epsilon_0 \epsilon$ は誘電率，ϵ は比誘電率である[*2)]．同様の議論が磁場と磁束密度の関係においても成り立つ．よって，式 (1.5) にならって

$$\boldsymbol{B} = \hat{\mu}\boldsymbol{H} = \mu_0 \mu \boldsymbol{H} \tag{1.6}$$

と書ける．ただし，$\hat{\mu} = \mu_0 \mu$ は透磁率，$\mu = 1 + \chi_M$ は比透磁率，χ_M は磁場 H と磁化 M の比例係数 ($M = \chi_M H$) で定義される磁化率 (magnetic susceptibility) である．しかし，光の周波数では物質の磁化はほとんど誘起されない．よって，$\chi_M \approx 0$ であり，比透磁率は $\mu \approx 1$ と近似できる．ただし最近のナノテクノロジーの進歩により，μ が著しく 1 と異なる媒質や，負の値をとる媒質を人工的に作ることが可能になっている．よって，本書では煩雑にならない限りできるだけ μ を省略しないように記述する．

最後に，電流密度と電荷密度が残った．ガラスなどの光学材料は絶縁体であるから，電流や電荷密度は 0 とおいてよい．しかし，反射鏡など，金属を使った光学部品も珍しくはない．金属に対しては，オーム (Ohm) の法則が成り立つと近似する．この場合も，電流は電場に比例するから

$$\boldsymbol{J} = \sigma \boldsymbol{E} \tag{1.7}$$

[*1)] 厳密にいうと，電子にも慣性はあるから，光電場がかかってから少し遅れて分極が立ち上がる．時間遅れの効果は，周波数領域では，感受率の周波数依存性，すなわち，分散として現れる．考えている電磁場のスペクトル拡がりの範囲で媒質の分散が無視できるとき，感受率を定数とみなすことができる．電磁場に対する媒質の応答と，感受率の分散については 6 章で議論する．

[*2)] 電磁気学の教科書では誘電率を ϵ で表すのが普通であるが，本書では $\hat{\epsilon} = \epsilon_0 \epsilon$ と一見重複している表記法を用いる．この方が屈折率の表現式 (1.21) が簡単になるからである．

と書ける．ここで，σ は電気伝導度 (conductivity) である．この電気伝導度を含む項は，光の吸収を表す項である．事実，電場と電流が同位相で振動すればジュール (Joule) 熱が発生し，光のエネルギーの一部が熱に変化する．

1.1.2　電荷の保存則

マクスウェル方程式から，電流と電荷密度の間に成り立つ関係式が導かれる．そのためにベクトル演算の恒等式 (A.13) を利用する．式 (1.1a) に ∇ を演算し (div をとる)，式 (1.1c) を用いると

$$\frac{\partial \rho}{\partial t} + \mathrm{div}\,\boldsymbol{J} = 0 \tag{1.8}$$

が得られる．付録 A で div の意味を述べるが，div $\boldsymbol{J}$ を任意の 3 次元領域で積分した値は，境界面を通して流出する電荷の量に等しい．よって，上式は，電荷は内部で発生も消滅もせず，電荷量の変化は電流による流出量で決まること，言い換えると，電荷が保存されることを意味する．この形の方程式を連続の式 (equation of continuity) という．

1.2　波動方程式

誘電率の分散は無視でき，時間応答については，誘電率は定数として扱えるものとする．一方，空間的には一様ではなく，誘電率は空間分布を持つとしよう．透磁率については，簡単のため $\mu = 1$ とおく．このとき，マクスウェル方程式から磁場を消去して，電場に対する方程式を導こう．式 (1.1b) の回転をとり，式 (1.1a) を代入して磁場を消去して

$$\mathrm{rot}\,\mathrm{rot}\,\boldsymbol{E} + \epsilon_0 \mu_0 \epsilon(\boldsymbol{r}) \frac{\partial^2 \boldsymbol{E}}{\partial t^2} = -\mu_0 \frac{\partial \boldsymbol{J}}{\partial t} \tag{1.9}$$

を得る．

以下の議論では，簡単のため $\boldsymbol{J} = 0$ で，かつ，媒質は等方的であるとする．このとき，横波条件 $\mathrm{div}(\epsilon \boldsymbol{E}) = \mathrm{grad}\,\epsilon \cdot \boldsymbol{E} + \epsilon\,\mathrm{div}\,\boldsymbol{E} = 0$ が成り立つ．二重回転演算子については微分公式 (A.14) を用いて変形すると，波動方程式

$$\nabla^2 \boldsymbol{E} + \mathrm{grad}\left(\frac{1}{\epsilon}\mathrm{grad}\,\epsilon \cdot \boldsymbol{E}\right) - \frac{\epsilon}{c^2}\frac{\partial^2 \boldsymbol{E}}{\partial t^2} = 0 \tag{1.10}$$

が導かれる．ただし，c を真空中の光速度として $\epsilon_0\mu_0 = 1/c^2$ の関係式を利用した．角周波数 ω の単色波に対しては，$k_0 = \omega/c$ において

$$\nabla^2 \boldsymbol{E} + \mathrm{grad}\left(\frac{1}{\epsilon}\mathrm{grad}\,\epsilon \cdot \boldsymbol{E}\right) + k_0^2 \epsilon \boldsymbol{E} = 0 \tag{1.11}$$

を得る．

次に磁場に対する波動方程式を求めよう．等方媒質を仮定しているので，誘電率はスカラーである．式 (1.1a) を $\epsilon_0 \epsilon$ で割って，回転をとると ($\boldsymbol{J} = 0$ として)

$$\mathrm{rot}\left(\frac{1}{\epsilon}\mathrm{rot}\,\boldsymbol{H}\right) + \frac{1}{c^2}\frac{\partial^2 \boldsymbol{H}}{\partial t^2} = 0 \tag{1.12}$$

を得る．角周波数 ω の単色波に対しては

$$-\mathrm{rot}\left(\frac{1}{\epsilon}\mathrm{rot}\,\boldsymbol{H}\right) + k_0^2 \boldsymbol{H} = 0 \tag{1.13a}$$

が成り立つ．この式は，付録 A のベクトル演算公式 (A.8) を用いると

$$\nabla^2 \boldsymbol{H} + \frac{1}{\epsilon}\mathrm{grad}\,\epsilon \times \mathrm{rot}\,\boldsymbol{H} + k_0^2 \epsilon \boldsymbol{H} = 0 \tag{1.13b}$$

と変形できる．

1.3　一様な透明等方媒質中の単色平面波

1.3.1　平　面　波

誘電体中の光の伝搬を考えよう．誘電体は電流を流さないから，自由電荷は存在せず，$\boldsymbol{J} = \rho = 0$ とおける．金属中の伝搬は 7 章で扱う．このとき，マクスウェル方程式は

$$\mathrm{rot}\,\boldsymbol{H} = \frac{\partial \boldsymbol{D}}{\partial t} \tag{1.14a}$$

$$\mathrm{rot}\,\boldsymbol{E} = -\frac{\partial \boldsymbol{B}}{\partial t} \tag{1.14b}$$

$$\mathrm{div}\,\boldsymbol{D} = 0 \tag{1.14c}$$

$$\mathrm{div}\,\boldsymbol{B} = 0 \tag{1.14d}$$

となる．本書の大部分は，この形のマクスウェル方程式を基礎においている．

さて，媒質は，空間的に一様で等方的であるとする．すなわち，誘電率と透磁率がスカラー定数になる場合を考える．このように一様な媒質中では，平面波がマクスウェル方程式の固有解になる．角周波数 ω，波動ベクトル $\bm{k}$ の単色平面波の電場，および，磁場は次のように書ける．

$$\bm{E}(\bm{r},t) = \bm{E}_0 e^{i(\bm{k}\cdot\bm{r}-\omega t)}, \qquad \bm{H}(\bm{r},t) = \bm{H}_0 e^{i(\bm{k}\cdot\bm{r}-\omega t)} \tag{1.15}$$

ここで，$\bm{E}_0$ と $\bm{H}_0$ は定数ベクトルである．$\bm{D}(\bm{r},t)$ と $\bm{B}(\bm{r},t)$ も複素指数関数 $\exp[i(\bm{k}\cdot\bm{r}-\omega t)]$ と定数ベクトル $\bm{D}_0, \bm{B}_0$ の積の形に書ける．これらをマクスウェル方程式 (1.14) に代入する．時間微分や空間微分を複素指数関数に演算した結果は，$\partial \bm{E}/\partial t = -i\omega \bm{E}$ や $\mathrm{div}\,\bm{E} = i\bm{k}\cdot\bm{E}$ などとなり，単なる掛け算で置き換えられる．こうして，マクスウェル方程式 (1.14) から

$$\bm{k}\times\bm{H} = -\omega\epsilon_0\epsilon\bm{E} \tag{1.16a}$$

$$\bm{k}\times\bm{E} = \omega\mu_0\mu\bm{H} \tag{1.16b}$$

$$\bm{k}\cdot\bm{D} = 0 \tag{1.16c}$$

$$\bm{k}\cdot\bm{B} = 0 \tag{1.16d}$$

が得られる．これが一様等方誘電体媒質中の平面波の伝搬を記述する基本的な方程式である．

ここでは，光学媒質に吸収はないとして，誘電率 ϵ も透磁率 μ も実数であるとする．このとき，波動ベクトル $\bm{k}$ も実数になる．式 (1.16c) と式 (1.16d) は，$\bm{D}$ と $\bm{B}$ が波動ベクトル $\bm{k}$ と直交することを意味する．$\bm{D}$ と $\bm{B}$ はそれぞれ $\bm{E}$ と $\bm{H}$ に平行であるから，よって，$\bm{E}\perp\bm{k}$, $\bm{H}\perp\bm{k}$ となる．さらに，式 (1.16a) から $\bm{E}$ と $\bm{H}$ は直交する．以上をまとめると，図 1.1 に示すように，電場 $\bm{E}$，磁場 $\bm{H}$，波動ベクトル $\bm{k}$ は互いに直交し，この順に右手系をなす[*3]．

式 (1.16a) および式 (1.16b) の絶対値をとると，$k = |\bm{k}|$, $|E| = |\bm{E}| = |\bm{E}_0|$, $|H| = |\bm{H}| = |\bm{H}_0|$ として

$$k|H| = \omega\epsilon_0\epsilon|E|, \qquad k|E| = \omega\mu_0\mu|H| \tag{1.17}$$

の関係が成り立つ．これから，$|E|$ と $|H|$ を消去して，波動ベクトルの大きさ k

[*3] ϵ も μ も正であると暗黙のうちに仮定している．非常に特殊な人工物質で，両方とも負になるものがある．この場合は，左手系をなす．11 章を参照せよ．

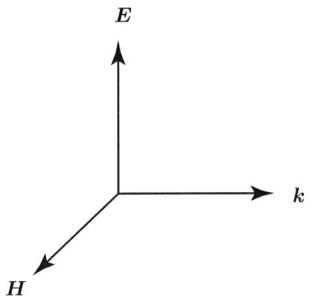

図 1.1 平面電磁波

と周波数 ω の間の関係式

$$k^2 = \omega^2 \epsilon_0 \epsilon \mu_0 \mu \tag{1.18}$$

が導かれる．平面波の位相の進む速度は $v = \omega/k$ で与えられるから，上式から

$$v^2 = \frac{1}{\epsilon_0 \epsilon \mu_0 \mu} \tag{1.19}$$

が得られる．特に真空中では，真空中の光速度 c に対し

$$c^2 = \frac{1}{\epsilon_0 \mu_0} \tag{1.20}$$

が成り立つ．屈折率 n は，真空中の光速度に対する媒質中の光速度の比で与えられる．

$$n = \frac{c}{v} = \sqrt{\epsilon \mu} \tag{1.21}$$

ほとんどの光学材料で $\mu \approx 1$ であるから，$n \approx \sqrt{\epsilon}$ と近似できる．すなわち，屈折率は比誘電率の平方根に等しい．

単色平面波は空間的にも周期的になる．この周期を波長 (wavelength) といい λ で表す．特に真空中における波長を λ_0 とすると，$\lambda = \lambda_0/n$ の関係がある．単位長さに含まれる波の数 $1/\lambda$ を波数 (wave number) という．$k = 2\pi/\lambda = 2\pi n/\lambda_0$ の関係があるから，k は長さ 2π (m) あたりの波の数に等しい．このため k も波数と呼ばれる．波の速度 v は，周波数 $f = \omega/2\pi$ と波長を用いて，$v = f\lambda$ と表される．

式 (1.16) から磁場を消去すると，電場に対する方程式

$$k^2 \boldsymbol{e} \times (\boldsymbol{e} \times \boldsymbol{E}) = -\omega^2 \epsilon_0 \epsilon \mu_0 \mu \boldsymbol{E} \tag{1.22}$$

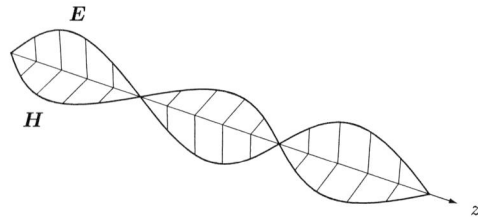

図 1.2　直線偏光

を得る．ただし，波動ベクトルに平行な単位ベクトルを e として，$k = ke$ とした．左辺の二重ベクトル積は，簡単な幾何学的意味を持つ．そのために，次のベクトル公式

$$A \times (B \times C) = (A \cdot C)B - (A \cdot B)C \tag{1.23}$$

を利用する．これから，任意の単位ベクトル e と，任意のベクトル A に対し

$$e \times (e \times A) = -\{A - (e \cdot A)e\} \tag{1.24}$$

の関係が成り立つ．さて，$(e \cdot A)e$ はベクトル A の e に平行な成分である．したがって，右辺の $A_\perp \equiv A - (e \cdot A)e$ はベクトル A の e に垂直な成分を表す．すなわち，単位ベクトルとの二重ベクトル積は，垂直成分を抽出する機能がある．式 (1.22) では，電場と e は垂直なので，二重ベクトル積は単に $-E$ に等しく，式 (1.18) が導かれる．

1.3.2　直線偏光

式 (1.15) は，電場や磁場が一定の方向を向いている解を表す．電場 E と波動ベクトル k で張られる面を電場の振動面 (plane of vibration) という．このように電場が一つの面内で振動する電磁場を直線偏光 (linear polarization) という．図 1.2 は直線偏光の電場と磁場の空間的な変化を図示したものである．ただし，波動ベクトルの方向を z 軸にとった．ここで注意すべきことは，電場と磁場は同位相で振動していることである．したがって，電場と磁場は同時に最大値をとり，同時に 0 になる．

ところで，波動ベクトルを固定しても振動面は波動ベクトルの回りに自由に回転できる．電場ベクトルが，波動ベクトルに垂直な面内で特定の方向を向くことを，偏っている，あるいは，偏光しているという．これは，電磁波が横波である

1.3.3 電磁場の大きさ

式 (1.17) から電場と磁場の大きさの比を求めると

$$\frac{|H|}{|E|} = \sqrt{\frac{\epsilon_0 \epsilon}{\mu_0 \mu}} = Y_0 \sqrt{\frac{\epsilon}{\mu}} \equiv Y_0 m \tag{1.25}$$

となる．特に真空中では，$|H|/|E| = Y_0$ となる．ここで，Y_0 の逆数

$$Z_0 = \sqrt{\frac{\mu_0}{\epsilon_0}} = c\mu_0 \cong 120\pi \cong 377 \ (\Omega) \tag{1.26}$$

は抵抗の次元を持つ量で真空のインピーダンス (impedance)，また，$Y_0 = c\epsilon_0$ は真空のアドミッタンス (admittance) と呼ばれる．あるいは，形容詞 optical をつけて光学インピーダンスおよび光学アドミッタンスともよぶ[*4]．

式 (1.25) の

$$m = \sqrt{\frac{\epsilon}{\mu}} = \frac{n}{\mu} \tag{1.27}$$

は，Y_0 を単位にとったときのアドミッタンスである．$\mu \approx 1$ と近似できるとき，$m \approx n$ であるから，ほとんど屈折率と等しい．本書では，できるだけ，m と n は区別して記述した．しかし，光学の問題では，事実上例外なしに，$m = n$ と考えてよい．

電束密度や磁束密度についても大きさを比べると

$$\begin{aligned}\frac{|B|}{|E|} &= \frac{|D|}{|H|} = \sqrt{\epsilon_0 \epsilon \mu_0 \mu} = \frac{1}{v} = \frac{n}{c} \\ \frac{|H|}{|E|} &= \frac{|D|}{|B|} = \sqrt{\frac{\epsilon_0 \epsilon}{\mu_0 \mu}} = Y_0 m\end{aligned} \tag{1.28}$$

の関係がある．これは図 1.3 のように図示できる．なお，これに関連し，比誘電率と比透磁率は

$$\epsilon = nm, \qquad \mu = \frac{n}{m} \tag{1.29}$$

と書ける．

[*4] インピーダンスやアドミッタンスは，元来電気回路の電圧と電流の比を表す量である．光学でこの用語が使われるのは，光の伝搬と電気回路の四端子理論のアナロジーに由来する．いろいろな物理系の間のアナロジーについては高橋秀俊の講義録に詳しい[5]．

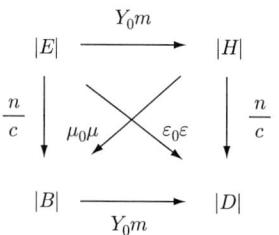

図 1.3 E, D, H, B の大きさの関係

1.3.4 電磁波伝搬の物理的解釈

電磁波が空間を伝わる様子を物理的に理解するのは，意外に難しい．電磁波の伝搬は，マクスウェル方程式のうち，ファラディ (Faraday) の電磁誘導の法則 (1.1b) と，電流の回りに磁場が生じるアンペール (Ampère) の法則 (1.1a) が絡み合って起こる現象である．よって，この二つの法則を正しく解釈すればよいのであるが，これらの法則に含まれる rot が分かりにくい．通常，rot は渦と関連づけて解釈される．しかし，平面波の伝搬では，渦に相当するものがあるようには思えない．さて，アンテナからの電磁波の放出を考えてみよう．アンテナに交流電流が流れると，その回りに磁場が生じる．変動磁場があると，その回りに起電力が生じる．この連鎖で，電場と磁場が交互に生じ，波動として空間を伝わっていく．これで間違いとはいえないであろうが，このように考えると，電場と磁場の間に 90° の位相差が生じるように思われる．力学的な振動では，変位と速度は 90° 位相がずれて振動するから，ついこのように錯覚しやすい．しかし事実は，電場と磁場は同位相で振動する．すなわち，電場の変化が磁場を生成し，磁場の変化が電場を生成する過程は，同時に同期して起こると考えなくてはいけないのである．マクスウェル方程式に戻って，電磁誘導の法則は，電場の rot に比例して磁束密度が時間的に変化する $(\partial \boldsymbol{B}/\partial t)$ と解釈する．アンペールの法則も同様である．このように，時間変化を起こす原因が，電磁場の rot にあると考えると，電場と磁場が同時に変化することが理解できる．これについて，分かりやすい解説が大津・田所の教科書にあるので，是非参照してほしい[6]．

1.4 光エネルギー

1.4.1 エネルギー密度

光の強さは，単位断面積を単位時間に通過する光のエネルギー，すなわち，パワー密度で表される．本節では，最小限の事柄に限って説明する．6 章でマクスウェル方程式に基づいた，詳しい議論をする．

光の運ぶエネルギーを考えるとき，二つの量が現れる．一つは，単位体積あたりの電磁場のエネルギー U である．これは原理的には，ある瞬間に時間を止めたときの，電磁場の分布から決まる量である．あるいは，光源が定常的な場合，定常状態におけるエネルギー密度である．実際は光は流れている．光の速度ベクトルが $\boldsymbol{v}$ のとき，エネルギー流束密度 (energy flux density) はベクトル $\boldsymbol{S} = U\boldsymbol{v}$ で与えられる．$|\boldsymbol{S}|$ は，光線に垂直な単位面積を単位時間に通過するエネルギーに等しい．これを通常，光の強度 (intensity) と呼ぶ[*5]．

エネルギー密度 U と，流束密度ベクトル $\boldsymbol{S}$ を，電磁場で表そう．エネルギーを考えるときは，一度，実表現 $\boldsymbol{E}_r = \Re[\boldsymbol{E}]$, $\boldsymbol{H}_r = \Re[\boldsymbol{H}]$ に戻る必要がある．電磁気学によれば，電磁場のエネルギー密度 $\mathcal{U}$ は電磁場の 2 乗に比例し

$$\mathcal{U} = \frac{1}{2}\epsilon_0\epsilon \boldsymbol{E}_r^2 + \frac{1}{2}\mu_0\mu \boldsymbol{H}_r^2 \tag{1.30}$$

で与えられる．ここで，誘電率 ϵ と透磁率 μ は実の定数と考えている．光の電磁場は角周波数 ω で振動するから，上式の表現には 2 倍の周波数で振動する成分を含む．しかし，光の周波数では 2 倍周波数成分は観測にかからない．そこで，光の振動が多数回含まれるが，光強度の変動の速度に比べれば十分短い時間で時間平均をとり，振動成分を消去する．こうして，平均のエネルギー密度 $U = \langle \mathcal{U} \rangle$ は

$$\begin{aligned} U &= \frac{1}{2}\epsilon_0\epsilon \langle \boldsymbol{E}_r^2 \rangle + \frac{1}{2}\mu_0\mu \langle \boldsymbol{H}_r^2 \rangle \\ &= \frac{1}{4}\epsilon_0\epsilon |E|^2 + \frac{1}{4}\mu_0\mu |H|^2 = \frac{1}{2}\epsilon_0\epsilon |E|^2 \end{aligned} \tag{1.31}$$

と表すことができる．ただし，括弧 $\langle \cdots \rangle$ は時間平均をとることを意味する．ま

[*5] 測光学では放射束 (radiant flux) と呼ぶ．測光学で intensity とは点光源からでる光の単位立体角あたりの放射束を意味する．

た，$|E|$ と $|H|$ は複素表現における電磁場の大きさである．最後の式は，平面波の電磁場の大きさに関する関係式 $\epsilon_0\epsilon|E|^2 = \mu_0\mu|H|^2$ から導かれる．実は，分散の効果を考慮すると式 (1.31) は修正が必要になる．それについては 6.4.2 項の式 (6.28) を見よ．

1.4.2　ポインティングベクトル

電場と磁場のベクトル積で定義されるベクトル

$$\boldsymbol{S}_r = \boldsymbol{E}_r \times \boldsymbol{H}_r \tag{1.32}$$

をポインティング (Poynting) ベクトルという．これを時間平均した

$$\boldsymbol{S} = \langle \boldsymbol{E}_r \times \boldsymbol{H}_r \rangle = \frac{1}{2}\Re[\boldsymbol{E}^* \times \boldsymbol{H}] \tag{1.33}$$

が，エネルギー流束密度，すなわち，光強度を与える．詳細は 6.4 節で議論する．

平面波の解では電場と磁場が直交することを用いると，光強度は

$$I = |S| = \frac{1}{2}|E||H| = \frac{1}{2}Y_0 m|E|^2 = \frac{n}{2c\mu_0\mu}|E|^2 \tag{1.34}$$

となる．通常の光学媒質では $\mu \approx 1$ と近似できるから，光の強度は，電場の大きさの 2 乗と屈折率に比例する．

2

反 射 と 屈 折

2.1 反射屈折の法則

　二つの異なる媒質の境界面における，光の反射と屈折を考えよう．ここでは，媒質は等方的であるとする．また，境界面は平面であるとする．平面波を考えるが，平面波のエネルギーが進む方向を光線の方向と表現する．等方媒質では，波面法線と光線は平行である．こうして，幾何光学的な概念である光線と平面波を対応づけることができる．

　角周波数 ω の単色平面波が屈折率 n_1 の媒質から，屈折率 n_2 の媒質へ入射する．入射光線と境界面の法線が張る平面を入射面 (plane of incidence) という．ここでは，境界面を xy 面，それに垂直に z 軸をとり，入射面を xz 面とする．入射角や屈折角は，境界面の法線と光線の間の角度と定義する．この定義で，入射角を θ_1，屈折角を θ_2 とする（図 2.1）．入射光の波動ベクトルを $\bm{k}_1^+$，反射光を $\bm{k}_1^-$，屈折光を $\bm{k}_2^+$ とする．反射の法則を先取りすることになるが，入射光と反射光では波動ベクトルの z 成分の符号が変わるだけである．よって，これらの波動ベクトルは

$$\bm{k}_j^{\pm} = k_0 \begin{pmatrix} n_j \sin\theta_j \\ 0 \\ \pm n_j \cos\theta_j \end{pmatrix} \equiv \begin{pmatrix} \alpha_j \\ 0 \\ \pm \beta_j \end{pmatrix} \tag{2.1}$$

と書ける．ただし

$$k_0 = \frac{\omega}{c} = \frac{2\pi}{\lambda_0} \tag{2.2}$$

とおいた．ここで，λ_0 は真空中における波長である．この波動ベクトルを持つ規格化された波動関数 $\psi(\bm{r})\exp(-i\omega t)$ は

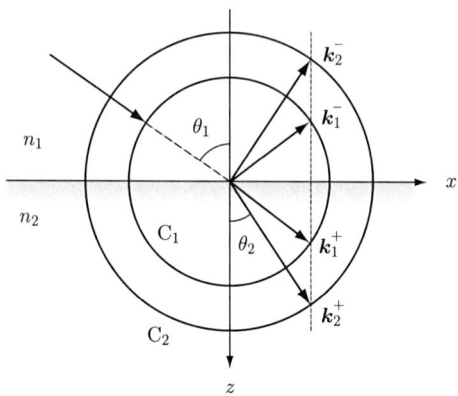

図 2.1 反射と屈折

$$\psi_j^\pm(\boldsymbol{r}) = e^{i\boldsymbol{k}_j^\pm \cdot \boldsymbol{r}} \tag{2.3}$$

で与えられる．境界面上 ($z=0$) での波動関数の位相の連続条件から，波動ベクトルの境界面に平行な成分，すなわち，xy 成分は連続でなくてはならない．ここでは，波動ベクトルの y 成分を 0 としたから，すべての波動ベクトルの x 成分が等しくなる．それを α としよう．

$$k_{xj}^\pm = k_0 n_j \sin\theta_j = \alpha \tag{2.4}$$

これからスネル (Snell) の法則，または，屈折の法則

$$n_1 \sin\theta_1 = n_2 \sin\theta_2 \equiv \xi \tag{2.5}$$

が導かれる．この意味で，$\alpha = k_0 \xi$ は反射屈折の保存量である．このとき，z 成分を $k_{zj}^\pm = \pm k_{zj} = \pm \beta_j = \pm k_0 \zeta_j$ とすると，β_j と ζ_j は，それぞれ

$$\begin{aligned} \beta_j &= \sqrt{k_0^2 n_j^2 - \alpha^2} \\ \zeta_j &= n_j \cos\theta_j = \sqrt{n_j^2 - \xi^2} \end{aligned} \tag{2.6}$$

を満たす．

　長さが屈折率に等しく，波動ベクトルに平行なベクトルを屈折率ベクトルという．これを $\boldsymbol{n}$ と書くと，波動ベクトルとの間に $\boldsymbol{k} = k_0 \boldsymbol{n}$ の関係がある．スネルの法則 (2.5) は，屈折率ベクトルの境界面に平行な x 成分が，入射側と屈折側で

等しいこと，すなわち，屈折に際しこの量が保存されることを意味する．反射についても，同様に x 成分が保存される．

スネルの法則の図形的な説明

図 2.1 に従って，反射屈折の法則の図形的な説明をしておこう．C_1, C_2 はそれぞれ，半径 $k_0 n_1$, $k_0 n_2$ の円である．角度 θ_1 で入射する入射光線を延長し円 C_1 との交点を求める．原点から交点までの矢印は入射光の波動ベクトル $\bm{k}_1^+ = k_0(n_1 \sin\theta_1, 0, n_1 \cos\theta_1) = k_0 \bm{n}_1^+$ に等しい．この交点から境界面に垂直な直線を引く．この直線が円 C_2 と交わる点が，屈折光の波動ベクトル $\bm{k}_2^+ = k_0 \bm{n}_2^+$ を与える．ところで，境界面に垂直な線を上に延ばすと，もう二つ交点が見つかる．C_1 との交点が反射光の波動ベクトル $\bm{k}_1^- = k_0 \bm{n}_1^-$ である．C_2 との交点 $\bm{k}_2^- = k_0 \bm{n}_2^-$ は，反射屈折の解析には登場しないが，多層膜の場合に，下の層で反射して戻ってくる光の波動ベクトルになる．なお，k_0 はすべての波動ベクトルに共通する因子であるから，これを落とすことができる．このときは，波動ベクトルを屈折率ベクトルと読み換えれば，全く同じ議論が成り立つ．

光子の運動量とスネルの法則

光は光子の集まりと考えられる．角周波数 ω，波動ベクトル $\bm{k}$ の光子の持つエネルギーと運動量はそれぞれ，$E = \hbar\omega$, $\bm{p} = \hbar\bm{k}$ で与えられる．ここで，$\hbar = h/2\pi$ はプランク (Planck) 定数である．光子の観点からは，反射屈折の法則は，光子の運動量の境界面に水平な成分が保存されるということにほかならない．境界面が平坦であれば，面に平行な方向には力を受けないから，運動量の接線成分は保存される．

2.2 反射透過係数

平面波が入射したときの反射係数と透過係数を導こう．これらの係数は偏光に依存する．入射光を直交する二つの直線偏光に分ける．電場が入射面に垂直な直線偏光を s 偏光，電場が入射面に平行な直線偏光を p 偏光と呼ぶ[*1]．s 偏光では電場 (electric field) が入射面に対し横向き (transverse) になるので TE 偏光あるいは TE モードと呼ぶこともある．この呼び方では，p 偏光は磁場 (magnetic field) が直交するので TM 偏光あるいは TM モードとなる．入射光が s 偏光のと

[*1] s, p はそれぞれドイツ語の Senkrecht（垂直），Parallel（平行）から来ている．

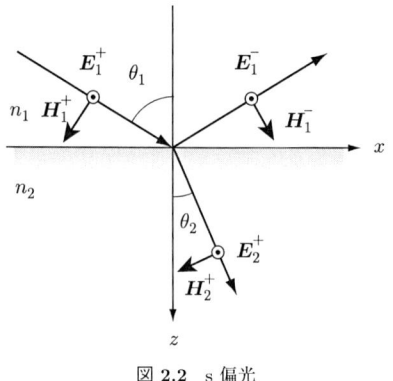

図 2.2 s 偏光

き,反射光も屈折光も s 偏光のままである.p 偏光についても同様である.

入射光,反射光,屈折光の電場の振幅をそれぞれ E_1^+, E_1^-, E_2^+,磁場の振幅を H_1^+, H_1^-, H_2^+ とする.s 偏光,p 偏光に対する電場と磁場の向きを図 2.2 および図 2.3 のように定義する.ここでは,s 偏光では電場,p 偏光では磁場が y 軸の正の方向(紙面手前方向)を向くときに,振幅が正になるように定義した.振幅反射係数 (amplitude reflection coefficient),振幅透過係数 (amplitude transmission coefficient) はそれぞれ,入射光の電場に対する反射光,屈折光の電場の比として定義する.

$$r = \frac{E_1^-}{E_1^+}, \qquad t = \frac{E_2^+}{E_1^+} \tag{2.7}$$

電磁気学の法則によると,境界面では,電磁場 $\boldsymbol{E}, \boldsymbol{H}$ の境界面に平行な成分(接線成分)が連続になる.この境界条件を用いて,反射透過係数を求める.なお,$\boldsymbol{D}$ と $\boldsymbol{B}$ は垂直な成分(法線成分)が連続になる.

2.2.1 s 偏光

はじめに s 偏光の場合を考えよう.このときの電磁場の符号を図 2.2 のように定義する.電場は y 方向を向くから

$$\boldsymbol{E}_j^\pm = E_j^\pm \psi_j^\pm(\boldsymbol{r}) \begin{pmatrix} 0 \\ 1 \\ 0 \end{pmatrix} \tag{2.8}$$

と書ける．ここで，$\psi_j^\pm(\boldsymbol{r}) = \exp(i\boldsymbol{k}_j^\pm \cdot \boldsymbol{r})$ は式 (2.3) の波動関数である．磁場は，マクスウェル方程式の第 2 式 (1.16b) から

$$
\begin{aligned}
\boldsymbol{H}_j^\pm &= \frac{1}{\omega\mu_0\mu} E_j^\pm \psi_j^\pm(\boldsymbol{r}) \boldsymbol{k}_j^\pm \times \begin{pmatrix} 0 \\ 1 \\ 0 \end{pmatrix} \\
&= Y_0 m_j E_j^\pm \psi_j^\pm(\boldsymbol{r}) \begin{pmatrix} \mp\cos\theta_j \\ 0 \\ \sin\theta_j \end{pmatrix}
\end{aligned} \tag{2.9}
$$

となる．ここで，$Y_0 = \sqrt{\epsilon_0/\mu_0}$ は真空のアドミッタンス，$m = \sqrt{\epsilon/\mu}$ は式 (1.27) で与えられる比アドミッタンスである．電場と磁場の接線成分 (x 成分) が連続になるという境界条件から

$$
\begin{aligned}
E_1^+ + E_1^- &= E_2^+ \\
(E_1^+ - E_1^-)m_1\cos\theta_1 &= E_2^+ m_2\cos\theta_2
\end{aligned} \tag{2.10}
$$

が得られる．この式を反射透過係数で表すと

$$
\begin{aligned}
1 + r_s &= t_s \\
(1 - r_s)m_1\cos\theta_1 &= t_s m_2\cos\theta_2
\end{aligned} \tag{2.11}
$$

となる．これを解いて

$$
\begin{aligned}
r_s &= \frac{m_1\cos\theta_1 - m_2\cos\theta_2}{m_1\cos\theta_1 + m_2\cos\theta_2} \\
t_s &= \frac{2m_1\cos\theta_1}{m_1\cos\theta_1 + m_2\cos\theta_2}
\end{aligned} \tag{2.12}
$$

が求まる．特に，$\mu_1 = \mu_2 = 1$ で $m_j = n_j$ と近似できるとき，スネルの法則 (2.5) を用いて屈折率を消去すると

$$
\begin{aligned}
r_s &= -\frac{\sin(\theta_1 - \theta_2)}{\sin(\theta_1 + \theta_2)} \\
t_s &= \frac{2\cos\theta_1\sin\theta_2}{\sin(\theta_1 + \theta_2)}
\end{aligned} \tag{2.13}
$$

を得る．

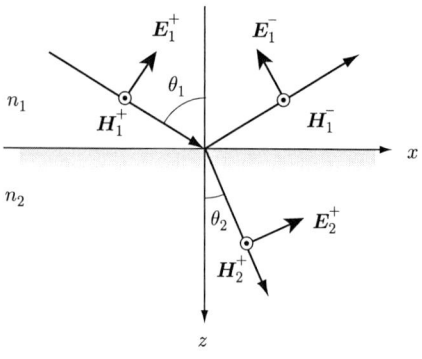

図 2.3 p 偏光

2.2.2 p 偏 光

p 偏光では磁場が y 軸方向を向く．このときの電磁場の符号を図 2.3 のように定義する．式 (1.25) に従って，磁場の振幅を $H_j^\pm = Y_0 m_j E_j^\pm$ とおくと

$$\boldsymbol{H}_j^\pm = Y_0 m_j E_j^\pm \psi_j^\pm(\boldsymbol{r}) \begin{pmatrix} 0 \\ 1 \\ 0 \end{pmatrix} \tag{2.14}$$

電場は，マクスウェル方程式の第 1 式 (1.16a) から

$$\boldsymbol{E}_j^\pm = -\frac{1}{\omega\epsilon_0\epsilon} Y_0 m_j E_j^\pm \psi_j^\pm(\boldsymbol{r}) \boldsymbol{k}_j^\pm \times \begin{pmatrix} 0 \\ 1 \\ 0 \end{pmatrix}$$

$$= E_j^\pm \psi_j^\pm(\boldsymbol{r}) \begin{pmatrix} \pm\cos\theta_j \\ 0 \\ -\sin\theta_j \end{pmatrix} \tag{2.15}$$

となる．この結果は，図 2.3 から幾何学的に直接求めることもできる．境界条件は

$$(E_1^+ - E_1^-)\cos\theta_1 = E_2^+ \cos\theta_2$$
$$(E_1^+ + E_1^-)m_1 = E_2^+ m_2 \tag{2.16}$$

となり，これから，反射透過係数に対し

$$(1 - r_p)\cos\theta_1 = t_p \cos\theta_2$$
$$(1 + r_p)m_1 = t_p m_2 \tag{2.17}$$

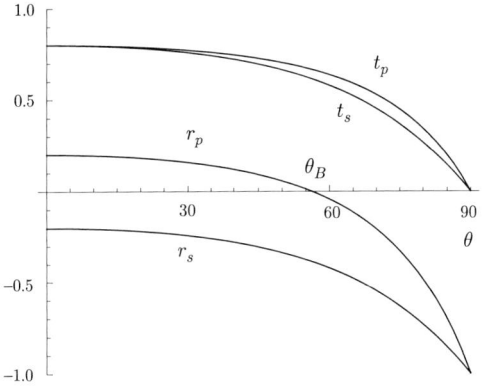

図 2.4 $n_2/n_1 = 1.5$ のときのフレネル係数

が成り立つ．これを解いて

$$r_p = \frac{m_2 \cos\theta_1 - m_1 \cos\theta_2}{m_2 \cos\theta_1 + m_1 \cos\theta_2}$$
$$t_p = \frac{2 m_1 \cos\theta_1}{m_2 \cos\theta_1 + m_1 \cos\theta_2} \tag{2.18}$$

が導かれる．特に，$m_j = n_j$ と近似できるとき

$$r_p = \frac{\tan(\theta_1 - \theta_2)}{\tan(\theta_1 + \theta_2)}$$
$$t_p = \frac{2 \cos\theta_1 \sin\theta_2}{\sin(\theta_1 + \theta_2) \cos(\theta_1 - \theta_2)} \tag{2.19}$$

となる．

これらをフレネル (Fresnel) の式といい，また，反射透過係数をまとめてフレネル係数と呼ぶ．図 2.4 に，$\mu_1 = \mu_2 = 1$ で，相対屈折率 $n_2/n_1 = 1.5$ のときの反射係数，透過係数を入射角の関数としてプロットした．

2.2.3　フレネル係数の別表現

フレネル係数の表現を少し書き換えよう．初めに，$\mu_1 = \mu_2 = 1$ の場合を考える．したがって，$n_j = \sqrt{\epsilon_j}$ である．s 偏光のフレネル係数は

$$r_s = \frac{\beta_1 - \beta_2}{\beta_1 + \beta_2} = \frac{\zeta_1 - \zeta_2}{\zeta_1 + \zeta_2}$$
$$t_s = \frac{2\beta_1}{\beta_1 + \beta_2} = \frac{2\zeta_1}{\zeta_1 + \zeta_2} \tag{2.20}$$

となる.ここで,β_j は波動ベクトルの z 成分,$\zeta_j = n_j \cos\theta_j$ は屈折率ベクトルの z 成分である.p 偏光については

$$r_p = \frac{\sigma_1 - \sigma_2}{\sigma_1 + \sigma_2} = \frac{\nu_1 - \nu_2}{\nu_1 + \nu_2}$$
$$t_p = \sqrt{\frac{\epsilon_1}{\epsilon_2}} \frac{2\sigma_1}{\sigma_1 + \sigma_2} = \frac{n_1}{n_2} \frac{2\nu_1}{\nu_1 + \nu_2} \quad (2.21)$$

と書ける.ただし

$$\sigma_j = \frac{\beta_j}{\epsilon_j}$$
$$\nu_j = \frac{\zeta_j}{\epsilon_j} = \frac{\cos\theta_j}{n_j} \quad (2.22)$$

とおいた.

次に,$\mu \neq 1$ の一般の場合を考えよう.このとき,電場と誘電率を,磁場と透磁率に入れ替えれば,s 偏光と p 偏光は対称な形に書けるはずである.ただしここでだけは,s(垂直),p(平行)という言い方が紛らわしいので,TE,TM 偏光と呼ぶことにする.入射光と反射光は同一空間にあるので,電場の反射係数 r^E と磁場の反射係数 r^H は本質的に等しい.よって

$$r^E_{TE} = r^H_{TE} = \frac{\sqrt{\frac{\epsilon_1}{\mu_1}}\cos\theta_1 - \sqrt{\frac{\epsilon_2}{\mu_2}}\cos\theta_2}{\sqrt{\frac{\epsilon_1}{\mu_1}}\cos\theta_1 + \sqrt{\frac{\epsilon_2}{\mu_2}}\cos\theta_2} = \frac{\frac{\zeta_1}{\mu_1} - \frac{\zeta_2}{\mu_2}}{\frac{\zeta_1}{\mu_1} + \frac{\zeta_2}{\mu_2}}$$

$$r^E_{TM} = r^H_{TM} = \frac{\sqrt{\frac{\mu_1}{\epsilon_1}}\cos\theta_1 - \sqrt{\frac{\mu_2}{\epsilon_2}}\cos\theta_2}{\sqrt{\frac{\mu_1}{\epsilon_1}}\cos\theta_1 + \sqrt{\frac{\mu_2}{\epsilon_2}}\cos\theta_2} = \frac{\frac{\zeta_1}{\epsilon_1} - \frac{\zeta_2}{\epsilon_2}}{\frac{\zeta_1}{\epsilon_1} + \frac{\zeta_2}{\epsilon_2}} \quad (2.23)$$

が成り立つ.一方,電場の透過係数 t^E と磁場の透過係数 t^H ではパラメーター m の比だけ異なる.

$$t^H = \frac{H_2^+}{H_1^+} = \frac{m_2 E_2^+}{m_1 E_1^+} = \frac{m_2}{m_1} t^E = \sqrt{\frac{\epsilon_2 \mu_1}{\epsilon_1 \mu_2}} t^E \quad (2.24)$$

よって

2.2 反射透過係数

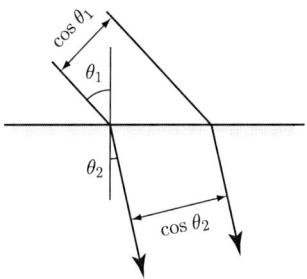

図 2.5 屈折によるビーム幅の変化

$$t_{TE}^E = \frac{m_1}{m_2} t_{TE}^H = \frac{2\sqrt{\frac{\epsilon_1}{\mu_1}}\cos\theta_1}{\sqrt{\frac{\epsilon_1}{\mu_1}}\cos\theta_1 + \sqrt{\frac{\epsilon_2}{\mu_2}}\cos\theta_2} = \frac{2\frac{\zeta_1}{\mu_1}}{\frac{\zeta_1}{\mu_1}+\frac{\zeta_2}{\mu_2}}$$

$$\frac{m_2}{m_1}t_{TM}^E = t_{TM}^H = \frac{2\sqrt{\frac{\mu_1}{\epsilon_1}}\cos\theta_1}{\sqrt{\frac{\mu_1}{\epsilon_1}}\cos\theta_1 + \sqrt{\frac{\mu_2}{\epsilon_2}}\cos\theta_2} = \frac{2\frac{\zeta_1}{\epsilon_1}}{\frac{\zeta_1}{\epsilon_1}+\frac{\zeta_2}{\epsilon_2}} \quad (2.25)$$

が得られる．

2.2.4 反射率と透過率

光束全体の強度の比で定義される反射率 R と透過率 T はそれぞれ，反射係数，透過係数から次のように求まる．

$$R = |r|^2, \qquad T = \frac{m_2\cos\theta_2}{m_1\cos\theta_1}|t|^2 \quad (2.26)$$

透過率の式に変換の係数が現れるのは，二つの理由による．第 1 に，図 2.5 から明らかなように，屈折によって光線の幅が変化する．これを補正する幾何学的因子が余弦関数の比になる．第 2 は，光の強度が $m|E|^2$ に比例することによる因子である．

図 2.6 に，相対屈折率が 1.5，および，図 2.7 にその逆数のときの反射率をプロットした．図 2.7 では，$\sin\theta_c = n_2/n_1$ を満たす臨界角 θ_c で全反射が起きる．

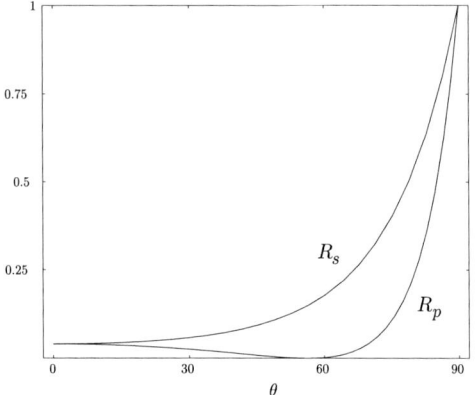

図 **2.6** $n_2/n_1 = 1.5$ の場合の反射率

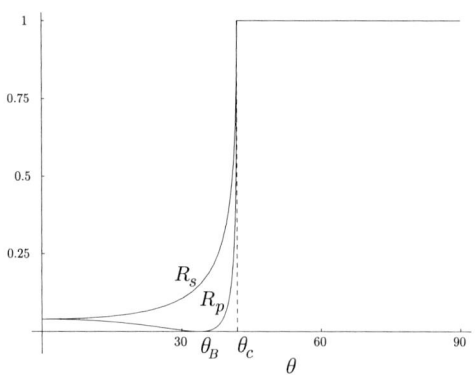

図 **2.7** $n_2/n_1 = 2/3$ の場合の反射率

2.2.5 フレネル係数の間の関係

s 偏光の式 (2.11),あるいは,p 偏光の式 (2.17) の第 1 式と第 2 式を辺ごとにかけると

$$(1 - r^2)m_1 \cos\theta_1 = t^2 m_2 \cos\theta_2 \tag{2.27}$$

が得られる.これは次のように変形できる.

$$r^2 + \frac{m_2 \cos\theta_2}{m_1 \cos\theta_1} t^2 = 1 \tag{2.28}$$

r と t が実数であれば,式 (2.26) を用い,強度の反射率と透過率に直すことができ

$$R + T = 1 \tag{2.29}$$

の関係式が導かれる．r と t が実数であるとは，吸収がないという意味だから，これはエネルギー保存則から当然期待される結果である．

2.2.6　垂直入射
垂直入射 (normal incidence)($\theta_1 = \theta_2 = 0$) では，s 偏光と p 偏光の区別はない．実際には反射光の符号の定義が s 偏光と p 偏光で逆向きになっているため

$$r_s(0) = -r_p(0) = \frac{m_1 - m_2}{m_1 + m_2}$$
$$t_s(0) = t_p(0) = \frac{2m_1}{m_1 + m_2} \tag{2.30}$$

が成り立つ．s 偏光と p 偏光で垂直反射係数の符号が異なるのを嫌って，p 偏光の反射光の電磁場の向きを図 2.3 の定義とは逆向きに定義する専門書も少なくない．本書では，この定義による反射係数を ρ で表す．

2.2.7　かすり入射
入射光が境界面をかすめるように入射するかすり入射[*2)](grazing incidence)($\theta_1 = \pi/2$) では，$\cos\theta_1 = 0$ であるから

$$r_s(\pi/2) = r_p(\pi/2) = -1$$
$$t_s(\pi/2) = t_p(\pi/2) = 0 \tag{2.31}$$

が成り立つ．この場合は，屈折率には関係なく，振幅反射係数は常に -1 になる．

2.2.8　ブルースター角
図 2.7 で明らかなように，p 偏光に対し反射率 R_p が 0 となる入射角がある．このときの入射角をブルースター角 (Brewster angle)，あるいは，偏光角という．この図は $\mu_1 = \mu_2 = 1$ のときのグラフであるから，本項でもこれを仮定する．式 (2.19) より，$\theta_1 + \theta_2 = \pi/2$ のとき，分母の $\tan(\theta_1 + \theta_2)$ が無限大になり，$r_p = 0$ となる．ブルースター角では，図 2.8 のように，反射光と透過光の間の角度がちょうど直角になる．したがって，反射光と屈折光の電場も直交する．この事実から，反射が消えることが次のように説明できる．透過光が表面に分極を誘起し，これ

[*2)] すれすれ入射ともいう．

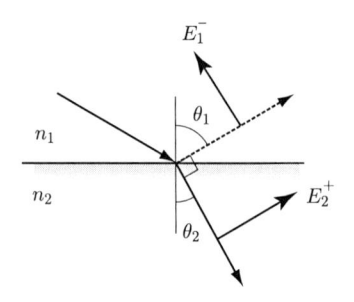

図 2.8 ブルースター角

が反射光の放射源になる．ところが，ブルースター角では分極の振動方向に反射光が進むことになるが，振動方向には光は放射できないから，反射は消える．s 偏光では，電場は紙面に垂直な方向に振動するから，どの方向にでも放射でき，反射は 0 にならない．事実，図 2.7 で s 偏光反射率は入射角に対し単調に増加する．さて，フレネル係数の式 (2.18) で $r_p = 0$ となる条件は，$m_j = n_j$ とおいて，$n_2 \cos\theta_1 = n_1 \cos\theta_2$ である．この式で，$\cos\theta_2 = \cos(\pi/2 - \theta_1) = \sin\theta_1$ と変形すると，ブルースター角の条件

$$\tan\theta_1 = \frac{n_2}{n_1} \tag{2.32}$$

が得られる．条件 $\theta_1 + \theta_2 = \pi/2$ は対称な形をしているから，媒質 2 の方から入射角 θ_2 で入射しても，p 偏光の反射率は 0 になる．つまり

$$\tan\theta_2 = \frac{n_1}{n_2} \tag{2.33}$$

が成り立つ．

ここで，式 (2.21) から，ブルースター角の条件を，屈折率ベクトルの x 成分 ξ について求めよう．$\nu_1 = \nu_2$, すなわち，$\zeta_1/\epsilon_1 = \zeta_2/\epsilon_2$ を解いて

$$\xi = \sqrt{\frac{\epsilon_1 \epsilon_2}{\epsilon_1 + \epsilon_2}} \tag{2.34}$$

が導かれる．なお，s 偏光については $\zeta_1 = \zeta_2$ が反射が 0 になる条件であるが，$\epsilon_1 \neq \epsilon_2$ であれば，解は存在しない．

以上の扱いでは $\mu = 1$ を仮定したが，$\mu \neq 1$ の場合は，式 (2.23) より

$$\xi^2 = \frac{\mu_1/\epsilon_1 - \mu_2/\epsilon_2}{1/\epsilon_1^2 - 1/\epsilon_2^2} \tag{2.35}$$

となる．さらに，誘電率と透磁率を入れ替えると，s 偏光に対するブルースター角の条件が得られる．ただし，これらの解が実現可能であるためには，全反射の臨界角以下になること，すなわち，$\xi^2 \leq \epsilon_j \mu_j$ でなくてはならない．

2.2.9 裏からの入射

光線方向を逆転して，光が媒質 2 から入射し，反射屈折する場合を考えよう．裏からの入射の場合のフレネル係数を r', t' とする（図 2.9）．これは形式的に媒質 1 の量と，媒質 2 の量を入れ替えればよい．よって，裏から入射したときのフレネル係数は，s 偏光に対して

$$r'_s = \frac{m_2 \cos\theta_2 - m_1 \cos\theta_1}{m_2 \cos\theta_2 + m_1 \cos\theta_1} = -r_s$$
$$t'_s = \frac{2m_2 \cos\theta_2}{m_2 \cos\theta_2 + m_1 \cos\theta_1} = \frac{m_2 \cos\theta_2}{m_1 \cos\theta_1} t_s \qquad (2.36)$$

p 偏光に対しては

$$r'_p = \frac{m_1 \cos\theta_2 - m_2 \cos\theta_1}{m_1 \cos\theta_2 + m_2 \cos\theta_1} = -r_p$$
$$t'_p = \frac{2m_2 \cos\theta_2}{m_1 \cos\theta_2 + m_2 \cos\theta_1} = \frac{m_2 \cos\theta_2}{m_1 \cos\theta_1} t_p \qquad (2.37)$$

が成り立つ．表からの入射と裏からの入射のフレネル係数の関係は，偏光によらず同じであることが分かる．さらに，フレネル係数の間の関係式 (2.28) を裏入射の係数を用いて書き直すことができる．以上をまとめて，裏からの入射について，s 偏光と p 偏光のどちらに対しても

$$r + r' = 0$$
$$r^2 + tt' = 1 \qquad (2.38)$$

の関係式が成り立つ．

2.2.10 時 間 反 転

媒質の吸収が無視できれば，反射屈折の過程は時間反転に対し対称になる．時間反転により，波動ベクトルは逆方向を向く．位相も逆転するが，これは複素振幅の空間部分の複素共役をとることに対応する．すなわち，単色波の複素振幅の

(a) 表からの入射　　(b) 裏からの入射

図 **2.9**　裏からの入射

(a) 順過程　　(b) 時間反転

図 **2.10**　時間反転

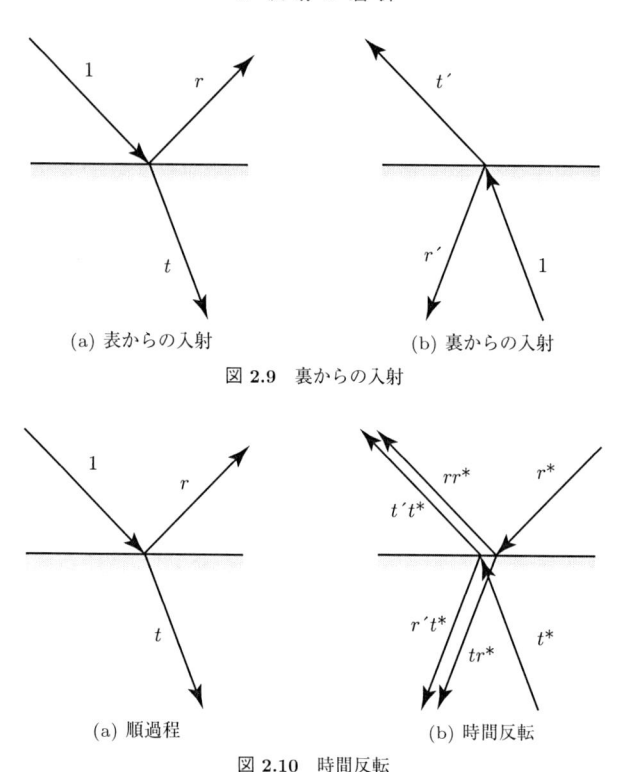

空間部分を $\psi(\boldsymbol{r})$ とすると，その時間反転は $\psi^*(\boldsymbol{r})$ で与えられる．図 2.10 は順過程と時間反転過程を図示したものである．時間反転過程では，反射波の時間反転波 r^* と，透過波の時間反転波 t^* が入射することになる．両者を比べて

$$rr^* + t't^* = 1$$
$$tr^* + r't^* = 0 \qquad (2.39)$$

が導かれる．これをストークス (Stokes) の関係式という．特に，反射透過係数が実数のときは裏からの入射の式 (2.38) に帰着する．

2.2.11　ポインティングベクトル

反射屈折に際するエネルギーの流れについて，二つのことを注意しておきたい．はじめに，入射側は入射波と反射波が同時に存在するから，その和に対してポインティングベクトルを計算しなくてはいけないことである．つまり入射側のポイ

ンティングベクトルは
$$\begin{aligned}\boldsymbol{S}_1 &= \frac{1}{2}\Re\bigl[(\boldsymbol{E}_1^+ + \boldsymbol{E}_1^-)^* \times (\boldsymbol{H}_1^+ + \boldsymbol{H}_1^-)\bigr] \\ &= \boldsymbol{S}_1^+ + \boldsymbol{S}_1^- + \frac{1}{2}\Re\bigl[\boldsymbol{E}_1^{+*} \times \boldsymbol{H}_1^- + \boldsymbol{E}_1^{-*} \times \boldsymbol{H}_1^+\bigr]\end{aligned} \quad (2.40)$$
となり，干渉の項が存在する．

第二に，境界面に垂直な z 成分についてエネルギーの流れが連続になること，つまり $S_{z1} = S_{z2}$ が成り立つことが，電磁場の境界条件から導かれることを指摘しておく．境界面で電場と磁場の接線成分は連続である．ところが，ポインティングベクトルの z 成分は電場と磁場の接線成分のベクトル積で与えられるから $\bigl(S_z = (1/2)\Re[E_x^* H_y - E_y^* H_x]\bigr)$，それも連続になる．

問題 2.1　s 偏光の反射屈折におけるポインティングベクトルを求めよ．
解答　電磁波の式 (2.8) と (2.9) を代入すると，入射側でのポインティングベクトルは
$$\boldsymbol{S}_1 = W\Re \begin{pmatrix} (1+r^*)(1+r)m_1 \sin\theta_1 \\ 0 \\ (1+r^*)(1-r)m_1 \cos\theta_1 \end{pmatrix}$$
となる．ただし，$W = (1/2)Y_0|E_1^+|^2$ とおいた．透過側の媒質には透過光しかないから
$$\boldsymbol{S}_2 = W\Re \begin{pmatrix} |t|^2 m_2 \sin\theta_2 \\ 0 \\ |t|^2 m_2 \cos\theta_2 \end{pmatrix}$$
である．

問題 2.2　p 偏光の反射屈折におけるポインティングベクトルを求めよ．
解答　p 偏光の場合は，入射側のポインティングベクトルは
$$\boldsymbol{S}_1 = W\Re \begin{pmatrix} (1+r^*)(1+r)m_1^* \sin\theta_1 \\ 0 \\ (1+r^*)(1-r)m_1^* \cos\theta_1 \end{pmatrix}$$
となり，透過側は
$$\boldsymbol{S}_2 = W\Re \begin{pmatrix} |t|^2 m_2^* \sin\theta_2 \\ 0 \\ |t|^2 m_2^* \cos\theta_2 \end{pmatrix}$$
となる．ただし，前問と同じく，$W = (1/2)Y_0|E_1^+|^2$ とおいた．

2.3 全 反 射

入射媒質の屈折率が屈折媒質より高い場合 ($n_1 > n_2$) を考える．屈折角が $90°$ になる入射角

$$\sin\theta_c = \frac{n_2}{n_1} \tag{2.41}$$

を臨界角 (critical angle) という．入射角が臨界角以上になると，屈折光は存在できなくなり，反射率は 1 になる．これを全反射 (total reflection または total internal reflection) という．これに対し，臨界角以内の通常の場合を，臨界内入射と呼ぼう．

全反射の場合も，スネルの法則 (2.5) が形式的に成り立つ．

$$n_2 \sin\theta_2 = n_1 \sin\theta_1 = \xi \tag{2.42}$$

全反射領域では $\sin\theta_2 > 1$ となるから，屈折角 θ_2 は複素数になる．実際，臨界角で屈折角が $\pi/2$ となることを考慮し

$$\theta_2 = \frac{\pi}{2} - i\tau_2 \tag{2.43}$$

とおくと

$$\sin\theta_2 = \cos(-i\tau_2) = \cosh\tau_2 = \frac{n_1 \sin\theta_1}{n_2} \tag{2.44}$$

となり，屈折角の虚部 τ_2 が決まる．このとき，$\cos\theta_2$ は

$$\cos\theta_2 = -\sin(-i\tau_2) = i\sinh\tau_2 \tag{2.45}$$

と純虚数になる．式 (2.43) で τ_2 の前の符号は，$\tau_2 > 0$ のとき，振幅が z 軸の正の方向に指数関数的に減衰するように選んだ．以下に述べるように，逆の符号の解も許される．ところで，屈折角の虚数部分というのは物理的な意味がはっきりしない．直接，屈折率ベクトルを求めた方が分かりやすい．屈折率ベクトルの z 成分は

$$n_2 \cos\theta_2 = in_2\sqrt{\sin^2\theta_2 - 1} = i\sqrt{\xi^2 - n_2^2} \equiv i\kappa_2 \tag{2.46}$$

となる．このとき，波動ベクトルは

$$\boldsymbol{k}_2^\pm = k_0 \begin{pmatrix} \xi \\ 0 \\ \pm i\kappa_2 \end{pmatrix} = \begin{pmatrix} \alpha \\ 0 \\ \pm i\gamma_2 \end{pmatrix} \tag{2.47}$$

と書ける．ただし，$\gamma = k_0 \kappa$ とおいた．これは，形式的には式 (2.1) と変わらない．ただし，$\xi^2 - \kappa_2^2 = n_2^2$，あるいは，$\alpha^2 - \gamma_2^2 = k_0^2 n_2^2$ を満たす．この波動ベクトルを用い，波動関数は

$$\psi_2^\pm(\boldsymbol{r}) = e^{i\boldsymbol{k}_2^\pm \cdot \boldsymbol{r}} = e^{i\alpha x} e^{\mp \gamma_2 z} \tag{2.48}$$

となる．波動関数 $\exp(i\boldsymbol{k}_2^- \cdot \boldsymbol{r})$ は z の正の方向に指数関数的に増大するから，低屈折率側の空間が無限に拡がっている場合は物理的に許されない解である．しかし，低屈折率媒質の厚さが有限であれば，この解を捨てる理由はない．

さて，低屈折率側の空間が無限に拡がっている場合を考えよう．このとき，低屈折率媒質中の波動関数は，係数 γ_2 で指数関数的に減衰する．全反射するときも，界面でいきなり振幅が 0 になるのではなく，わずかに滲み出すことが分かる．これをエバネッセント波 (evanescent wave) という．滲み出しの深さはおよそ $1/\gamma_2 \approx \lambda/\kappa$ 程度である．

エバネッセント波の振幅は，$n_2 \cos\theta_2$ を式 (2.46) で与えられる複素数とすれば，形式的には臨界内入射の場合と変わらないから，s 偏光に対しては式 (2.8), (2.9) が成り立ち，p 偏光に対しては式 (2.14), (2.15) が成り立つ．さらに，フレネル係数の式 (2.12) や (2.18) もそのまま成り立つ．反射係数の絶対値は 1 になり，位相は

$$r_s = e^{i\phi_s}, \qquad \tan\left(\frac{\phi_s}{2}\right) = -\frac{\mu_1}{\mu_2} \sqrt{\frac{\xi^2 - n_2^2}{n_1^2 - \xi^2}}$$

$$r_p = e^{i\phi_p}, \qquad \tan\left(\frac{\phi_p}{2}\right) = -\frac{\epsilon_1}{\epsilon_2} \sqrt{\frac{\xi^2 - n_2^2}{n_1^2 - \xi^2}} \tag{2.49}$$

で与えられる．

問題 2.3 s 偏光が入射したときのエバネッセント波の複素振幅を求めよ．

解答 s 偏光のエバネッセント波は

$$\boldsymbol{E}_2^\pm = E_2^\pm e^{i\alpha x \mp \gamma_2 z} \begin{pmatrix} 0 \\ 1 \\ 0 \end{pmatrix}$$

$$\boldsymbol{H}_2^\pm = \frac{1}{n_2} Y_0 m_2 E_2^\pm e^{i\alpha x \mp \gamma_2 z} \begin{pmatrix} \mp i\kappa_2 \\ 0 \\ \xi \end{pmatrix} \tag{2.50}$$

となる.

問題 2.4 p 偏光が入射したときのエバネッセント波の複素振幅を求めよ.

解答 p 偏光では

$$\boldsymbol{E}_2^\pm = -\frac{1}{n_2} E_2^\pm e^{i\alpha x \mp \gamma_2 z} \begin{pmatrix} \mp i\kappa_2 \\ 0 \\ \xi \end{pmatrix}$$

$$\boldsymbol{H}_2^\pm = Y_0 m_2 E_2^\pm e^{i\alpha x \mp \gamma_2 z} \begin{pmatrix} 0 \\ 1 \\ 0 \end{pmatrix} \tag{2.51}$$

となる.

2.3.1 フレネル係数

図 2.11 と図 2.12 は,比屈折率が $n_2/n_1 = 1/1.5$ のときの,反射係数 r と透過係数 t を入射角の関数としてプロットしたものである.全反射領域では,反射係数も透過係数も複素数になるから,絶対値と偏角に分けてプロットしてある.全反射領域では,反射係数の絶対値は 1 に等しくなり,100% 反射されることが確かめられる.一方で,透過係数は有限の値を持つ.

2.3.2 エネルギーの流れ

エバネッセント波の電磁場の式からポインティングベクトルの時間平均 $\boldsymbol{S}$ を計算して,エネルギーの流れを求めよう.ただし,$m_2 = n_2$ は実数であるとする.結果は s 偏光も p 偏光も同じ形に書ける.

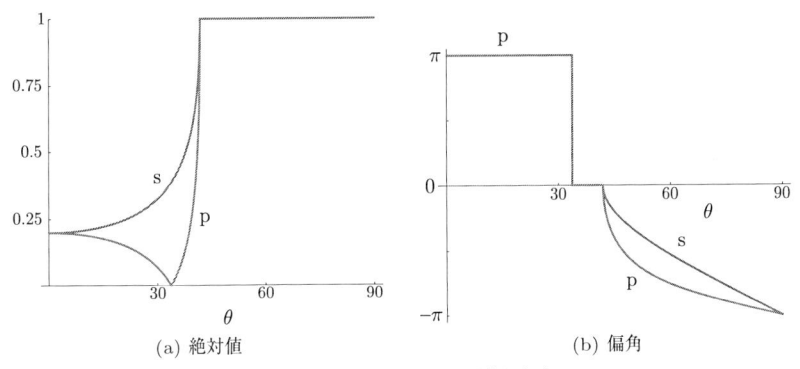

図 2.11 反射係数 r の絶対値と偏角

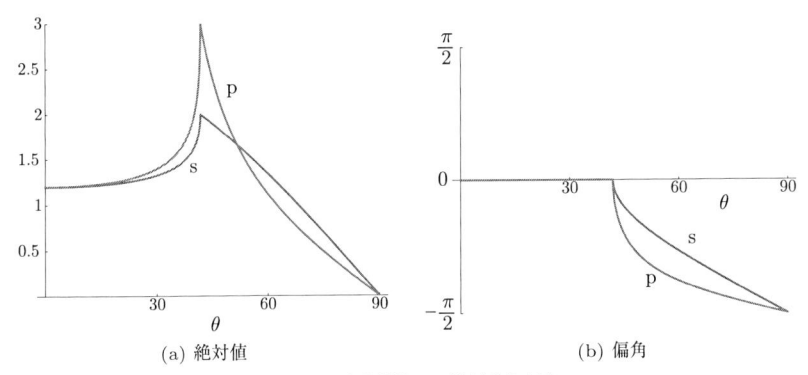

図 2.12 透過係数 t の絶対値と偏角

$$\boldsymbol{S}_s = \boldsymbol{S}_p = \frac{1}{2}\Re[\boldsymbol{E}_2^{+*} \times \boldsymbol{H}_2^+]$$

$$= \frac{1}{2}Y_0 n_1 \sin\theta_1 |E_2^+|^2 e^{-2\gamma_2 z} \begin{pmatrix} 1 \\ 0 \\ 0 \end{pmatrix} \quad (2.52)$$

ポインティングベクトルの時間平均は，x 軸方向を向く．すなわち，エバネッセント波では，エネルギーは境界面に平行に流れることが分かる．z 軸の方向にはエネルギーの流れはないから，エバネッセント波は z 方向には伝搬できず，単に低屈折率側に滲み出すだけである．ただし，ポインティングベクトルの z 成分が恒等的に 0 になるわけではない．電場と磁場が 90° 位相がずれて振動するので，時間平均をとると消えてしまうのである．

(a) 順過程　　　　　　　(b) 時間反転

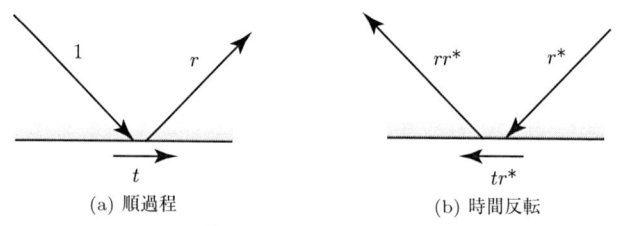

図 **2.13**　全反射の時間反転

2.3.3　全反射の時間反転

　媒質の吸収が無視できれば，全反射についても時間反転に対する対称性が成り立つ．ただし，透過波のエバネッセント波は伝搬できない波であるから，時間反転したとき，無限遠から戻ってくることはない．実際は，エバネッセント波の時間反転波は，時間反転して戻ってきた反射波 r^* によって作られるのである．よって，順過程と時間反転過程の比較から

$$rr^* = 1, \qquad t^* = tr^* \tag{2.53}$$

が導かれる．第 1 式は r の絶対値が 1 になること，まさしく全反射することを意味する．第 2 式は

$$r = \frac{t}{t^*} \tag{2.54}$$

と書き換えられる．これは反射係数の位相が，透過係数の位相の 2 倍になることを意味する．すなわち，図 2.11 と図 2.12 の偏角は相似で，縦軸の目盛りが 2 倍だけ異なる．

3

偏　　　　光

3.1　完　全　偏　光

　電磁波は電場や磁場の振動方向が波の進行方向と直交する横波である．このため，変位(電場)は振動方向が異なる二つの自由度を持ち，進行方向に垂直な面内で偏りを持つ．これを偏光 (polarization) という[7]．はじめに，純粋な偏光状態である完全偏光について議論する．

　等方媒質中を z 軸の正の方向に進む角周波数 ω，波数 $k = \omega n/c$ の単色平面波を考える．電場は波動ベクトルに垂直な xy 面内で周期運動するが，特に x 軸方向に振動する直線偏光と y 軸方向に振動する直線偏光を，二つの独立な偏光状態にとることができる．等方的な媒質中では，この二つの直線偏光は同じ位相速度で進むから，二つの直線偏光は縮退している．したがって，一般の偏光状態はこれらの重ね合わせで表すことができる．

　z 方向に進む平面波を考え，電場の複素振幅の xy 成分を

$$\begin{pmatrix} E_1 \\ E_2 \end{pmatrix} = \begin{pmatrix} A_1 e^{i\phi_1} e^{-i(\omega t - kz)} \\ A_2 e^{i\phi_2} e^{-i(\omega t - kz)} \end{pmatrix} \tag{3.1}$$

とベクトル表示しよう．偏光状態は位相の絶対値には依存せず，位相差が本質的である．よって，振幅の xy 成分の初期位相の差を

$$\phi = \phi_2 - \phi_1 \tag{3.2}$$

とする．偏光状態は，電場ベクトルの先端が描く図形で区別する．そこで，$\phi_1 = 0$，$\phi_2 = \phi$ とおいて，式 (3.1) の実部をとる[*1]．

[*1]　本章では，添字が二重になるのを避けるため，電場成分の実部を E_{rj} とせず，$\mathcal{E}_j$ と表す．

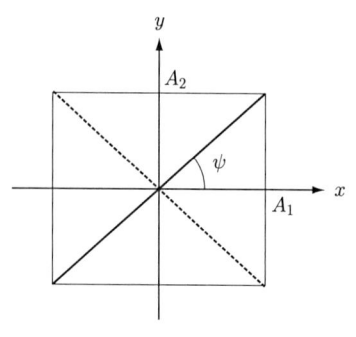

図 3.1　直線偏光

$$\begin{pmatrix} \mathcal{E}_1 \\ \mathcal{E}_2 \end{pmatrix} = \begin{pmatrix} A_1 \cos \Omega \\ A_2 \cos(\Omega - \phi) \end{pmatrix} \tag{3.3}$$

ただし，$\Omega = \omega t - kz$ とおいた．先端図形の形状は位相差 ϕ によって変わる．これはいわゆるリサジュー曲線の一種であるが，x 成分と y 成分の周波数が等しい，最も単純な曲線である．

3.1.1　直 線 偏 光

位相差 ϕ が 0 または π のとき，すなわち，x 成分と y 成分が同位相または逆位相で振動するとき，直線偏光となる．直線の x 軸に対する傾き角 ψ は $\phi = 0$ のとき $\tan \psi = A_2/A_1$ になる（図 3.1 の実線）．$\phi = \pi$ のときは，図 3.1 の破線の方向に振動する直線偏光になる．

直線偏光では，電場ベクトルと波動ベクトルのなす面を振動面 (plane of vibration) という．一方，これとは別に偏光面 (plane of polarization) という呼び方もある．現代光学では，振動面と偏光面は同一の面とみなされている[*2]．

3.1.2　楕 円 偏 光

位相差が $\phi = \pi/2$ のとき，式 (3.3) は

$$\begin{pmatrix} \mathcal{E}_1 \\ \mathcal{E}_2 \end{pmatrix} = \begin{pmatrix} A_1 \cos(\omega t - kz) \\ A_2 \sin(\omega t - kz) \end{pmatrix} \tag{3.4}$$

[*2]　歴史的には，偏光面は磁場の振動面を指した．

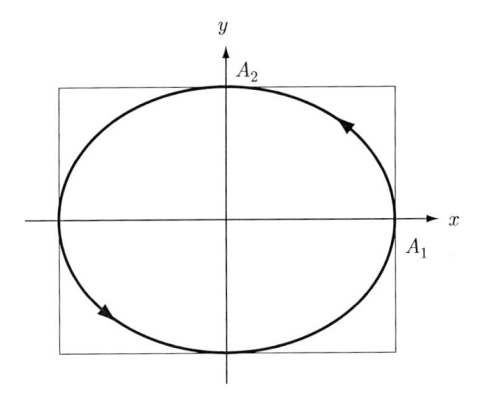

図 3.2 主軸が xy 軸方向を向いた左回り楕円偏光

となる．これは，主軸が xy 軸方向を向き，半軸長が A_1, A_2 の楕円になる（図 3.2）．これを楕円偏光 (elliptic polarization) という．電場ベクトルはこの楕円の上を回転するが，回転は左回り（反時計回り）になる．これは，向かってくる光に対向する向きから観測したとき，電場ベクトルの先端の運動が左回りに回転することを意味する．これを左回り (left-handed) 楕円偏光という．楕円の主軸の長さの比 A_2/A_1 を楕円率 (ellipticity) という．これを角度で表し

$$\tan\chi = \frac{A_2}{A_1} \tag{3.5}$$

としたとき，χ を楕円率角という．

位相差が $\phi = -\pi/2$ のときは，楕円の形状は同じであるが，回転方向が右回り（時計回り）になる．

3.1.3 円 偏 光

式 (3.4) で，$A_1 = A_2$ のとき，軌跡は円になる．これを円偏光 (circular polarization) という．位相差が $\phi = \pi/2$ のとき，光の電場は式 (3.4) で $A_1 = A_2 = A$ とおいた式で表される．このとき，電場ベクトルは xy 平面内で z 軸の回りを反時計回りに回転する．

図 3.3 は時間を止めたときの，左回り円偏光の電場ベクトルの空間分布を描いたものである．この空間分布は左ねじの形をしている．しかし，光の伝搬はねじの運動とは異なる．光はねじが回転するように進むのではなく，ねじの形状を保ったまま z 軸の方向に平行移動するのである．xy 面にシートを張ったとすると，光

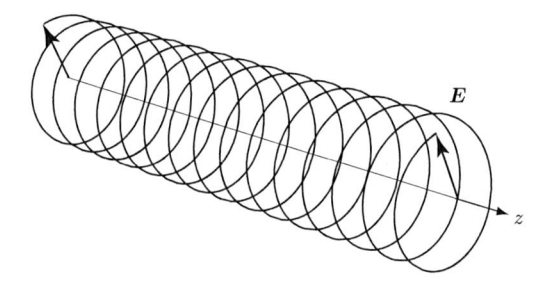

図 3.3 左回り円偏光電場の空間分布

はシートを突き破って進んでくるイメージである．このため，左ねじが平行移動すると，xy 面では反時計回りに回転するのである．

　回転方向の呼び方は統一されていない．式 (3.4) の楕円偏光の回転の向きと進行方向は右手の法則，つまり，右ねじをねじ込んだときの運動に一致するから，これを右楕円偏光と呼ぶことも少なくない．

3.1.4　一般の楕円偏光

式 (3.3) から，xy 面上のベクトル $(\mathcal{E}_1, \mathcal{E}_2)$ の先端が描く軌跡を求めよう．Ω を消去すると

$$\left(\frac{\mathcal{E}_1}{A_1}\right)^2 - 2\frac{\mathcal{E}_1 \mathcal{E}_2}{A_1 A_2}\cos\phi + \left(\frac{\mathcal{E}_2}{A_2}\right)^2 = \sin^2\phi \tag{3.6}$$

が得られる．これは一般に楕円を表す（図 3.4）．回転の向きは，$\sin\phi > 0$ のとき，反時計回りになる．

問題 3.1　式 (3.6) を確かめよ．
解答　はじめに

$$\begin{aligned}x_1 &= \frac{\mathcal{E}_1}{A_1} = \cos\Omega \\ x_2 &= \frac{\mathcal{E}_2}{A_2} = \cos(\Omega - \phi) = \cos\Omega\cos\phi + \sin\Omega\sin\phi\end{aligned} \tag{3.7}$$

とおく．ただし，$\Omega = \omega t - kz$ である．第 1 式を用いて Ω を消去すると

$$x_2 = x_1 \cos\phi \pm \sqrt{1 - x_1^2}\sin\phi \tag{3.8}$$

が得られる．よって

$$(x_2 - x_1\cos\phi)^2 = (1 - x_1^2)\sin^2\phi \tag{3.9}$$

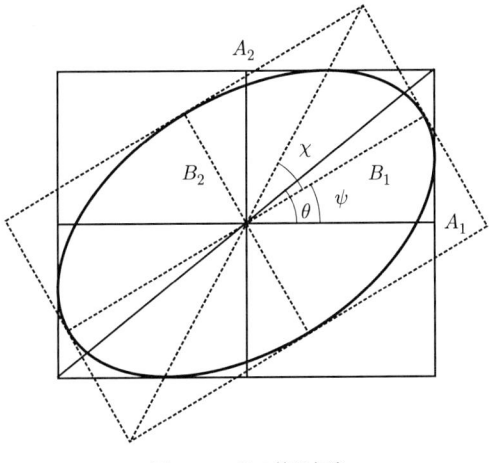

図 3.4 一般の楕円偏光

となる．これを整理して

$$x_1^2 - 2x_1 x_2 \cos\phi + x_2^2 = \sin^2\phi \tag{3.10}$$

が導かれる．

さて，電場ベクトルが x 軸となす角度を φ とすると

$$\tan\varphi = \frac{A_2 \cos(\Omega - \phi)}{A_1 \cos\Omega} \tag{3.11}$$

である．これを Ω で微分すると

$$\frac{d}{d\Omega}\tan\varphi = \frac{A_2}{A_1}\frac{\sin\phi}{\cos^2\Omega} \tag{3.12}$$

となる．よって，$\sin\phi > 0$ であれば，電場ベクトルは φ が増加する方向，つまり，反時計回りに回転する．

3.1.5 標 準 形

式 (3.3) は実験室系の表示である．これを，楕円の主軸を座標軸する標準形に変換しよう．結果は次のようになる．x 成分の振幅 A_1 と y 成分の振幅 A_2 の比から，角度 θ を

$$\tan\theta = \frac{A_2}{A_1} \tag{3.13}$$

と定義する．このとき，楕円の長軸の方向 ψ は

$$\tan 2\psi = \frac{2A_1 A_2 \cos\phi}{A_1^2 - A_2^2} = \tan 2\theta \cos\phi \tag{3.14}$$

で与えられる．楕円の主軸の半軸長を B_1, B_2, その比，すなわち，楕円率を

$$\tan\chi = \frac{B_2}{B_1} \tag{3.15}$$

とする．以上の準備の下に

$$A_1^2 + A_2^2 = B_1^2 + B_2^2 \tag{3.16}$$

$$\sin 2\chi = \sin 2\theta \sin\phi \tag{3.17}$$

が成り立つ．楕円率角 χ の符号は偏光の回転の向きを表し，正のとき，反時計回りになる．

標準形への変換

偏光電場に対する式 (3.3) を $(\mathcal{E}_1, \mathcal{E}_2)$ 空間の座標回転により標準形に変換する．角度 ψ だけ回転した座標系による成分を $(\mathcal{F}_1, \mathcal{F}_2)$ とすると

$$\begin{pmatrix} \mathcal{F}_1 \\ \mathcal{F}_2 \end{pmatrix} = \begin{pmatrix} \cos\psi & \sin\psi \\ -\sin\psi & \cos\psi \end{pmatrix} \begin{pmatrix} \mathcal{E}_1 \\ \mathcal{E}_2 \end{pmatrix} \tag{3.18}$$

の関係がある．電場 $\mathcal{E}_1$ の位相を $\Omega = \omega t - kz$ とする．$\mathcal{E}_2$ の位相は $\Omega - \phi$ となる．この変換式を用い，$(\mathcal{F}_1, \mathcal{F}_2)$ を旧座標成分で表すと

$$\mathcal{F}_1 = A_1 \cos\psi \cos\Omega + A_2 \sin\psi \cos(\Omega - \phi)$$
$$\mathcal{F}_2 = -A_1 \sin\psi \cos\Omega + A_2 \cos\psi \cos(\Omega - \phi) \tag{3.19}$$

となる．一方，楕円の半軸長を B_1, B_2 とすると，新しい座標系で $(\mathcal{F}_1, \mathcal{F}_2)$ は

$$\mathcal{F}_1 = B_1 \cos(\Omega - \delta)$$
$$\mathcal{F}_2 = B_2 \sin(\Omega - \delta) \tag{3.20}$$

と表される．ただし，δ は 2 つの表示における初期位相の違いである．式 (3.20) と式 (3.19) の表示は一致しなくてはならないから

$$B_1 \cos(\Omega - \delta) = A_1 \cos\psi \cos\Omega + A_2 \sin\psi \cos(\Omega - \phi)$$
$$B_2 \sin(\Omega - \delta) = -A_1 \sin\psi \cos\Omega + A_2 \cos\psi \cos(\Omega - \phi) \tag{3.21}$$

が成り立つ．未知数は，B_1, B_2, δ, ψ である．三角関数を Ω について展開，整理し，$\cos\Omega, \sin\Omega$ の係数を等しいとおくと

$$\begin{aligned} B_1 \cos\delta &= A_1 \cos\psi + A_2 \sin\psi \cos\phi \\ B_1 \sin\delta &= A_2 \sin\psi \sin\phi \\ B_2 \cos\delta &= A_2 \cos\psi \sin\phi \\ B_2 \sin\delta &= A_1 \sin\psi - A_2 \cos\psi \cos\phi \end{aligned} \tag{3.22}$$

の関係式が得られる．初めに，四つの式の2乗和をとると

$$B_1^2 + B_2^2 = A_1^2 + A_2^2 \tag{3.23}$$

が成り立つことが分かる．これは，それぞれの座標系における光の強度を表すから，当然の結果である．さらに，式 (3.22) の第1式と第3式をかけ，続いて第2式と第4式をかけ，両者を加えると

$$B_1 B_2 = A_1 A_2 \sin\phi \tag{3.24}$$

が得られる．この式の両辺を式 (3.23) で割って

$$\frac{2 B_1 B_2}{B_1^2 + B_2^2} = \frac{2 A_1 A_2}{A_1^2 + A_2^2} \sin\phi \tag{3.25}$$

と変形できる．さて，$\tan\theta$ と $\tan\chi$ を式 (3.13) と式 (3.15) で定義すると

$$\frac{2 A_1 A_2}{A_1^2 + A_2^2} = \frac{2\tan\theta}{1 + \tan^2\theta} = \sin 2\theta, \qquad \frac{2 B_1 B_2}{B_1^2 + B_2^2} = \sin 2\chi \tag{3.26}$$

が成り立つ．これから式 (3.17) が導かれる．

最後に，主軸の角度 ψ を求めよう．式 (3.22) の第1式と第2式，および，第3式と第4式の比をとり，別々に $\tan\delta$ を計算すると

$$\tan\delta = \frac{A_2 \sin\psi \sin\phi}{A_1 \cos\psi + A_2 \sin\psi \cos\phi} = \frac{A_1 \sin\psi - A_2 \cos\psi \cos\phi}{A_2 \cos\psi \sin\phi} \tag{3.27}$$

が得られる．分母を払って整理すると

$$(A_1^2 - A_2^2) \sin\psi \cos\psi = A_1 A_2 \cos\phi (\cos^2\psi - \sin^2\psi) \tag{3.28}$$

となるから

$$\tan 2\psi = \frac{2A_1 A_2 \cos\phi}{A_1^2 - A_2^2} \tag{3.29}$$

が導かれる．係数は

$$\frac{2A_1 A_2}{A_1^2 - A_2^2} = \frac{2\tan\theta}{1 - \tan^2\theta} = \tan 2\theta \tag{3.30}$$

と書き直せる．こうして式 (3.14) が導かれる．

3.2　ジョーンズベクトルとジョーンズ行列

3.2.1　ジョーンズベクトル

偏光の表現に複素表示を用いよう．複素振幅で表した電場ベクトルの式 (3.1) から共通項を除き，振幅と初期位相から導かれる 2 次元複素ベクトル

$$\boldsymbol{U} = \begin{pmatrix} A_1 e^{i\phi_1} \\ A_2 e^{i\phi_2} \end{pmatrix} \equiv \begin{pmatrix} A_1 \\ A_2 e^{i\phi} \end{pmatrix} \tag{3.31}$$

をジョーンズ (Jones) ベクトルという[*3)]．ただし，$\phi = \phi_2 - \phi_1$ は xy 成分の間の位相差である．位相の絶対値は自由にとることができるから，ジョーンズベクトルに任意の位相因子をかけても表現される偏光状態は変化しない．偏光状態にのみ興味がある場合は，ジョーンズベクトルの大きさを 1 に規格化することも多い．この場合，偏光状態は，ジョーンズベクトルの x 成分と y 成分の比が与えられれば，決まってしまう．

$$Z = \frac{A_2}{A_1} e^{i\phi} \tag{3.32}$$

すなわち，完全偏光は複素平面上の点で表される．球面上の 1 点を固定して，平面を球面に射影すると，後に述べるポアンカレ球による表現が導かれる．

表 3.1 に，直線偏光と円偏光の，規格化ジョーンズベクトルおよび複素表示を示す．ストークスパラメーターについては 3.4 節を見よ．

[*3)] ジョーンズベクトルの位相の符号は，光電場の複素表現に依存する．ここでは平面波を $E = A\exp[i(kz - \omega t)]$ とする定義に従った．この定義は，最近の光学の教科書で広く採用されている．一方，特に偏光解析の分野では $\overline{E} = A\exp[i(\omega t - kz)]$ を採用する専門書も少なくない．この定義を採用した場合は，ジョーンズベクトルをはじめとするすべての複素表現は，本書の表現の複素共役となる．この定義による量を記号の上にバーをつけて表すと $\overline{\boldsymbol{U}} = \boldsymbol{U}^*$ である．符号の定義の問題は，1 冊の本の中で辻褄を合せるのは容易であるが，過去の膨大な資産を無視して勝手に決めることができず，解決の難しい問題である．

表 3.1 偏光の表示

偏光	ジョーンズベクトル	複素表示	ストークスパラメーター
直線偏光	$\begin{pmatrix} \cos\psi \\ \sin\psi \end{pmatrix}$	$\tan\psi$	$(1, \cos 2\psi, \sin 2\psi, 0)$
左回り円偏光	$\dfrac{1}{\sqrt{2}} \begin{pmatrix} 1 \\ i \end{pmatrix}$	i	$(1, 0, 0, 1)$
右回り円偏光	$\dfrac{1}{\sqrt{2}} \begin{pmatrix} 1 \\ -i \end{pmatrix}$	$-i$	$(1, 0, 0, -1)$

3.2.2 内積と直交関係

二つのジョーンズベクトル U_1, U_2 に対し,内積 $U_1^* \cdot U_2$ を定義することができる.内積が 0 となる 2 つの偏光は直交しているという.直交する偏光を干渉させても,強度の干渉縞は現れない.

直交する単位ジョーンズベクトルを u_1, u_2 としよう.

$$|u_1|^2 = |u_2|^2 = 1, \qquad u_1^* \cdot u_2 = 0 \tag{3.33}$$

任意のジョーンズベクトルをこの基底ベクトルで展開できる.

$$U = X_1 u_1 + X_2 u_2 \tag{3.34}$$

式 (3.31) は x,y 方向の直線偏光を基底ベクトルにとって展開したものと解釈できる.

$$U = A_1 e^{i\phi_1} \begin{pmatrix} 1 \\ 0 \end{pmatrix} + A_2 e^{i\phi_2} \begin{pmatrix} 0 \\ 1 \end{pmatrix} \tag{3.35}$$

大きさが 1 の左回り円偏光 u_L と右回り円偏光 u_R を基底ベクトルにとって,直線偏光を表現すると

$$A \begin{pmatrix} \cos\psi \\ \sin\psi \end{pmatrix} = \frac{Ae^{-i\psi}}{\sqrt{2}} u_L + \frac{Ae^{i\psi}}{\sqrt{2}} u_R \tag{3.36}$$

が得られる.直線偏光は振幅の等しい左右二つの円偏光の和に分解され,係数の位相差(の半分)が,直線偏光の振動面の方向を与える.

なお,ジョーンズベクトル $U_j = (U_{jx}, U_{jy})$ に対する複素表示を $Z_j = U_{jy}/U_{jx}$ とすると,直交条件 $U_1^* \cdot U_2 = U_{1x}^* U_{2x} + U_{1y}^* U_{2y} = 0$ より,複素表示での直交条件

$$Z_1^* Z_2 = -1 \tag{3.37}$$

が導かれる.

3.2.3 偏光素子とジョーンズ行列

偏光状態を変化させる，あるいは，制御する光学素子を偏光素子という．偏光素子には，偏光子，旋光子，移相子などがある．偏光素子の作用はジョーンズベクトルに対する変換行列として表現できる．これをジョーンズ (Jones) 行列という．ジョーンズベクトルと同様にジョーンズ行列も全要素に共通に位相因子をかけても変わらない．

3.2.4 旋光子

偏光状態を（反時計回りに）角度 ψ だけ回転する素子を旋光子 (rotator)，または旋回子という．旋光子のジョーンズ行列は

$$\mathbf{R}(\psi) = \begin{pmatrix} \cos\psi & -\sin\psi \\ \sin\psi & \cos\psi \end{pmatrix} \tag{3.38}$$

と表される．

偏光素子の回転を，旋光子を使って表すことができる．偏光素子のジョーンズ行列を $\mathbf{X}$ としよう．この偏光素子を角度 ψ だけ回転したとしよう．これは，入射光の偏光状態を逆向きに ψ だけ回転し，偏光素子を通過した後，偏光状態を ψ だけ回転して元に戻すと等価になる．よって，ジョーンズベクトルは $\mathbf{R}(\psi)\mathbf{X}\mathbf{R}(-\psi)$ となる．

旋光子としては，旋光性材料を用いるものと，磁場によるファラディ効果を利用するものがある．

3.2.5 偏光子

偏光子 (polarizer)，または，偏光板は，特定の偏光状態のみを透過する偏光素子である．ある特定の方向の直線偏光を通す偏光子を直線偏光子というが，単に偏光子という場合は直線偏光子を指す．x 成分だけを 100% 透過する偏光子は

$$\mathbf{P}(0) = \begin{pmatrix} 1 & 0 \\ 0 & 0 \end{pmatrix} \tag{3.39}$$

で与えられる．入射波の偏光状態がどのようなものであっても，偏光子を透過した後は直線偏光に変換される．透過光の振動方向が x 軸から角度 ψ だけ回転した偏光子は

$$\mathbf{P}(\psi) = \mathbf{R}(\psi)\mathbf{P}(0)\mathbf{R}(-\psi) = \begin{pmatrix} \cos^2\psi & \sin\psi\cos\psi \\ \sin\psi\cos\psi & \sin^2\psi \end{pmatrix} \quad (3.40)$$

となる．

　偏光子には，吸収の異方性（二色性）を用いたもの（いわゆるポラロイド）や，複屈折を用いた各種の偏光プリズムなどがある．

3.2.6　マリュスの法則

　偏光子に直線偏光が入射したとする．偏光子の透過軸の方向と，入射直線偏光の振動方向の間の角度を θ とすると，透過光の強度は

$$I(\theta) = I(0)\cos^2\theta \quad (3.41)$$

となる．ここで，$I(0)$ は偏光子の軸と直線偏光の振動方向が一致したときの透過光強度である．これをマリュス (Malus) の法則という．

　これは次のように一般化できる．偏光子の軸の方向を表す単位ベクトルを $\boldsymbol{p} = (\cos\psi, \sin\psi)$，入射光のジョーンズベクトルを $\boldsymbol{U}$ とすると，透過光強度は

$$I = |\boldsymbol{p} \cdot \boldsymbol{U}|^2 \quad (3.42)$$

と表される[*4]．

3.2.7　移相子 (位相板)

　x 成分と y 成分の間の相対位相差を変化させる素子を移相子，減速子 (retarder)，または，位相板 (phase plate)，波長板 (wave plate) などという．複屈折を使った位相板を考えよう．複屈折素子によって決まる直交する二つの偏光状態（固有偏光）があり，それぞれの固有偏光に対して異なる屈折率を持つ．旋光性がなければ，固有偏光は直線偏光になる．ここでは，固有偏光を xy 軸にとり，x 方向の直線偏光に対する屈折率を n_1，y 方向のそれを n_2 とする．厚さ d の複屈折板を通過した後の位相変化は，x 方向成分が $k_0 n_1 d$，y 方向成分が $k_0 n_2 d$ になる．ただし，$k_0 = 2\pi/\lambda_0$ である．よって，ジョーンズ行列は

[*4] 直線偏光ではなく楕円偏光状態 $\boldsymbol{p}$ を透過する偏光子では，$I = |\boldsymbol{p}^* \cdot \boldsymbol{U}|^2$ である．

$$\mathbf{C}(\varGamma) = \begin{pmatrix} e^{ik_0 n_1 d} & 0 \\ 0 & e^{ik_0 n_2 d} \end{pmatrix}$$

$$\equiv \begin{pmatrix} e^{-\frac{1}{2}i\varGamma} & 0 \\ 0 & e^{\frac{1}{2}i\varGamma} \end{pmatrix} \equiv \begin{pmatrix} 1 & 0 \\ 0 & e^{i\varGamma} \end{pmatrix} \tag{3.43}$$

となる.ここで

$$\varGamma = \frac{2\pi}{\lambda_0}(n_2 - n_1)d \tag{3.44}$$

である.この $\varGamma$ を位相遅れ (retardation) という.光の位相速度は屈折率に反比例するから,位相速度の大小で偏光の固有軸を区別する.屈折率の小さく位相速度の大きい方を進相軸 (fast axis),屈折率の大きく位相速度の小さい方を遅相軸 (slow axis) と呼ぶ[*5].

この位相板を角度 ψ 回転したときは

$$\begin{aligned}\mathbf{C}(\varGamma, \psi) &= \mathbf{R}(\psi)\mathbf{C}(\varGamma)\mathbf{R}(-\psi) \\ &= \begin{pmatrix} \cos\frac{1}{2}\varGamma - i\cos 2\psi \sin\frac{1}{2}\varGamma & -i\sin 2\psi \sin\frac{1}{2}\varGamma \\ -i\sin 2\psi \sin\frac{1}{2}\varGamma & \cos\frac{1}{2}\varGamma + i\cos 2\psi \sin\frac{1}{2}\varGamma \end{pmatrix}\end{aligned} \tag{3.45}$$

となる.

位相板としては,複屈折を利用するほかに,全反射における位相跳びが s 偏光と p 偏光で異なることを利用したフレネルの菱面体 (Fresnel rhomb) などがある.

3.2.8　1/4 波長板

位相遅れが $\pi/2$ の位相板を 1/4 波長板 (quarter wave plate) という.ジョーンズ行列は

$$\mathbf{C}_Q = \begin{pmatrix} 1 & 0 \\ 0 & i \end{pmatrix} \tag{3.46}$$

となる.1/4 波長板の軸に対して 45° の角度で直線偏光を入射させると,出射光は円偏光に変換される.式で書けば,出力偏光状態 $\boldsymbol{u}$ は

$$\boldsymbol{u} = \begin{pmatrix} 1 & 0 \\ 0 & i \end{pmatrix} \begin{pmatrix} 1 \\ 1 \end{pmatrix} = \begin{pmatrix} 1 \\ i \end{pmatrix} \tag{3.47}$$

[*5] 速軸,遅軸や,高速軸,低速軸という呼び方もある.

となる．逆に，円偏光は直線偏光に変換される．

$$u = \begin{pmatrix} 1 & 0 \\ 0 & i \end{pmatrix} \begin{pmatrix} 1 \\ i \end{pmatrix} = \begin{pmatrix} 1 \\ -1 \end{pmatrix} \tag{3.48}$$

3.2.9 半波長板

位相遅れが π の位相板を半波長板 (half wave plate) という．ジョーンズ行列は

$$\mathbf{C}_H = \begin{pmatrix} 1 & 0 \\ 0 & -1 \end{pmatrix} \tag{3.49}$$

となる．半波長板は入射偏光の y 成分の符号を変えるから，y 軸に垂直に置いた鏡のように作用する．例えば，x 軸に対し ψ の角度の直線偏光は，$-\psi$ の直線偏光に変換される．また，右回り円偏光は左回り円偏光に変換される．

問題 3.2 主軸を平行に配置した2枚の 1/4 波長板の間に半波長板を挿入し，等角速度 ω で回転する．1/4 波長板の主軸に対して 45° 傾いた直線偏光を入射させたとき，射出光の偏光状態を求めよ．

解答 全系のジョーンズ行列は

$$\mathbf{X} = \mathbf{C}(\pi/2)\mathbf{R}(\omega t)\mathbf{C}(\pi)\mathbf{R}(-\omega t)\mathbf{C}(\pi/2) = \begin{pmatrix} \cos 2\omega t & i\sin 2\omega t \\ i\sin 2\omega t & \cos 2\omega t \end{pmatrix}$$

よって，45° の直線偏光 $\begin{pmatrix} 1 \\ 1 \end{pmatrix}$ を入射すると，出力 u は

$$u = \mathbf{X} \begin{pmatrix} 1 \\ 1 \end{pmatrix} = e^{i2\omega t} \begin{pmatrix} 1 \\ 1 \end{pmatrix}$$

となる．すなわち，出力光も入射光と同じ 45° 傾いた直線偏光で，位相が半波長板の回転角の2倍だけ変化する．この偏光素子は一種の位相変調器になる．

問題 3.3 x 方向の偏光子と，y 方向の偏光子の間に，位相板を置いた．透過光の強度を，位相板の主軸の角度 ψ と位相遅れ Γ の関数として求めよ．なお，第2の偏光子を検光子 (analyzer) と呼び，偏光子と検光子を直交させる配置を直交ニコル (cross Nicol) という．

解答 直交ニコルの場合の透過光強度 T は，ジョーンズ行列 (3.45) の非対角成分で決まるから

$$T = \sin^2 2\psi \sin^2 \frac{\Gamma}{2}$$

となる．

3.3 部 分 偏 光

3.3.1 コヒーレンシー行列

太陽光など自然に存在する光は特定の偏光状態にはない．自然光の状態を理解するためには，コヒーレンスすなわち光の統計的性質を考慮する必要がある．光の電場を式 (3.1) の形に書くと，自然光は振幅や位相（周波数および初期位相）がランダムに分布した状態で表される．したがって，平均をとるとこれまで述べてきたどのような偏光状態にもないことになる．これが自然光（非偏光）の状態である．これに対し前節まで扱ってきた状態を完全偏光という．一般の光は，部分的に偏光している部分偏光の状態にある．

複素表示の電場 E_1, E_2 は統計的な量になる．統計量を表す方法の一つに相関関数がある．相関関数を 2 行 2 列の行列で表示する．

$$J = \begin{pmatrix} \langle E_1 E_1^* \rangle & \langle E_1 E_2^* \rangle \\ \langle E_2 E_1^* \rangle & \langle E_2 E_2^* \rangle \end{pmatrix} = \begin{pmatrix} \langle A_1^2 \rangle & \langle A_1 A_2 e^{-i\phi} \rangle \\ \langle A_1 A_2 e^{i\phi} \rangle & \langle A_2^2 \rangle \end{pmatrix} \quad (3.50)$$

括弧 $\langle \cdots \rangle$ は時間平均または統計平均 (ensemble average) を意味する．行列の各成分は，光の可干渉性を表すコヒーレンス関数 (coherence function) の一種と考えられる[*6]．この意味で，行列 J を偏光のコヒーレンシー行列 (coherency matrix)，または，偏光行列 (polarization matrix) という．

[*6] 光の電場の j 成分を $E_j(\boldsymbol{r}, t)$ とするとき，電場の相関関数 $\Gamma_{jk}(\boldsymbol{r}_1, t_1, \boldsymbol{r}_2, t_2) = \langle E_j(\boldsymbol{r}_1, t_1) E_k^*(\boldsymbol{r}_2, t_2) \rangle$ をコヒーレンス関数という．定常的な状態では，時間差 $t_2 - t_1$ のみに依存する．行列 J は $\begin{pmatrix} \Gamma_{11} & \Gamma_{12} \\ \Gamma_{21} & \Gamma_{22} \end{pmatrix}$ の $\boldsymbol{r}_1 = \boldsymbol{r}_2, t_1 = t_2$ のときの値に等しい．

3.4 ストークスパラメーター

部分偏光は，次に定義されるストークス (Stokes) パラメーターでも表される．この表示は，次節に述べるポアンカレ球を用いた偏光状態のマッピングと結びついて重要である．

$$\begin{aligned}
S_0 &= \langle A_1^2 + A_2^2 \rangle \\
S_1 &= \langle A_1^2 - A_2^2 \rangle \\
S_2 &= \langle 2 A_1 A_2 \cos\phi \rangle \\
S_3 &= \langle 2 A_1 A_2 \sin\phi \rangle
\end{aligned} \tag{3.51}$$

偏光のコヒーレンシー行列との関係は明らかであろう．

完全偏光に対しては，時間平均をとる必要はなく，括弧をとった式が成り立つ．それから容易に分かるように

$$S_0^2 = S_1^2 + S_2^2 + S_3^2 \tag{3.52}$$

が成り立つ．一方，無偏光に対しては

$$S_1 = S_2 = S_3 = 0 \tag{3.53}$$

である．部分偏光はこの中間にあり

$$S_0^2 \geq S_1^2 + S_2^2 + S_3^2 \tag{3.54}$$

が成り立つから，部分偏光の度合いを示す偏光度 V を

$$V = \frac{\sqrt{S_1^2 + S_2^2 + S_3^2}}{S_0} \tag{3.55}$$

と定義する．$V=1$ が完全偏光，$V=0$ が無偏光を表す．その中間の値をとるときが部分偏光である．S_0 は光の強度を表す．偏光状態にのみ興味があるときは，$S_0 = 1$ に規格化する．

問題 3.4 不等式 (3.54) を証明せよ．

解答 実数 α, β に対し非負の量である

$$L = \left\langle |A_1 + (\alpha + i\beta)A_2 e^{i\phi}|^2 \right\rangle$$
$$= \langle A_1^2 \rangle + \alpha S_2 - \beta S_3 + (\alpha^2 + \beta^2)\langle A_2^2 \rangle$$

を考える．この L は

$$\partial L/\partial \alpha = S_2 + 2\alpha \langle A_2^2 \rangle = 0, \qquad \partial L/\partial \beta = -S_3 + 2\beta \langle A_2^2 \rangle = 0$$

を満たす α, β で最小値をとる．実際に代入すると

$$L_{\min} = \langle A_1^2 \rangle - \frac{S_2^2 + S_3^2}{4\langle A_2^2 \rangle}$$

を得る．$4\langle A_1^2 \rangle \langle A_2^2 \rangle = S_0^2 - S_1^2$ に注意すると，$L_{\min} \geq 0$ より不等式 (3.54) を得る．

3.4.1 完全偏光のストークスパラメーター

完全偏光に対するストークスパラメーターを 3.1 節で定義される完全偏光のパラメーターで表そう．式 (3.13) より，$\tan\theta = A_2/A_1$ であるから，$A_1^2 + A_2^2 = 1$ に規格化すると，$A_1 = \cos\theta$, $A_2 = \sin\theta$ である．よって

$$\frac{A_1^2 - A_2^2}{A_1^2 + A_2^2} = \cos 2\theta, \qquad \frac{2A_1 A_2}{A_1^2 + A_2^2} = \sin 2\theta \tag{3.56}$$

が成り立つ．これを用いると，ストークスパラメーターは

$$\begin{aligned} S_1 &= S_0 \cos 2\theta & &= S_0 \cos 2\chi \cos 2\psi \\ S_2 &= S_0 \sin 2\theta \cos\phi & &= S_0 \cos 2\chi \sin 2\psi \\ S_3 &= S_0 \sin 2\theta \sin\phi & &= S_0 \sin 2\chi \end{aligned} \tag{3.57}$$

と表すことができる．ここで，ψ は楕円偏光の長軸の方位角，χ は楕円率角である．

問題 3.5 式 (3.57) を導け．
解答 式 (3.57) の第 3 式は，式 (3.17) と同じ式である．残りを証明する．なお，簡単のため $S_0 = 1$ とおく．式 (3.14) より

$$\frac{S_2}{S_1} = \tan 2\theta \cos\phi = \tan 2\psi$$

および

$$S_1^2 + S_2^2 = \cos^2 2\theta + \sin^2 2\theta \cos^2 \phi$$
$$= \cos^2 2\theta + \sin^2 2\theta (1 - \sin^2 \phi)$$
$$= 1 - \sin^2 2\theta \sin^2 \phi = 1 - \sin^2 2\chi = \cos^2 2\chi$$

が得られる．よって，極座標表示で

$$S_1 = \cos 2\chi \cos 2\psi$$
$$S_2 = \cos 2\chi \sin 2\psi$$

と表せる．

3.4.2　パウリのスピン行列

2行2列の行列 $\sigma_j, (j = 0 \sim 3)$ を次のように定義する．

$$\sigma_0 = \begin{pmatrix} 1 & 0 \\ 0 & 1 \end{pmatrix}, \qquad \sigma_1 = \begin{pmatrix} 1 & 0 \\ 0 & -1 \end{pmatrix}$$
$$\sigma_2 = \begin{pmatrix} 0 & 1 \\ 1 & 0 \end{pmatrix}, \qquad \sigma_3 = \begin{pmatrix} 0 & -i \\ i & 0 \end{pmatrix} \tag{3.58}$$

$\sigma_j, (j = 1 \sim 3)$ をパウリ (Pauli) のスピン行列と呼ぶ．これらの行列は次の関係を満たす．

$$\sigma_j \sigma_k - \sigma_k \sigma_j = 2i\sigma_l, \quad (j, k, l) \equiv (1, 2, 3) \quad (\text{cyclic})$$
$$\sigma_j \sigma_k + \sigma_k \sigma_j = 0 \tag{3.59}$$
$$\sigma_j^2 = \sigma_0$$

コヒーレンシー行列をストークスパラメーターで表すと

$$J = \frac{1}{2} \begin{pmatrix} S_0 + S_1 & S_2 - iS_3 \\ S_2 + iS_3 & S_0 - S_1 \end{pmatrix} = \frac{1}{2} \sum_j S_j \sigma_j \tag{3.60}$$

が導かれる．

3.4.3　ストークスパラメーターの測定

　ジョーンズベクトルは光の振幅であるから直接測ることはできない．それに対しストークスパラメーターは強度の次元を持ち直接測ることができる．その一例として，次のように，4種類の偏光素子を通過した光の強度測定を行う．

① x 方向偏光子：$I_1 = \langle A_1^2 \rangle$
② y 方向偏光子：$I_2 = \langle A_2^2 \rangle$
③ $45°$ 偏光子：$I_d = \dfrac{1}{2}\langle |E_1 + E_2|^2 \rangle = \dfrac{1}{2}(I_1 + I_2) + \langle A_1 A_2 \cos\phi \rangle$
④ y 方向 1/4 波長板+$45°$ 偏光子：
$I_R = \dfrac{1}{2}\langle |E_1 - iE_2|^2 \rangle = \dfrac{1}{2}(I_1 + I_2) + \langle A_1 A_2 \sin\phi \rangle$

この測定結果から，ストークスパラメーターが

$$\begin{aligned} S_0 &= I_1 + I_2, & S_1 &= I_1 - I_2 \\ S_2 &= 2I_d - I_1 - I_2, & S_3 &= 2I_R - I_1 - I_2 \end{aligned} \tag{3.61}$$

として求まる．最後の I_R は，入射光を左右の円偏光成分に分解したときの右回り円偏光成分の強度に等しい．また，上記の四つの測定のほかに

⑤ $-45°$ 偏光子：$I_b = \dfrac{1}{2}\langle |E_1 - E_2|^2 \rangle = \dfrac{1}{2}(I_1 + I_2) - \langle A_1 A_2 \cos\phi \rangle$
⑥ x 方向 1/4 波長板+$45°$ 偏光子：
$I_L = \dfrac{1}{2}\langle |E_1 + iE_2|^2 \rangle = \dfrac{1}{2}(I_1 + I_2) - \langle A_1 A_2 \sin\phi \rangle$

を測定すれば

$$\begin{aligned} S_0 &= I_1 + I_2, & S_1 &= I_1 - I_2 \\ S_2 &= I_d - I_b, & S_3 &= I_R - I_L \end{aligned} \tag{3.62}$$

とストークスパラメーターが対称性よく求まる．

3.4.4　回転検光子による測定

マリュスの法則によれば，直線偏光を検光子（偏光子）を通して観測すると，振動面と検光子の透過軸の間の角度を θ として $\cos^2\theta$ 則で変化する．これを，部分偏光を含めた一般の偏光状態に拡張し，回転する検光子を用いて測定する方法を考えよう．x 軸から測った回転角を θ とする．検光子のジョーンズ行列は式 (3.40) の $\mathbf{P}(\theta)$ で与えられる．入射偏光のジョーンズベクトルを $(A_1, A_2 e^{i\phi})$ とすると，射出光の偏光 $\boldsymbol{u}_1$ は

$$\boldsymbol{u}_1 = \begin{pmatrix} \cos^2\theta & \sin\theta\cos\theta \\ \sin\theta\cos\theta & \sin^2\theta \end{pmatrix} \begin{pmatrix} A_1 \\ A_2 e^{i\phi} \end{pmatrix}$$
$$= \begin{pmatrix} \cos^2\theta A_1 + \sin\theta\cos\theta A_2 e^{i\phi} \\ \sin\theta\cos\theta A_1 + \sin^2\theta A_2 e^{i\phi} \end{pmatrix} \tag{3.63}$$

となる．よって，透過光の強度は

$$I_1 = |\boldsymbol{u}_1|^2 = A_1^2\cos^2\theta + A_2^2\sin^2\theta + 2A_1 A_2\cos\phi\sin\theta\cos\theta \tag{3.64}$$

で与えられる．これの時間平均をとり，ストークスパラメーターで書き直すと

$$\langle I_1 \rangle = \frac{1}{2}\bigl[S_0 + S_1\cos 2\theta + S_2\sin 2\theta\bigr] \tag{3.65}$$

が得られる．これだけでは S_3 は求まらない．そこで，同じ測定を，回転検光子の前に，主軸が xy 軸方向を向いた 1/4 波長板を入れて行う．1/4 波長板を通った後の偏光 $\boldsymbol{u}_2$ は

$$\boldsymbol{u}_2 = \begin{pmatrix} 1 & 0 \\ 0 & i \end{pmatrix} \begin{pmatrix} A_1 \\ A_2 e^{i\phi} \end{pmatrix} = \begin{pmatrix} A_1 \\ A_2 e^{i(\phi+\pi/2)} \end{pmatrix} \tag{3.66}$$

である．よって，位相差 ϕ が $\phi + \pi/2$ になるだけであるから，測定結果は

$$\langle I_2 \rangle = \frac{1}{2}\bigl[S_0 + S_1\cos 2\theta - S_3\sin 2\theta\bigr] \tag{3.67}$$

となる．

特に，入射偏光が完全偏光状態であるときは，式 (3.57) を代入して

$$I_1 = \frac{1}{2}S_0\bigl[1 + \cos 2\chi\cos 2\psi\cos 2\theta + \cos 2\chi\sin 2\psi\sin 2\theta\bigr]$$
$$= \frac{1}{2}S_0\bigl[1 + \cos 2\chi\cos 2(\theta - \psi)\bigr] \tag{3.68}$$

と書ける．検光子を回転すると，$\theta = \psi$ と $\theta = \psi + \pi/2$ で，最大値，および，最小値をとるから，その回転角から ψ が求まる．また，最大値と最小値の差は $S_0\cos 2\chi$ になるから，強度 S_0 で割れば，楕円率角が求まる．ただし，右回りと左回りの区別はつかない．

3.5 ポアンカレ球

完全偏光に対して，$S_0 = 1$ と規格化すると，$S_1^2 + S_2^2 + S_3^2 = 1$ が成り立つから，3次元空間の点 (S_1, S_2, S_3) は単位球面の上に乗る．これをポアンカレ球 (Poincaré sphere) という（図 3.5）．ストークスパラメーターと偏光のパラメーターを結びつける式 (3.57) から分かる通り，赤道上の経度 2ψ の点 $(\cos 2\psi, \sin 2\psi, 0)$ には，振動面が x 軸に対し ψ 傾いた直線偏光が対応する．経度 $0°$ の点（地球儀上でガーナの南海上）が x 軸方向の直線偏光，経度 $180°$ の点（日付変更線上）が y 軸方向の直線偏光を表す．赤道を一周すると振動面は $180°$ 回転し元に戻る．北極は左回り円偏光，南極は右回り円偏光に対応する[*7]．北極から南極まで子午線をたどると，左回り円偏光→左回り楕円偏光→直線偏光→右回り楕円偏光→右回り円偏光と楕円率が次第に変化する．一般に，経度 2ψ，緯度 2χ の点は，軸が x 軸方向から ψ 傾き，楕円率角が χ で与えられる楕円偏光を表す．楕円偏光の回転の向きは，北半球が左回り，南半球が右回りである．直径の両端の点（対蹠点）は互

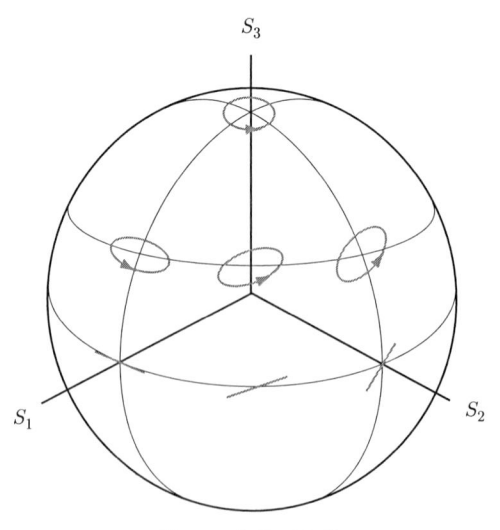

図 3.5 ポアンカレ球

[*7] 複素振幅を $\exp[i(\omega t - kz)]$ とする定義では位相 ϕ の符号が変わるから，S_3 の符号が変わる．このため，楕円偏光の回転の向きが変わる．よって，北半球が右回り，南半球が左回りになる．ほとんどの専門書では，この定義が用いられているので，注意されたい．

いに直交する偏光となる．

偏光の複素表示との幾何学的な関係

完全偏光に対する複素表示 $Z = (A_2/A_1)\exp(i\phi)$ と，$S_0 = 1$ に規格化されたストークスパラメーターの間には

$$S_1 = \frac{1-|Z|^2}{1+|Z|^2}, \qquad S_2 = \frac{Z+Z^*}{1+|Z|^2}, \qquad S_3 = -\frac{i(Z-Z^*)}{1+|Z|^2} \qquad (3.69)$$

の関係がある．これを逆に解くと

$$Z = \frac{S_2 + iS_3}{1+S_1} \qquad (3.70)$$

が得られる．この結果から，$Z = X+iY$ としたときの，平面上の点 (X,Y) と半径1の球面上の点 (S_1, S_2, S_3) を幾何学的に関係づけることができる (図 3.6)．ポアンカレ球が S_1 軸と交わる点 $(-1, 0, 0)$ を O とする．点 O と球面上の点 S(S_1, S_2, S_3) を結ぶ直線が，(S_2, S_3) 平面と交わる点を P とすると，P の座標が (X, Y) になる．このようにして，1点 O を固定して，球面上の点 S と平面上の点 P の間に射影の関係が成り立つ．

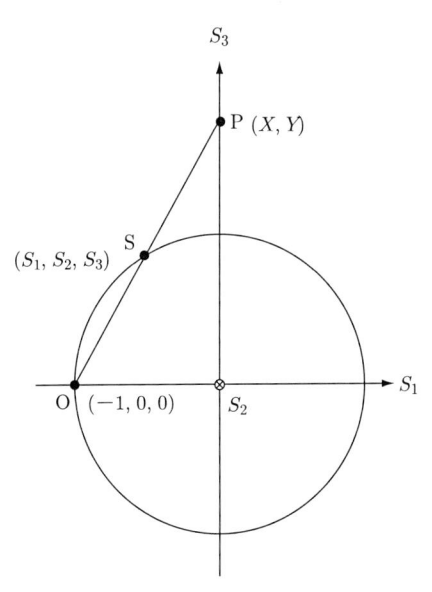

図 3.6 ストークスパラメーターと複素表示の関係

3.6 ミューラー行列

偏光素子の作用は，ストークスパラメーターに対する線形変換で表される．変換係数が作る行列をミューラー (Mueller) 行列という．

3.6.1 偏　光　子

x 軸方向の偏光子のミューラー行列は，次のようになる．

$$\mathcal{P}(0) = \frac{1}{2}\begin{pmatrix} 1 & 1 & 0 & 0 \\ 1 & 1 & 0 & 0 \\ 0 & 0 & 0 & 0 \\ 0 & 0 & 0 & 0 \end{pmatrix} \tag{3.71}$$

任意のストークスベクトルにこの行列を演算すると

$$\boldsymbol{S} = \mathcal{P}(0)\begin{pmatrix} S_0 \\ S_1 \\ S_2 \\ S_3 \end{pmatrix} = \langle A_1^2 \rangle \begin{pmatrix} 1 \\ 1 \\ 0 \\ 0 \end{pmatrix} \tag{3.72}$$

となり，x 方向の直線偏光成分が得られる．

3.6.2 旋　光　子

偏光状態の角度 Ψ の回転は，偏光の方位角 ψ を $\psi + \Psi$ に変換する操作であるから

$$\mathcal{R}(\Psi) = \begin{pmatrix} 1 & 0 & 0 & 0 \\ 0 & \cos 2\Psi & -\sin 2\Psi & 0 \\ 0 & \sin 2\Psi & \cos 2\Psi & 0 \\ 0 & 0 & 0 & 1 \end{pmatrix} \tag{3.73}$$

となる．角度 ψ の直線偏光 $(1, \cos 2\psi, \sin 2\psi, 0)$ に演算すれば，確かに，$\psi + \Psi$ 方向の直線偏光に変換される．

これは，ポアンカレ球に対しては，図 3.7 に示すように，北極と南極を結ぶ軸の回りの角度 2Ψ の回転に相当する．ただし，反時計回りを正にとる．

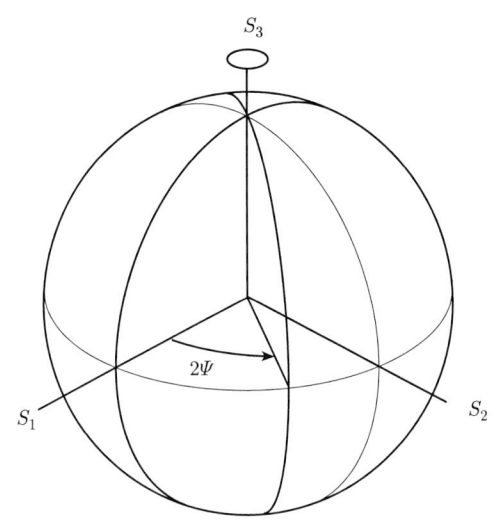

図 3.7 ポアンカレ球に対する旋光子の作用

3.6.3 移相子 (位相板)

xy 軸を主軸とする位相遅れ $\varGamma$ の位相板は，偏光の位相差 ϕ を $\phi + \varGamma$ に変換する操作であるから

$$\mathcal{C}(\varGamma,0) = \begin{pmatrix} 1 & 0 & 0 & 0 \\ 0 & 1 & 0 & 0 \\ 0 & 0 & \cos\varGamma & -\sin\varGamma \\ 0 & 0 & \sin\varGamma & \cos\varGamma \end{pmatrix} \tag{3.74}$$

と書ける．実際，ストークスベクトルに演算すると

$$\begin{aligned}\boldsymbol{S} = \mathcal{C}(\varGamma,0)\begin{pmatrix} S_0 \\ S_1 \\ S_2 \\ S_3 \end{pmatrix} &= \begin{pmatrix} S_0 \\ S_1 \\ S_2\cos\varGamma - S_3\sin\varGamma \\ S_2\sin\varGamma + S_3\cos\varGamma \end{pmatrix} \\ &= \begin{pmatrix} S_0 \\ S_1 \\ 2\langle A_1 A_2 \cos(\phi + \varGamma)\rangle \\ 2\langle A_1 A_2 \sin(\phi + \varGamma)\rangle \end{pmatrix} \end{aligned} \tag{3.75}$$

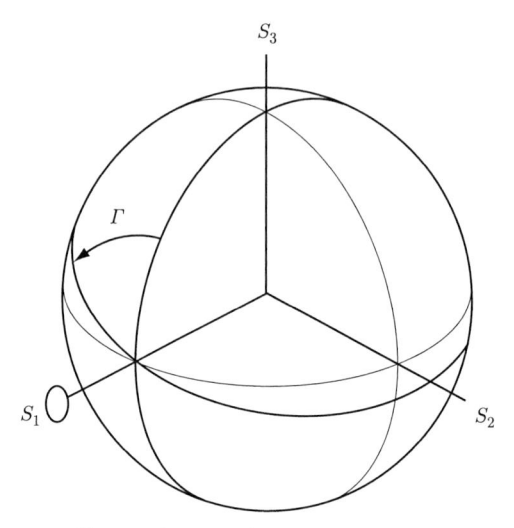

図 **3.8** ポアンカレ球に対する位相板の作用

となる.

　これは，図 3.8 に示すように，ポアンカレ球の S_1 軸の回りの角度 Γ の回転操作に相当する．移相子の主軸が xy 軸から ψ だけ回転すると，ポアンカレ球の回転の中心軸は S_1 軸から 2ψ だけ回転する．

　以上の結果をまとめると，旋光子や位相板による偏光状態の変換は，ポアンカレ球の回転で表されることが分かる．例えば，1/4 波長板は赤道面上の直径の回りの 90° の回転操作に対応するから，これにより南極や北極は赤道上に移動する．これは円偏光が直線偏光に変換されることを意味する．また，半波長板は赤道面上の直径の回りの 180° の回転であるから，北半球と南半球が入れ替わることになる．その結果，楕円率は変化しないが，方位角が 90° 回転し，回転の向きが逆転する．

3.6.4　マリュスの法則

　マリュスの法則をポアンカレ球を用いて表現しよう．初めに直線偏光を考える．直線偏光 Q を通す偏光子に，直線偏光 P が入射したときの透過率は，二つの直線偏光の軸の間の角度を θ として $\cos^2\theta$ になる．直線偏光 P および Q は，ポアンカレ球上では，赤道上の 2 点で表され，円弧 PQ の長さは 2θ になる．こうして，二つの偏光の間の円弧の長さと透過率が結びつけられる．

これはポアンカレ球上の任意の点に拡張できる．偏光状態 Q を透過する偏光子に，偏光 P を入射したときの透過率は，円弧 PQ の長さが 2θ のとき，$\cos^2\theta$ になる．これは次のように考えれば確かめられる．PQ を結ぶ大円を考える．この大円は赤道と 2 点で交わる．交点を結ぶ直線は球の直径になるから，この直線を軸にして回転して，大円 PQ を赤道に移すことができる．この変換を T としよう．変換 T で，偏光 P, Q は直線偏光 P′, Q′ に移る．P 偏光を Q 偏光子に入射したときの透過率は，P′ 偏光を Q′ 偏光子に入射したときの透過率に等しくなる．回転では円弧の長さは変わらないから，これは $\cos^2\theta$ で与えられる．

3.6.5 複屈折と旋光性が同時に存在する場合

複屈折と旋光性が同時に存在する場合の光波の伝搬は 5.3 節で議論する．その結果によれば，固有偏光は二つの直交する楕円偏光になり，それぞれ固有の屈折率を持つ．固有偏光を $\boldsymbol{u}_j$，屈折率を n_j としよう $(j = 1, 2)$．入射偏光 $\boldsymbol{v}_{in}$ を固有偏光の重ね合わせで

$$\boldsymbol{v}_{\mathrm{in}} = C_1 \boldsymbol{u}_1 + C_2 \boldsymbol{u}_2 \tag{3.76}$$

と表す．ここで，$C_j = \boldsymbol{v}_{\mathrm{in}} \cdot \boldsymbol{u}_j^*$ である．距離 d だけ伝搬した後の偏光状態 $\boldsymbol{v}_{\mathrm{out}}$ は

$$\boldsymbol{v}_{\mathrm{out}} = C_1 \boldsymbol{u}_1 + C_2 e^{i\Gamma} \boldsymbol{u}_2 \tag{3.77}$$

となる．ここで，位相差は $\Gamma = 2\pi(n_2 - n_1)d/\lambda$ である．

さて，これをポアンカレ球の変換で表そう．偏光 $\boldsymbol{u}_j$ を表すポアンカレ球上の点を U_j とする．はじめに，固有偏光を直線偏光に変換する．U_1 と U_2 は直交する偏光であるから，ポアンカレ球の直径の両端の点になる．よって，U_1, U_2 と北極，南極は一つの大円（子午線）の上に乗る．この大円と赤道との交点 U_1', U_2' を求める．直線偏光 U_j' は，楕円偏光 U_j の主軸の方向と一致する．1/4 波長板を主軸を U_j' に合わせておけば，楕円偏光 U_j は，1/4 波長板により直線偏光に変換される．これを W_j とする．次に，位相差 Γ の移相子を，主軸が W_j に一致するように置く．こうして，W_1 と W_2 の間に Γ の位相差をつける．最後に，はじめの 1/4 波長板を 90° 回転したものを置き，直線偏光 W_j を楕円偏光 U_j に戻す．こうして，U_1 偏光と U_2 偏光の間に位相差 Γ をつけることができる．ジョーンズ行列またはミューラー行列で表現すれば

$$M = C\left(-\frac{\pi}{2}, U'_j\right) C(\Gamma, W_j) C\left(\frac{\pi}{2}, U'_j\right) \tag{3.78}$$

となる．上に述べた手順から明らかなように，この操作は，楕円偏光 U_1, U_2 を軸とする角度 Γ の回転にほかならない．すなわち，複屈折と旋光性が同時に存在する場合も，直交する固有偏光を軸にとってポアンカレ球を回転する操作で表されることが分かる．

　以上のように考えると，位相板は直交する直線偏光を固有偏光とする移相子であり，旋光子は左右円偏光を固有偏光とする移相子であると解釈できる．数学的には，位相板と旋光子は固有偏光が異なるだけで，同じ種類の偏光素子に分類できる．

4

結 晶 光 学

4.1 誘電率テンソル

本章では,結晶など異方性媒質中での光波の伝搬を議論する[8,9].ここでもマクスウェル方程式に平面波の波動関数を代入して得られる代数方程式を解くが,3次元のベクトルやテンソルを扱うことになる.結晶中では,平面波の進行方向 (波動ベクトルの方向) を指定すると,二つの異なる屈折率を持つ固有偏光に分かれて伝搬する.この固有偏光と屈折率を求めることが,結晶光学の基本である.

結晶中では,電場によって誘起される分極は方位に依存し,分極しやすい軸と分極しにくい軸が存在する.このため一般に電場と分極は平行にならない.電気感受率は一つの数値 (スカラー) で表すことはできず,2 階のテンソル (行列) となる.同じことが磁気感受率に対してもいえる.

誘電率の異方性を考慮すると,電束密度と電場の関係は

$$D_j = \sum_k \epsilon_0 \epsilon_{jk} E_k \tag{4.1}$$

と表される.ここで,ϵ_{jk} は比誘電率テンソルである.比透磁率 μ もテンソル量となるが,一般論を除き,単位行列 $\mu_{jk} = \delta_{jk}$ で近似する.

はじめに,外部磁場がなく,光学活性もない場合を扱おう.このとき,比誘電率テンソルは対称テンソルになる.

$$\epsilon_{jk} = \epsilon_{kj} \tag{4.2}$$

さらに,吸収がなければ,比誘電率はエルミートである.

$$\epsilon_{jk} = \epsilon_{kj}^* \tag{4.3}$$

したがって，吸収がなければ比誘電率は実対称テンソルである．線形代数でよく知られている通り，実対称行列は座標の回転で対角化可能である．

$$\begin{pmatrix} \epsilon_{11} & \epsilon_{12} & \epsilon_{13} \\ \epsilon_{21} & \epsilon_{22} & \epsilon_{23} \\ \epsilon_{31} & \epsilon_{32} & \epsilon_{33} \end{pmatrix} \rightarrow \begin{pmatrix} \epsilon_1 & 0 & 0 \\ 0 & \epsilon_2 & 0 \\ 0 & 0 & \epsilon_3 \end{pmatrix} \equiv \begin{pmatrix} N_1^2 & 0 & 0 \\ 0 & N_2^2 & 0 \\ 0 & 0 & N_3^2 \end{pmatrix} \tag{4.4}$$

固有値 ϵ_j は正の値をとる．ϵ_j を主誘電率 (principal dielectric constant)，N_j を主屈折率 (principal refractive index) という．

4.2　固有偏光とフレネル方程式

吸収のない結晶中 ($\bm{J}=0$, $\rho=0$) の平面波の伝搬を考えよう．電磁波はマクスウェル方程式 (1.14) に従って伝搬する．平面波の角周波数を ω，波動ベクトルを $\bm{k}$ とする．マクスウェル方程式に平面波の式を代入すると

$$\bm{k} \times \bm{H} = -\omega \bm{D} = -\omega \epsilon_0 \epsilon \bm{E} \tag{4.5a}$$

$$\bm{k} \times \bm{E} = \omega \bm{B} = \omega \mu_0 \mu \bm{H} \tag{4.5b}$$

$$\bm{k} \cdot \bm{D} = 0 \tag{4.5c}$$

$$\bm{k} \cdot \bm{B} = 0 \tag{4.5d}$$

が得られる．この式はもちろん，式 (1.16) と形式的に全く同じである．違いは，ϵ や μ がテンソルになることである．なお，吸収は無視できると仮定したので，誘電率や透磁率は実である．したがって，式 (4.5) に現れるすべての量は実にとることができる．

特に $\mu=1$ のとき，$\bm{H}$ と $\bm{B}$ は平行である．このとき，電磁場ベクトルの関係は図 4.1 のようになる．μ の異方性を考慮した結果は 4.5 節で述べる．この図で，$\bm{S}=(1/2)\bm{E}\times\bm{H}$ は，光の強度を表すポインティングベクトルである．この図から分かることは，$\bm{B}$ と $\bm{H}$ が平行であることと，$\bm{D}$, $\bm{E}$, $\bm{k}$, $\bm{S}$ は $\bm{B}$ に垂直な平面内に含まれることである．$\bm{E}$ と $\bm{D}$ および $\bm{k}$ と $\bm{S}$ の間の角度は等しい．これを α とする．

波動ベクトル $\bm{k}$ の大きさから屈折率 n を

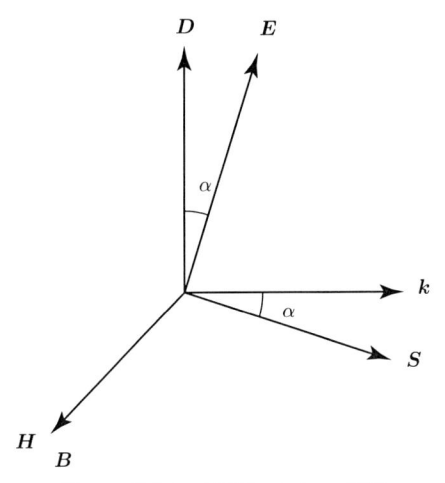

図 4.1 結晶中の電磁波ベクトルの関係

$$k = |\boldsymbol{k}| = \frac{\omega}{c}n = k_0 n \tag{4.6}$$

と定義する．波動ベクトル方向の単位ベクトルを $\boldsymbol{e}$，ポインティングベクトルの方向の単位ベクトルを $\boldsymbol{t}$ とする．屈折率ベクトルは $\boldsymbol{n} = n\boldsymbol{e}$ で与えられる．波動ベクトルと屈折率ベクトルは

$$\boldsymbol{k} = \frac{\omega}{c}\boldsymbol{n} = k_0 \boldsymbol{n} \tag{4.7}$$

の関係で結ばれる．周波数を固定すれば，波動ベクトルと屈折率ベクトルは本質的に同じものと考えて差し支えない．

4.2.1 フレネル方程式

異方性媒質中では，波面がある与えられた方向に進む平面波は，互いに直交する二つの固有偏光に分けられる[*1]．それぞれの固有偏光は異なる屈折率を持って結晶中を伝搬する．この結果を確かめよう．

式 (4.5a) と式 (4.5b) は

$$\boldsymbol{n} \times \boldsymbol{H} + c\epsilon_0 \epsilon \boldsymbol{E} = 0 \tag{4.8a}$$

$$-\boldsymbol{n} \times \boldsymbol{E} + c\mu_0 \mu \boldsymbol{H} = 0 \tag{4.8b}$$

[*1] 直交するのは電束密度 $\boldsymbol{D}$ である．4.3 節を見よ．

と書き換えられる．この方程式は，$\boldsymbol{E}$ と $\boldsymbol{H}$ に対する斉次方程式（右辺が 0 の方程式）であるから，0 でない解を持つための条件は，係数行列の作る行列式が 0 になることである．

本章では $\mu_{jk} = \delta_{jk}$ の場合を扱う．式 (4.8) から磁場 $\boldsymbol{H}$ を消去して

$$\epsilon \boldsymbol{E} + \boldsymbol{n} \times (\boldsymbol{n} \times \boldsymbol{E}) = 0 \tag{4.9a}$$

を得る．ただし，$(c\epsilon_0)(c\mu_0) = 1$ の関係を用いた．これは，ベクトル公式 (1.23) を用いて

$$\epsilon \boldsymbol{E} + \boldsymbol{n}(\boldsymbol{n} \cdot \boldsymbol{E}) - n^2 \boldsymbol{E} = 0 \tag{4.9b}$$

と変形できる．さて，簡単のため比誘電率テンソルが対角化される座標系を選び，成分で表示すると

$$\begin{pmatrix} \epsilon_1 - n_2^2 - n_3^2 & n_1 n_2 & n_1 n_3 \\ n_1 n_2 & \epsilon_2 - n_1^2 - n_3^2 & n_2 n_3 \\ n_1 n_3 & n_2 n_3 & \epsilon_3 - n_1^2 - n_2^2 \end{pmatrix} \begin{pmatrix} E_1 \\ E_2 \\ E_3 \end{pmatrix} = 0 \tag{4.10}$$

となる．この方程式が非零解を持つための条件は

$$\begin{vmatrix} \epsilon_1 - n_2^2 - n_3^2 & n_1 n_2 & n_1 n_3 \\ n_1 n_2 & \epsilon_2 - n_1^2 - n_3^2 & n_2 n_3 \\ n_1 n_3 & n_2 n_3 & \epsilon_3 - n_1^2 - n_2^2 \end{vmatrix} = 0 \tag{4.11}$$

となることである．行列式を展開して整理すると

$$n^2(\epsilon_1 n_1^2 + \epsilon_2 n_2^2 + \epsilon_3 n_3^2) - \left[\epsilon_1(\epsilon_2 + \epsilon_3)n_1^2 \right.$$
$$\left. + \epsilon_2(\epsilon_3 + \epsilon_1)n_2^2 + \epsilon_3(\epsilon_1 + \epsilon_2)n_3^2\right] + \epsilon_1 \epsilon_2 \epsilon_3 = 0 \tag{4.12a}$$

が得られる．あるいは，$\boldsymbol{n} = n\boldsymbol{e}$ を代入し

$$n^4(\epsilon_1 e_1^2 + \epsilon_2 e_2^2 + \epsilon_3 e_3^2) - n^2 \left[\epsilon_1(\epsilon_2 + \epsilon_3)e_1^2 \right.$$
$$\left. + \epsilon_2(\epsilon_3 + \epsilon_1)e_2^2 + \epsilon_3(\epsilon_1 + \epsilon_2)e_3^2\right] + \epsilon_1 \epsilon_2 \epsilon_3 = 0 \tag{4.12b}$$

と表すこともできる．これは n^2 の 2 次式であり，判別式を計算すれば，正の実根を二つ持つことが分かる．したがって，二つの正根 n_a と n_b を持つ．これが固有偏光に対する屈折率を与える．式 (4.12) をフレネル (Fresnel) 方程式という．

判　別　式

n^2 の 2 次式 (4.12b) の判別式を計算しよう．誘電率の大小関係は $\epsilon_1 \leq \epsilon_2 \leq \epsilon_3$ とする．計算を見やすくするため，$z = e_3^2, y = e_2^2$ とおく．こうすると，$e_1^2 = 1 - y - z$ である．式 (4.12b) を $an^4 - bn^2 + c = 0$ と表す．係数は

$$a = (\epsilon_3 - \epsilon_1)z + (\epsilon_2 - \epsilon_1)y + \epsilon_1$$
$$b = \epsilon_2(\epsilon_3 - \epsilon_1)z + \epsilon_3(\epsilon_2 - \epsilon_1)y + \epsilon_1(\epsilon_2 + \epsilon_3)$$
$$c = \epsilon_1 \epsilon_2 \epsilon_3 \tag{4.13}$$

と書ける．さて，2 次方程式の判別式 $D = b^2 - 4ac$ を計算しよう．初めに b^2 は

$$b^2 = [\epsilon_2(\epsilon_3 - \epsilon_1)z + \epsilon_3(\epsilon_2 - \epsilon_1)y]^2$$
$$+ 2\epsilon_1(\epsilon_2 + \epsilon_3)[\epsilon_2(\epsilon_3 - \epsilon_1)z + \epsilon_3(\epsilon_2 - \epsilon_1)y] + \epsilon_1^2(\epsilon_2 + \epsilon_3)^2 \tag{4.14}$$

となる．y, z の 2 次の項は後回しにして，1 次と定数の項から $4ac$ を引く．これを D_{10} と書いて

$$\begin{aligned}D_{10} =& -2\epsilon_1\epsilon_2(\epsilon_3 - \epsilon_2)(\epsilon_3 - \epsilon_1)z \\ & + 2\epsilon_1\epsilon_3(\epsilon_3 - \epsilon_2)(\epsilon_2 - \epsilon_1)y + \epsilon_1^2(\epsilon_3 - \epsilon_2)^2 \\ =& \ 2\epsilon_1(\epsilon_3 - \epsilon_2)t + \epsilon_1^2(\epsilon_3 - \epsilon_2)^2\end{aligned} \tag{4.15}$$

となる．ただし

$$t = -\epsilon_2(\epsilon_3 - \epsilon_1)z + \epsilon_3(\epsilon_2 - \epsilon_1)y \tag{4.16}$$

とおいた．この t を使って，b^2 の 2 次の項 D_2 は

$$D_2 = t^2 + 4\epsilon_2\epsilon_3(\epsilon_3 - \epsilon_1)(\epsilon_2 - \epsilon_1)zy \tag{4.17}$$

となる．この二つを加えると，判別式は

$$D = [-\epsilon_2(\epsilon_3 - \epsilon_1)z + \epsilon_3(\epsilon_2 - \epsilon_1)y + \epsilon_1(\epsilon_3 - \epsilon_2)]^2$$
$$+ 4\epsilon_2\epsilon_3(\epsilon_3 - \epsilon_1)(\epsilon_2 - \epsilon_1)zy \tag{4.18}$$

と書ける．第 1 項も第 2 項も負にはならないから $D \geq 0$ が導かれる．さらに，係数 a, b, c は正であるから，根 $n^2 = (b \pm \sqrt{b^2 - 4ac})/2a$ は正である．こうして，

フレネル方程式が正の実根を持つことが確かめられた.

特に, $y = 0$ で

$$z = e_3^2 = \frac{\epsilon_1(\epsilon_3 - \epsilon_2)}{\epsilon_2(\epsilon_3 - \epsilon_1)} \tag{4.19}$$

のとき $D = 0$ となり, フレネル方程式は重根を持つ. このときの波面法線の方向を光学軸という.

4.2.2 フレネル方程式の別表現

フレネル方程式の別表現を導こう. 式 (4.9b) を誘電率テンソルを対角化する座標系で書くと

$$N_j^2 E_j + n^2 e_j(\boldsymbol{e} \cdot \boldsymbol{E}) - n^2 E_j = 0 \tag{4.20}$$

となる. ただし, 主屈折率を用い $\epsilon_j = N_j^2$ とした. $\boldsymbol{e} \cdot \boldsymbol{E} \neq 0$ を仮定すると

$$E_j = \frac{n^2 e_j(\boldsymbol{e} \cdot \boldsymbol{E})}{n^2 - N_j^2} \tag{4.21}$$

が得られる. これに e_j をかけて j について和をとると,

$$\sum_j \frac{n^2 e_j^2}{n^2 - N_j^2} = 1 \tag{4.22}$$

が成り立つ. さらに, 上式の両辺から, それぞれ $\sum e_j^2 = 1$ の両辺を引くと

$$\sum_j \frac{e_j^2}{1/n^2 - 1/N_j^2} = 0 \tag{4.23}$$

が導かれる.

4.3 屈折率楕円体

フレネルの方程式を用い解析的な方法で固有偏光を求めることができるが, これでは直感的なイメージは湧かない. そのためには屈折率楕円体 (index ellipsoid または indicatrix) を用いる幾何学的な方法が分かりやすい. 半軸長が主屈折率 N_j に等しい楕円体を屈折率楕円体という. 誘電率テンソルを対角化する座標系で, 屈折率楕円体は

4.3 屈折率楕円体

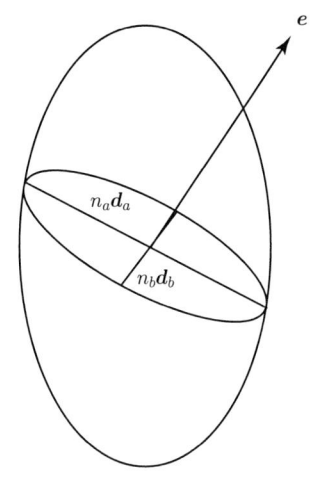

図 4.2 屈折率楕円体

$$\sum_j \frac{x_j^2}{N_j^2} = 1 \tag{4.24}$$

と定義される．一般的な座標系では，比誘電率テンソルの逆テンソルを

$$\eta_{jk} = \epsilon_{jk}^{-1} \tag{4.25}$$

とおいて

$$\sum_{jk} \eta_{jk} x_j x_k = 1 \tag{4.26}$$

と表される．ϵ が対称テンソルであれば，その逆テンソル η も対称である．

固有偏光とその屈折率は次のように幾何学的に求めることができる（図 4.2）．波面法線 e が与えられたとき，原点を通り e に垂直な面すなわち波面で屈折率楕円体を切りとると，断面は楕円になる．この楕円の長軸，短軸の方向が固有偏光の電束密度 D の方向に一致し，長軸，短軸の半軸長が屈折率 n_a および n_b を与える．言い換えると，$\alpha = a$ または b として，固有偏光の D_α ベクトルに平行な単位ベクトルを d_α とすると，断面上の楕円の，主軸を表すベクトルは，$n_\alpha d_\alpha$ に等しい．

以上の事実は次のようにして導かれる．式 (4.9b) を電束密度 D に対する方程式に書き換え，n^2 で割ると

$$\frac{1}{n^2} D + e(e \cdot \eta D) - \eta D = 0 \tag{4.27}$$

となる.座標系を回転して,波面法線 e の方向を z 軸にとる.電束密度 D は e に直交するから xy 面内に含まれる[*2].この座標系で第 2 項 $e(e \cdot \eta D)$ は z 方向を向き,xy 成分を持たない.よって,電束密度の xy 成分 (D_1, D_2) に対する方程式

$$\begin{pmatrix} n^{-2} - \eta_{11} & -\eta_{12} \\ -\eta_{21} & n^{-2} - \eta_{22} \end{pmatrix} \begin{pmatrix} D_1 \\ D_2 \end{pmatrix} = 0 \tag{4.28}$$

が得られる.係数行列の行列式が 0 になる条件から屈折率が求まり,その固有ベクトルが固有偏光を与える.式 (4.28) の $\eta_{jk} (j, k = 1, 2)$ を係数とする 2 次式 $\eta_{11}x^2 + 2\eta_{12}xy + \eta_{22}y^2 = 1$ は屈折率楕円体を波面法線に直交する面(xy 面)で切りとった楕円に他ならない.よって,固有ベクトルは楕円の主軸の方向を向き,固有値は主軸の半軸長に一致する.以上の議論から明らかな通り,固有偏光 D_α は互いに直交する.したがって,これに対応する電場 $E_\alpha = \eta D_\alpha$ は一般には直交しないことを注意しておこう.

固有偏光の D ベクトルに平行な単位ベクトルを d とすると,屈折率 n は

$$\frac{1}{n^2} = \sum \frac{d_j^2}{N_j^2} = \sum \eta_{jk} d_j d_k \tag{4.29}$$

で与えられる.固有偏光が分かっているときに,屈折率を計算するのに便利な公式である[*3].

最後に,固有偏光の電場 E_α は,屈折率楕円体上の固有偏光ベクトル $x_\alpha = n_\alpha d_\alpha$ 点に立てた法線に平行になることを指摘しておこう.実際,屈折率楕円体の法線ベクトルは方程式 (4.26) の勾配 $\sum_k \eta_{jk} x_k$ に比例する.よって,x_α が D_α に比例すれば,勾配は $E_\alpha = \eta D_\alpha$ に比例する.

問題 4.1 任意の単位ベクトル d が与えられたとき,d を固有偏光とする平面波の波動ベクトル k を求めよ.

解答 d を固有偏光とするとき,屈折率 n は式 (4.29) で与えられる.屈折率楕円体の $x = nd$ における法線を f とする.

$$f_j \propto n\eta_{jk}d_k = \frac{\eta_{jk}d_k}{\sqrt{\eta_{lm}d_l d_m}}$$

ただし,重複する添字について和をとるアインシュタインの規約を用いた.f は電場

[*2] 式 (4.27) より,容易に $e \cdot D = 0$ が導かれる.
[*3] 固有偏光を求める目的には使えないので注意されたい.

に平行になるから

$$b = \frac{d \times f}{|d \times f|}$$

は，磁束密度の方向を向いた単位ベクトルになる．これから，波面法線 e は

$$e = d \times b = \frac{d \times (d \times f)}{|d \times f|} = -\frac{f_\perp}{|d \times f|}$$

となる．ここで，$f_\perp$ は f の d に垂直な成分である．d と f が平行な場合はこの方法では不定であるが，この場合 k は屈折率楕円体の主軸の方向を向く．

4.4 光線速度

光の波面（等位相面）は波動ベクトル k の方向に進むが，光のエネルギーはポインティングベクトル S の方向に進む．等方媒質中では k と S は平行であるから，両者を区別する必要はなかった．ところが結晶中では，図 4.1 に示したように，k と S は平行ではなくなる．回折を無視して，幅の細いビームの伝搬を考えると，ビームの軌跡はポインティングベクトルの方向を向くであろう．これが光線の進む方向になる．等方媒質の幾何光学では，光線は波面に直交したが，結晶中ではこの原則は通用せず，光線と波面は直交しない．k と S の間の角度は D と E の間の角度 α に等しい．

さて，図 4.3 に示す通り，平面波の波面 Σ_1 は 1 秒間に位相速度 $v_p = c/n$ だけ進み，Σ_2 に到達する．同じ時間に光線も Σ_1 から Σ_2 に進むが，光線は波面法線に対し角度 α だけ傾いているから，実際に進む距離は $1/\cos\alpha$ だけ長くなる．よって，光線速度 v_s は

$$v_s = \frac{v_p}{\cos\alpha} = \frac{c}{n\cos\alpha} \tag{4.30}$$

となる．そこで，光線の進行方向 t を向き，長さが v_s/c に等しいベクトル s を光線ベクトルと呼ぶことにする．

$$s = \frac{1}{n\cos\alpha} t \tag{4.31}$$

$e \cdot t = \cos\alpha$ であるから，屈折率ベクトルと光線ベクトルは

$$n \cdot s = 1 \tag{4.32}$$

の関係がある．

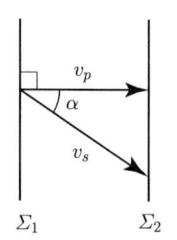

図 **4.3** 位相速度と光線速度

4.5 双 対 性

これまで屈折率ベクトル n に対し得られた式は，E と D，H と B を入れ替え，同時に ϵ_{jk} と μ_{jk} をそれぞれ逆行列 ϵ_{jk}^{-1} と μ_{jk}^{-1} で置き換えることで，光線ベクトル s に対する式に書き換えることができる．この対称な関係を双対性 (duality) という．これを確かめるため，光線ベクトルが満たす方程式を求めよう．ただし，本節では μ は一般にテンソルであるとする．

光線ベクトル s はポインティングベクトル S に比例し

$$s = \frac{1}{Uc}S \tag{4.33}$$

の関係を満たす．ここで，U は光のエネルギー密度である．念のため，ポインティングベクトルとエネルギー密度を改めて書き下しておこう．

$$S = \frac{1}{2}E \times H, \qquad U = \frac{1}{4}(E \cdot D + H \cdot B) \tag{4.34}$$

ただし，屈折率の分散は無視できるとした．さて，マクスウェル方程式 (4.5) を書き換えた式

$$n \times H = -cD, \qquad n \times E = cB \tag{4.35}$$

の第 1 式に E をかけ内積をとり，第 2 式に H をかけると

$$cE \cdot D = E \cdot (H \times n) = n \cdot (E \times H)$$
$$cH \cdot B = H \cdot (n \times E) = n \cdot (E \times H) \tag{4.36}$$

が導かれる．ただし，ベクトル公式 $A \cdot (B \times C) = B \cdot (C \times A) = C \cdot (A \times B)$

4.6 屈折率面と光線速度面

表 4.1 屈折率ベクトルと光線ベクトルの満たす方程式の比較

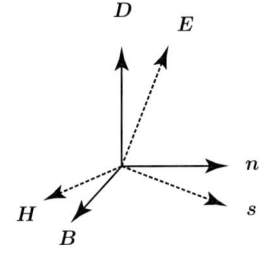

n	s
$n \times E = cB$	$s \times D = c^{-1}H$
$n \times H = -cD$	$s \times B = -c^{-1}E$
$n \cdot D = 0$	$s \cdot E = 0$
$n \cdot B = 0$	$s \cdot H = 0$
$n \cdot s = 1$	
$E \cdot B = 0$	
$H \cdot D = 0$	

を用いた．両式を足すと，式 (4.32)，すなわち，$n \cdot s = 1$ が得られる．さらに，$2U = E \cdot D = H \cdot B$ が成り立つこと，すなわち，電場のエネルギーと磁場のエネルギーが等しくなることが導かれる．よって，式 (4.33) と式 (4.36) から

$$s = \frac{1}{cE \cdot D}E \times H = \frac{1}{cH \cdot B}E \times H \tag{4.37}$$

と書ける．これから

$$s \times D = -\frac{1}{cE \cdot D}D \times (E \times H) = \frac{1}{c}H \tag{4.38}$$

が導かれる．ただし，ベクトル公式 (1.23) と，式 (4.35) の第 1 式より導かれる $D \cdot H = 0$ を用いた．同様に，式 (4.37) の第 2 式から，$B \cdot E = 0$ を用い

$$s \times B = -\frac{1}{cH \cdot B}B \times (E \times H) = -\frac{1}{c}E \tag{4.39}$$

を得る．表 4.1 に以上の結果をまとめる．この表から，屈折率ベクトルと光線ベクトルに対する双対性が明らかになる．

4.6 屈折率面と光線速度面

波面法線方向の関数として屈折率をプロットした面を屈折率面 (index surface) という．同様に光線方向の関数として光線ベクトルをプロットした面を光線速度面 (ray surface) という．一つの方向に二つの固有偏光が存在するから，屈折率面も光線速度面も二重に重なった面となる．これらは 4 次曲面であり，それぞれ屈折率ベクトルに対する方程式 (4.12) と，光線ベクトルに対応する方程式で与えられる．光線速度面の動径の長さは光線速度に比例する．一方，屈折率面の動径の

長さは位相速度ではなく，その逆数の関係がある屈折率に等しい．なお，屈折率の代わりに位相速度をプロットした曲面は法線速度面と呼ばれるが，これは 6 次曲面で，不要のものである[*4]．

屈折率ベクトル，光線ベクトルと屈折率面，光線速度面の間には次の関係がある．
(a) 光線ベクトルは屈折率面に直交する．
(b) 群速度 $\boldsymbol{v}_g = \left(\dfrac{\partial \omega}{\partial k_1}, \dfrac{\partial \omega}{\partial k_2}, \dfrac{\partial \omega}{\partial k_3}\right)$ は屈折率面に直交する．

(a) と (b) を合わせて，光線ベクトルは群速度に平行であることが結論できる．次に，式 (4.32) を微分すると $\boldsymbol{n} \cdot \delta \boldsymbol{s} + \boldsymbol{s} \cdot \delta \boldsymbol{n} = 0$ が成り立つ．よって，光線ベクトルと屈折率面が直交する ($\boldsymbol{s} \cdot \delta \boldsymbol{n} = 0$) ことから，次の命題が導かれる．

(c) 屈折率ベクトルは光線速度面に直交する．
ところが，屈折率ベクトルは波面に垂直であるから
(c′) 波面は光線速度面に接する．

ホイヘンスの原理は，光の波面を 2 次波の包絡面として作図する方法であるが，(c′) から，結晶中では 2 次波として光線速度面を用いるべきであることが分かる．言い換えると，結晶内に置いた点光源がある瞬間に光ったとすると，その後，パルス面は光線速度面に相似な形で拡がっていく．

4.6.1 光線ベクトルは屈折率面に直交する

マクスウェル方程式から導かれる式 (4.35) を微分すると

$$c\delta \boldsymbol{D} = -\delta \boldsymbol{n} \times \boldsymbol{H} - \boldsymbol{n} \times \delta \boldsymbol{H}$$
$$c\delta \boldsymbol{B} = \delta \boldsymbol{n} \times \boldsymbol{E} + \boldsymbol{n} \times \delta \boldsymbol{E} \tag{4.40}$$

が得られる．そこで，第 1 式と $\boldsymbol{E}$，第 2 式と $\boldsymbol{H}$ の内積をとると，それぞれ

$$c\boldsymbol{E} \cdot \delta \boldsymbol{D} = \delta \boldsymbol{n} \cdot (\boldsymbol{E} \times \boldsymbol{H}) + c\boldsymbol{B} \cdot \delta \boldsymbol{H}$$
$$c\boldsymbol{H} \cdot \delta \boldsymbol{B} = \delta \boldsymbol{n} \cdot (\boldsymbol{E} \times \boldsymbol{H}) + c\boldsymbol{D} \cdot \delta \boldsymbol{E} \tag{4.41}$$

となる．ところが，誘電率や透磁率は対称テンソルであることを用いると

$$\boldsymbol{E} \cdot \delta \boldsymbol{D} = \epsilon_0 \sum \epsilon_{jk} E_j \delta E_k = \boldsymbol{D} \cdot \delta \boldsymbol{E}$$
$$\boldsymbol{H} \cdot \delta \boldsymbol{B} = \boldsymbol{B} \cdot \delta \boldsymbol{H} \tag{4.42}$$

[*4] 筆者の知る限り，法線速度面を解説した専門書は多数あるが，法線速度面を用いて何らかの光学現象を説明した例をほとんど見ない．

が成り立つ．この関係に留意して，式 (4.41) を変形すると

$$\delta \boldsymbol{n} \cdot \boldsymbol{S} = 0 \tag{4.43}$$

という関係式が導かれる．$\delta \boldsymbol{n}$ は $\boldsymbol{n}$ 面すなわち屈折率面に接するベクトルであるから，上式は，ポインティングベクトル，すなわち，光線ベクトルが屈折率面に直交することを意味する．

4.6.2 群速度は屈折率面に直交する

分散関係を表す関数方程式を $f(k_1, k_2, k_3, \omega) = 0$ としよう．ω を固定すれば，この方程式は屈折率面を与えるフレネルの方程式に等しい．群速度の成分は，偏微分法の公式から

$$\frac{\partial \omega}{\partial k_j} = -\frac{\partial f / \partial k_j}{\partial f / \partial \omega} \tag{4.44}$$

と表される．上式の分母は 3 成分に共通する因子である．一方，分子は ω を固定した偏微分であるから，屈折率面の法線ベクトルに比例する成分になる．よって，群速度は屈折率面に直交する．一軸結晶についての具体的な計算は 4.8.3 項を見よ．

4.7 結晶の光学的な性質による分類

光学結晶は，光学的等方結晶 (optically isotropic crystal)，一軸結晶 (uniaxial crystal)，二軸結晶 (biaxial crystal) の 3 通りに分類できる．

光学的等方結晶では，主屈折率はすべて等しい．

$$\epsilon_1 = \epsilon_2 = \epsilon_3 \equiv N^2 \tag{4.45}$$

このとき，屈折率は，伝搬方向にも，偏光にもよらずいつでも N に等しい．屈折率面は半径 N の球面になる．光の伝搬に関する限り，液体やガラスのようなアモルファス材料と変わらない．

以下の節で詳述するが，一軸結晶では，二つの主屈折率が等しい．二軸結晶では，すべての主屈折率が異なる．

結晶の対称性の観点から，3, 4, 6 回対称軸を持つ結晶は一軸結晶に分類される．

結晶の大きな分類でいうと, 正方晶系 (4回対称軸), 三方晶系 (3回対称軸), 六方晶系 (6回対称軸) がこれに属する. このことは次のように説明できる. 初めに 4 回対称軸を考え, これを z 軸とする. この軸の回りの $90°$ の回転に対して, 結晶の性質は不変である. したがって, 誘電率テンソルの x, y 成分は対称になり, $\epsilon_{11} = \epsilon_{22}$ と $\epsilon_{12} = \epsilon_{21}$ が成り立つ. さらに, 電場が xy 面内にあるとき, 分極も xy 面内にあり, z 成分を持たない. もしも, 分極の z 成分が 0 でない値 P_z を持ったとすると, 結晶を $180°$ 回転しても同じ値を持つはずである. ところが, $180°$ 回転するのは, 電場の向きを変えるのと同じであるから, 電場に比例する分極も向きを変えなくてはならない. よって, $P_z = -P_z = 0$ でなくてはならない. こうして, 誘電率テンソルは, xy 面内の成分と z 成分に分離でき, さらに, xy 面内では対称になる. すなわち, z 軸が, 誘電率テンソルを対角化する主軸になり, xy 面内の主屈折率は等しくなる. 3 や 6 回対称軸の場合も, 同様な議論が成り立つ. もしも, x 方向と y 方向で誘電率が異なれば, 結晶を $120°$ 回転すると, 分極の値が変化する. これは, 回転対称性と矛盾するから, x, y 方向の誘電率は等しくなければならない.

4.8 一軸結晶

一軸結晶では, 二つの主屈折率が一致する.

$$\epsilon_1 = \epsilon_2 \equiv N_o^2, \qquad \epsilon_3 \equiv N_e^2 \tag{4.46}$$

N_o, N_e をそれぞれ, 常光線主屈折率, 異常光線主屈折率と呼ぶ. $N_e > N_o$ の結晶を正の一軸結晶, 逆の場合を負の一軸結晶と呼ぶ.

一軸結晶では, 屈折率ベクトル $\boldsymbol{n} = n\boldsymbol{e}$ に対するフレネルの方程式は

$$(n^2 - N_o^2)\left[N_o^2(n_1^2 + n_2^2) + N_e^2 n_3^2 - N_o^2 N_e^2\right] = 0 \tag{4.47}$$

と因数分解できる. これに応じて屈折率面も, 球面と回転楕円面の 2 面に分離できる. それぞれの屈折率面に対応する光線を常光線 (ordinary ray), 異常光線 (extraordinary ray) という.

常光線の屈折率面は球面となり, 屈折率は方向によらず一定で N_o に等しい.

異常光線の屈折率は伝搬方向に依存する. z 軸と波動ベクトルのなす角度を θ,

4.8 一軸結晶

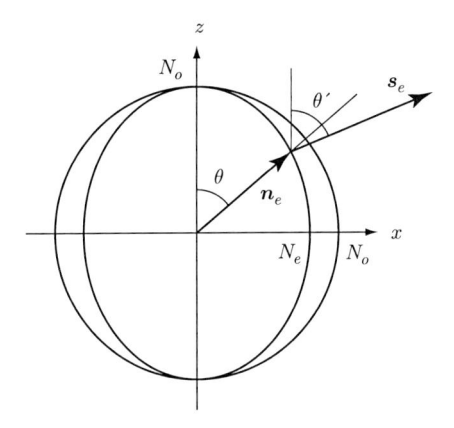

図 4.4 負の一軸結晶の屈折率面

異常光線に対する屈折率を $n = n_e$ とすると,$n_1^2 + n_2^2 = n_e^2 \sin^2\theta$, $n_3^2 = n_e^2 \cos^2\theta$ となることを用いて

$$\frac{1}{n_e^2} = \frac{\sin^2\theta}{N_e^2} + \frac{\cos^2\theta}{N_o^2} \tag{4.48a}$$

という関係式が導かれる.これは

$$n_e = \frac{N_o N_e}{\sqrt{N_o^2 \sin^2\theta + N_e^2 \cos^2\theta}} = \frac{N_o N_e}{\sqrt{\sum \epsilon_{jk} e_j e_k}} \tag{4.48b}$$

と書き換えられる.屈折率面は z 軸を対称軸とする回転楕円面になる.図 4.4 に,負の一軸結晶の屈折率面を対称軸を含む面で切った断面図を示す.回転対称軸を光学軸 (optic axis) という.この方向に波面法線をとるとき,常光線と異常光線の屈折率は一致する.

常光線の電束密度ベクトル $\bm{D}_o$ は光学軸に直交する.一方,異常光線の電束密度ベクトル $\bm{D}_e$ は,波動ベクトルと光学軸が作る面内に含まれる.図 4.5 で,光学軸を z 軸にとる.波動ベクトルが xz 面内にあるとき,常光線の電束密度は y 軸に平行になり,一方,異常光線の電束密度は xz 面内に入る.あるいは,光学軸 (z 軸) と波動ベクトルのなす面を主平面と呼ぶと,常光線の振動面は主平面に直交し,異常光線の振動面は主平面に一致する.

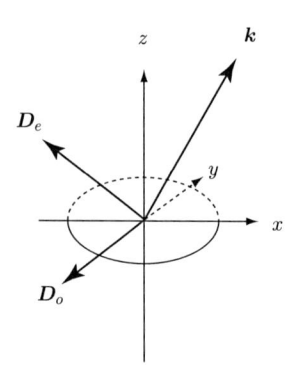

図 4.5 常光線と異常光線の電束密度

4.8.1 光線ベクトル

一軸結晶において，波面法線が z 軸から θ の方向を向いているときの，異常光線の光線ベクトルが z 軸となす角度 θ' を求めよう（図 4.4）．式 (4.48a) を屈折率ベクトルの成分で書き換えると

$$f(n_1, n_2, n_3) = \frac{n_1^2 + n_2^2}{N_e^2} + \frac{n_3^2}{N_o^2} - 1 = 0 \tag{4.49}$$

となる．光線ベクトルは屈折率面に直交するから，この式を微分して

$$\boldsymbol{s}_e \propto \left(\frac{\partial f}{\partial n_1}, \frac{\partial f}{\partial n_2}, \frac{\partial f}{\partial n_3} \right) = 2 \left(\frac{n_1}{N_e^2}, \frac{n_2}{N_e^2}, \frac{n_3}{N_o^2} \right) \tag{4.50}$$

となる．これから，光線方向 θ' と波面法線方向 θ は

$$\tan \theta' = \frac{N_o^2}{N_e^2} \tan \theta \tag{4.51}$$

の関係があることが導かれる．波面法線と光線の間の角度 $\alpha = \theta' - \theta$ は

$$\begin{aligned}\tan \alpha &= \frac{\tan \theta' - \tan \theta}{1 + \tan \theta' \tan \theta} = \frac{\left(N_e^{-2} - N_o^{-2} \right) \sin \theta \cos \theta}{N_e^{-2} \sin^2 \theta + N_o^{-2} \cos^2 \theta} \\ &= \frac{1}{2} n_e^2(\theta) \left(\frac{1}{N_e^2} - \frac{1}{N_o^2} \right) \sin 2\theta \end{aligned} \tag{4.52}$$

となる．

4.8.2 光線速度面

双対性から，光線速度面は主屈折率を逆数で置き換えればよい．よって，光線ベクトル $\boldsymbol{s} = s\boldsymbol{t}$ に対し，式 (4.47) の代わりに

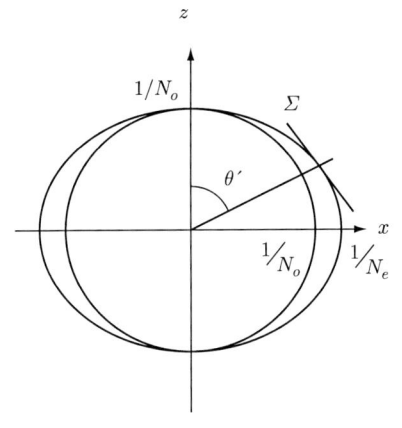

図 4.6 負の一軸結晶の光線速度面

$$(N_o^2 s^2 - 1)\bigl[N_e^2(s_1^2 + s_2^2) + N_o^2 s_3^2 - 1\bigr] = 0 \tag{4.53}$$

を得る．負の一軸結晶の光線速度面を図 4.6 に示す．この式から，θ' 方向に進む異常光線の速度 s_e は

$$s_e = \frac{1}{\sqrt{N_e^2 \sin^2 \theta' + N_o^2 \cos^2 \theta'}} = \frac{1}{N_o N_e \sqrt{\sum \eta_{jk} t_j t_k}} \tag{4.54}$$

となることが分かる．ここで，$\eta = \epsilon^{-1}$ である．

4.8.3 一軸結晶の群速度

一軸結晶に対するフレネルの方程式を直接微分し，群速度を求めよう．ここでは常光線主屈折率 N_o，異常光線主屈折率 N_e は周波数の関数であるとし，媒質の分散の効果も考慮する[*5]．ただし，光学軸の方向は周波数によらず一定である．常光線は等方媒質中の光線と同じである．よって，異常光線を考えればよい．光学軸と波動ベクトルのなす角度を θ，異常光線の屈折率 $n = n_e(\theta)$ とすると，波動ベクトルは $\bm{k} = k_0 n \bm{e}$ となる．ここで，$\bm{e} = (\sin\theta\cos\phi, \sin\theta\sin\phi, \cos\theta)$ は波面の法線ベクトルである．これを用いて，一軸結晶の異常光線屈折率の式 (4.48a) を分散関係式に書き直す．

$$\frac{\omega^2}{c^2} = \frac{k_1^2 + k_2^2}{N_e^2} + \frac{k_3^2}{N_o^2} \tag{4.55}$$

[*5] 分散と群速度については 6 章を見よ．

この式を波動ベクトルの成分で偏微分すれば群速度が求まる．k_1 で偏微分すると

$$\frac{\omega}{c^2}\frac{\partial \omega}{\partial k_1} = \frac{k_1}{N_e^2} - \frac{k_1^2 + k_2^2}{N_e^3}\frac{dN_e}{d\omega}\frac{\partial \omega}{\partial k_1} - \frac{k_3^2}{N_o^3}\frac{dN_o}{d\omega}\frac{\partial \omega}{\partial k_1} \quad (4.56)$$

を得る．k_2, k_3 についての偏微分も同様である．これらの結果は次のようにまとめられる．

$$\frac{1}{c}\boldsymbol{v}_g = \frac{n}{\eta}\left(\frac{\sin\theta\cos\phi}{N_e^2}, \frac{\sin\theta\sin\phi}{N_e^2}, \frac{\cos\theta}{N_o^2}\right) \equiv \frac{1}{n_g}\boldsymbol{e}_g \quad (4.57)$$

ただし，n_g は上式で定義される群屈折率である．η は，分散が無視できれば 1 になる量で

$$\eta = 1 + \frac{n^2\cos^2\theta}{N_o^3}\omega\frac{dN_o}{d\omega} + \frac{n^2\sin^2\theta}{N_e^3}\omega\frac{dN_e}{d\omega}$$
$$= n^2\left[\frac{N_{go}}{N_o^3}\cos^2\theta + \frac{N_{ge}}{N_e^3}\sin^2\theta\right] \quad (4.58)$$

である．ただし，主屈折率の群屈折率を

$$N_{go} = \frac{d(\omega N_o)}{d\omega}, \qquad N_{ge} = \frac{d(\omega N_e)}{d\omega} \quad (4.59)$$

と定義した．式 (4.58) の η はさらに計算を進めると

$$\eta = \frac{1}{n}\frac{d(\omega n)}{d\omega} \quad (4.60)$$

と書き換えられる．$\boldsymbol{e}_g$ は群速度の方向を向いた単位ベクトルで

$$\boldsymbol{e}_g = \left[\frac{\cos^2\theta}{N_o^4} + \frac{\sin^2\theta}{N_e^4}\right]^{-1/2}\left(\frac{\sin\theta\cos\phi}{N_e^2}, \frac{\sin\theta\sin\phi}{N_e^2}, \frac{\cos\theta}{N_o^2}\right) \quad (4.61)$$

で与えられる．この結果を見ると，群速度の方向は分散が無視できるときと変わらず，屈折率面 (4.48a) に立てた法線方向に平行になり，したがって，ポインティングベクトルの方向と一致する ($\boldsymbol{e}_g = \boldsymbol{t}$)．位相速度と群速度の間の角度を α とすると

$$\cos\alpha = \boldsymbol{e}\cdot\boldsymbol{e}_g = \frac{1}{n^2\sqrt{\dfrac{\cos^2\theta}{N_o^4} + \dfrac{\sin^2\theta}{N_e^4}}} \quad (4.62)$$

となる．群速度の大きさは

$$\frac{v_g}{c} = \frac{1}{\eta} \frac{\sqrt{\dfrac{\cos^2\theta}{N_o^4} + \dfrac{\sin^2\theta}{N_e^4}}}{\sqrt{\dfrac{\cos^2\theta}{N_o^2} + \dfrac{\sin^2\theta}{N_e^2}}} = \frac{1}{\eta n \cos\alpha} \tag{4.63}$$

となる．この値は異常光線に対する群屈折率の逆数に等しい．すなわち

$$n_g = \eta n \cos\alpha = \cos\alpha \frac{d(\omega n)}{d\omega} \tag{4.64}$$

である．

4.9 二 軸 結 晶

二軸結晶では主屈折率がすべて異なる．図 4.7 に屈折率面の例を示す．ただし，主屈折率差を大きくとり，誇張して描いてある．

屈折率面は 4 次方程式 (4.11)，または式 (4.12) で与えられる．この式は複雑だが，座標面では二つの 2 次方程式に因数分解できる．例えば，xy 断面を考え，$n_3 = 0$ とおくと

$$(n_1^2 + n_2^2 - \epsilon_3)(\epsilon_1 n_1^2 + \epsilon_2 n_2^2 - \epsilon_1 \epsilon_2) = 0 \tag{4.65}$$

となる．すなわち，半径 N_3 の円と，x 軸方向の半軸長が N_2，y 軸方向の半軸長が N_1 の楕円になる．$\epsilon_1 < \epsilon_2 < \epsilon_3$ のときの座標面で切った断面図を図 4.8 に示す．

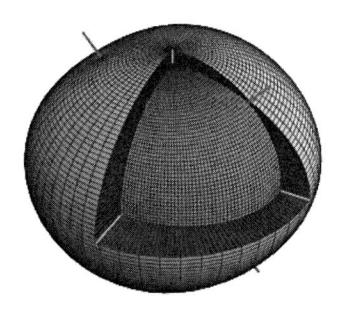

図 4.7 二軸結晶の屈折率面

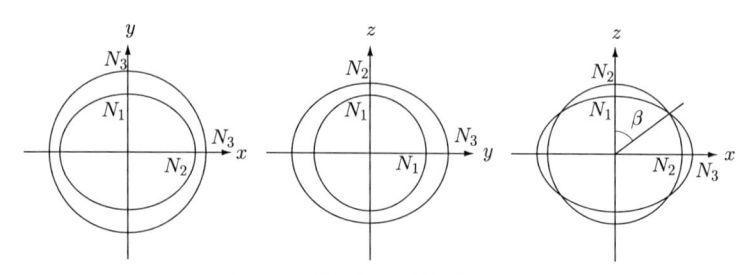

図 4.8 二軸結晶の屈折率面の断面図

4.9.1 光学軸

光学軸は，二つの固有偏光の屈折率が等しくなる方向のことであるが，二軸結晶では名前の通り 2 本存在する．$\epsilon_1 < \epsilon_2 < \epsilon_3$ のとき，光学軸は xz 面内にあり，x 軸および z 軸に対して対称である．図 4.8 から明らかであるが，このときの屈折率は N_2 に等しい．よって，光学軸が z 軸となす角度を $\pm\beta$ とすると，屈折率ベクトルは $\bm{n} = (\pm N_2 \sin\beta, 0, N_2 \cos\beta)$ である．これをフレネル方程式 (4.65) で，添字の 2 と 3 を入れ替えた式に代入すると

$$\tan^2\beta = \frac{\epsilon_3(\epsilon_2 - \epsilon_1)}{\epsilon_1(\epsilon_3 - \epsilon_2)} = \frac{1/\epsilon_1 - 1/\epsilon_2}{1/\epsilon_2 - 1/\epsilon_3} \tag{4.66}$$

を得る．この式は，フレネル方程式の判別式が 0 となる条件から求めた式 (4.19) と本質的に同じである．ただし，式 (4.19) は $\cos^2\beta$ に等しい．

4.9.2 二軸の極限としての一軸結晶

一軸結晶は，二つの主誘電率が等しくなり，2 本の光学軸が 1 本に重なった極限とみなすことができる．主誘電率の大小関係は，$\epsilon_1 \leq \epsilon_2 \leq \epsilon_3$ を仮定している．極限の取り方には 2 通りある．すなわち，$\epsilon_2 \to \epsilon_1$ となる場合と，$\epsilon_2 \to \epsilon_3$ となる場合である．式 (4.66) から明らかであるが，前者の場合は $\beta \to 0$ であり，後者では $\beta \to \pi/2$ である．この違いは，前者の場合は，正の一軸結晶に収束し，後者の場合は負の一軸結晶に収束することにある．二軸結晶でも，β が鋭角の場合を正，鈍角の場合を負の結晶と呼ぶ．

4.9.3 副光学軸

双対性から，光線速度面も屈折率面と同様の構造を持つことが結論できる．よって，光線速度面も二つの交点を持つ．これは副光学軸または光線軸と呼ばれる．

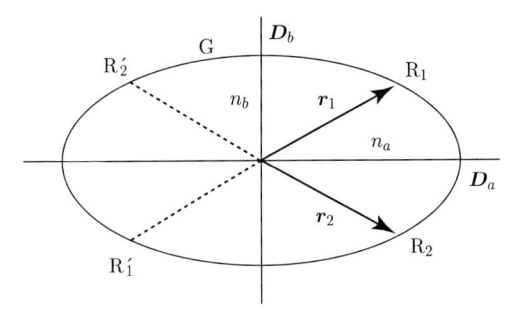

図 4.9 屈折率楕円体の切断面 G

4.9.4 固有偏光の振動面

4.3 節で論じた屈折率楕円体を使った方法を用いると，固有偏光の振動面は容易に決定できる．光学軸を表す単位ベクトルを a_1, a_2 とする．光学軸では，二つの屈折率が等しい．これは，光学軸に垂直な面で屈折率楕円体を切断したときの断面が円になることを意味する．二つの円を C_1, C_2 とする．これらは交差するから，等しい半径を持つ．事実，この円の半径は N_2 に等しい．

さて，波面法線ベクトル e が与えられたとき，これに垂直な平面で切った断面を G とする（図 4.9）．G と C_j は 2 点 R_j, R_j' で交わる．原点から交点 R_j へ引いたベクトルを r_j とする．$|r_1| = |r_2| = N_2$ であるから，楕円 G の主軸は，r_1 と r_2 の二等分線の方向を向くはずである．よって，この二等分線，および，これに直交する線が，固有偏光の D ベクトルの方向を与える．

4.9.5 屈折率

一軸結晶の場合の式 (4.48a) では，異常光線の屈折率が，光学軸と波動ベクトルの間の角度 θ の関数として与えられる．これは，フレネル方程式 (4.12) を解く方法や，屈折率楕円体を使う方法に比べ直接的で分かりやすい．これを二軸結晶の場合に拡張しよう．二軸結晶の 2 本の光学軸と波動ベクトルの間の角度を θ_1, θ_2 とする．このとき，二つの固有偏光の屈折率 n_a, n_b は次の簡潔な式で与えられる．

$$\begin{aligned}
\frac{1}{n_a^2} &= \frac{1}{2}\left[\frac{1}{N_1^2} + \frac{1}{N_3^2} + \left(\frac{1}{N_1^2} - \frac{1}{N_3^2}\right)\cos(\theta_1 + \theta_2)\right] \\
\frac{1}{n_b^2} &= \frac{1}{2}\left[\frac{1}{N_1^2} + \frac{1}{N_3^2} + \left(\frac{1}{N_1^2} - \frac{1}{N_3^2}\right)\cos(\theta_1 - \theta_2)\right]
\end{aligned} \quad (4.67)$$

屈折率差は

$$\frac{1}{n_a^2} - \frac{1}{n_b^2} = -\left(\frac{1}{N_1^2} - \frac{1}{N_3^2}\right)\sin\theta_1\sin\theta_2 \tag{4.68}$$

となる．

4.9.6 球面三角法

前項の結果を証明する．固有偏光 $\boldsymbol{D}$ ベクトルの方向を指す単位ベクトルを $\boldsymbol{d}$ とすると，屈折率楕円体の式から，屈折率 n は

$$\frac{1}{n^2} = \sum \frac{d_j^2}{N_j^2} \tag{4.69}$$

で与えられる．この事実を用い，固有偏光に対する屈折率を，球面三角法の助けを借りて求めよう[10]．

光学軸および波面法線の関係を，球面三角形を用いて表す．図 4.10 は半径 1 の球面を z 軸方向から見た図である．2 本の光学軸 $\boldsymbol{a}_1, \boldsymbol{a}_2$ と，波面法線 $\boldsymbol{e}$ の先端の点をそれぞれ，$\mathrm{A}_1, \mathrm{A}_2$，および P とする．この 3 点は，球面上の三角形を構成する．

図 4.9 に示した結果から，固有偏光の振動面は，三角形 $\mathrm{A}_1\mathrm{PA}_2$ の点 P における外角および内角の二等分線の方向を向くことが分かっている．そこで初めに，$\boldsymbol{d}$ は，球面三角形 $\mathrm{A}_1\mathrm{PA}_2$ の内角を二等分する面内で，波面法線 $\boldsymbol{e}$ に直交する単位ベクトルとする．球の中心から引いたベクトル $\boldsymbol{d}$ が単位球と交わる点を D とし，$\boldsymbol{d}$ と光学軸 $\boldsymbol{a}_j$ の間の角度を δ_j とする（図 4.11）．$\boldsymbol{e}$ と $\boldsymbol{d}$ は直交するから，弧 PD は $\pi/2$ に等しい．また，角 $\mathrm{A}_1\mathrm{PA}_2$ を P とおく．弧 PD は角 P の二等分線

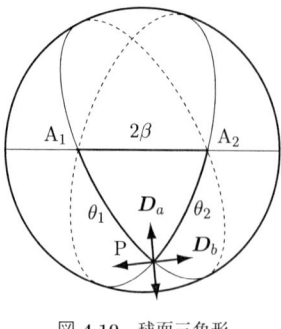

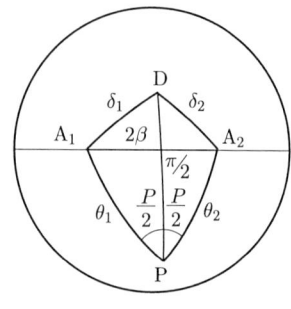

図 4.10　球面三角形　　　　　図 4.11　球面三角法による証明

である.

　光学軸は $\boldsymbol{a}_j = (\pm\sin\beta, 0, \cos\beta)$ であるから，$\boldsymbol{d}$ と内積をとって

$$\cos\delta_1 = d_1\sin\beta + d_3\cos\beta, \qquad \cos\delta_2 = -d_1\sin\beta + d_3\cos\beta \qquad (4.70)$$

の関係がある．よって，これを解いて

$$d_1 = \frac{\cos\delta_1 - \cos\delta_2}{2\sin\beta}, \qquad d_3 = \frac{\cos\delta_1 + \cos\delta_2}{2\cos\beta} \qquad (4.71)$$

が成り立つ．d_2 は d_j の 2 乗和が 1 になる条件から求まる．次項に紹介する球面三角形の余弦法則 (4.79) を，三角形 $\mathrm{DA_1P}$，および，$\mathrm{DA_2P}$ に適用し，弧 $\mathrm{PD} = \pi/2$ であることを考慮すると

$$\cos\delta_1 = \sin\theta_1 \cos\frac{P}{2}, \qquad \cos\delta_2 = \sin\theta_2 \cos\frac{P}{2} \qquad (4.72)$$

が成り立つ．最後にもう一つ，光学軸に関する式 (4.66) から

$$\cos^2\beta = \frac{1/N_2^2 - 1/N_3^2}{1/N_1^2 - 1/N_3^2}, \qquad \sin^2\beta = \frac{1/N_1^2 - 1/N_2^2}{1/N_1^2 - 1/N_3^2} \qquad (4.73)$$

となる．さらに，式 (4.73) の第 1 式から第 2 式を引いて，$\cos^2\beta - \sin^2\beta = \cos 2\beta$ と置き換え，分母をはらうと

$$\frac{2}{N_2^2} = \frac{1}{N_1^2} + \frac{1}{N_3^2} + \left(\frac{1}{N_1^2} - \frac{1}{N_3^2}\right)\cos 2\beta \qquad (4.74)$$

が導かれる．

　以上の式を屈折率の式 (4.69) に代入する．ちょっとした計算の結果

$$\begin{aligned}\frac{1}{n_a^2} &= \frac{1}{N_2^2} - \left(\frac{1}{N_1^2} - \frac{1}{N_3^2}\right)\sin\theta_1\sin\theta_2\cos^2\frac{P}{2} \\ &= \frac{1}{2}\left(\frac{1}{N_1^2} + \frac{1}{N_3^2}\right) \\ &\quad + \frac{1}{2}\left(\frac{1}{N_1^2} - \frac{1}{N_3^2}\right)\left(\cos 2\beta - 2\sin\theta_1\sin\theta_2\cos^2\frac{P}{2}\right)\end{aligned} \qquad (4.75)$$

が得られる．最後に球面三角形 $\mathrm{A_1PA_2}$ に余弦法則 (4.80) を当てはめると

$$\cos 2\beta = \cos(\theta_1 + \theta_2) + 2\sin\theta_1\sin\theta_2\cos^2\frac{P}{2} \qquad (4.76)$$

が成り立つ．これを代入して

$$\frac{1}{n_a^2} = \frac{1}{2}\left(\frac{1}{N_1^2} + \frac{1}{N_3^2}\right) + \frac{1}{2}\left(\frac{1}{N_1^2} - \frac{1}{N_3^2}\right)\cos(\theta_1 + \theta_2) \tag{4.77}$$

が導かれる．これで式 (4.67) の初めの式が求まった．

もう一つの固有偏光，外角の二等分線の方も，ほとんど同じように計算できる．結果だけ書くと，式 (4.75) の代わりに

$$\frac{1}{n_b^2} = \frac{1}{N_2^2} + \left(\frac{1}{N_1^2} - \frac{1}{N_3^2}\right)\sin\theta_1 \sin\theta_2 \sin^2\frac{P}{2} \tag{4.78}$$

を得る．これも，式 (4.74) と余弦法則 (4.81) を用いて変形すると，式 (4.67) の第 2 式が求まる．

4.9.7　球面三角法の余弦法則

図 4.12 のように，球面三角形 ABC を考える．頂点の角度を A, B, C，頂点を結ぶ円弧の角度を a, b, c とすると

$$\cos a = \cos b \cos c + \sin b \sin c \cos A \tag{4.79}$$
$$= \cos(b+c) + 2\sin b \sin c \cos^2 \frac{A}{2} \tag{4.80}$$
$$= \cos(b-c) - 2\sin b \sin c \sin^2 \frac{A}{2} \tag{4.81}$$

が成り立つ．

問題 4.2　余弦法則を証明せよ．

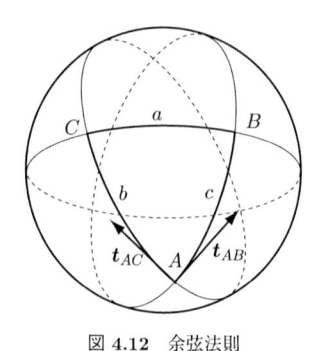

図 4.12　余弦法則

解答 球の中心 O から A, B, C へ向かう単位ベクトルを $\bm{a} = \overrightarrow{OA}$ などとする.

$$\cos a = \bm{b} \cdot \bm{c}, \qquad \cos b = \bm{c} \cdot \bm{a}, \qquad \cos c = \bm{a} \cdot \bm{b}$$

が成り立つ. A 点で円弧 AB に接する単位ベクトル $\bm{t}_{AB}$ を求めよう. $\bm{t}_{AB}$ は OAB 面内にあって $\bm{a}$ に垂直であるから

$$\bm{t}_{AB} = \frac{1}{\sin c}[\bm{b} - \bm{a}(\bm{a} \cdot \bm{b})]$$

と書ける. ただし, ベクトル $[\bm{b} - \bm{a}(\bm{a} \cdot \bm{b})]$ の長さが $\sin c$ に等しいことを用いた. $\bm{t}_{AC}$ も同様である. よって

$$\cos A = \bm{t}_{AB} \cdot \bm{t}_{AC} = \frac{1}{\sin b \sin c}[\bm{b} \cdot \bm{c} - (\bm{a} \cdot \bm{b})(\bm{a} \cdot \bm{c})]$$
$$= \frac{\cos a - \cos b \cos c}{\sin b \sin c}$$

を得る. これで式 (4.79) が証明された. 下の 2 式は式 (4.79) から三角関数の公式を使って容易に導かれる.

4.9.8 円 錐 屈 折

二軸結晶の屈折率面を描いた図 4.7 から分かるように, 屈折率面を構成する 2 枚の面は光学軸方向で 1 点で交わる. 正常な状態であれば, 二つの面の交わりは線になるはずであるから, 光学軸に対応する点は特異点になる. 事実, この方向では, 円錐屈折という特異な現象が生じる.

光学軸方向に伝搬する光を考えよう. 偏光による屈折率差は生じないから, 任意の直線偏光が伝搬できる. その意味では, 等方媒質中の伝搬と似ている. ところが, 偏光方向により光線の進む方向が異なる. これを理解するために, 屈折率面ではなく, 光線速度面を考える. 光線速度面の幾何学的な構造は, 屈折率面と変わらず, 副光学軸を中心とする部分が凹んだ, ゆがんだ球体の形をしている. そこで, 光線速度面の模型を作り, 水平な平面の上に置いたとしよう. 一般には 1 点で面に接触し, 自由に転がることができる. ところが, 副光学軸の一つを下にしておいたとすると, 安定する位置があるはずである. この位置では, 光線速度面は少なくとも 3 点で平面に接する. 4.6 節で述べた通り, 光線速度面は, 4 次の代数方程式で表せる面である. これと平面との交点は 3 次曲線になる. ところが今は, 光線速度面と平面は単に交わるのではなく, 接するのであるから, 次数がもう一つ落ちる. よって, 接点の集合は 2 次関数で表される. ところが, 三つ

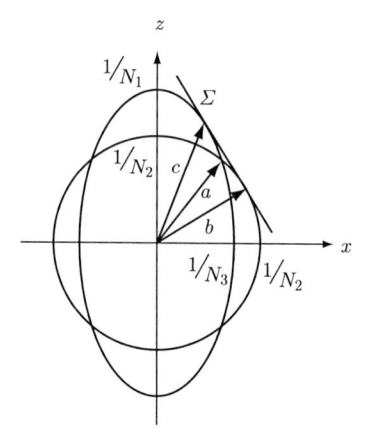

図 4.13 光線速度面の xz 断面

の孤立した点は 2 次関数では表せないから，接点は閉じた 2 次曲線，すなわち楕円になる．ところで，光線速度面に接する面は波面にほかならない．よって，楕円上のすべての接点に対応する光線は皆，同一の波面を持って結晶内を進むことになる．この共通する波面が光学軸に相当する波面にほかならない．

図 4.13 は光線速度面の xz 断面である．この断面内では，光線速度面は，半径 $1/N_2$ の円と，半軸長が $1/N_1, 1/N_3$ の楕円からなる．図のベクトル a は副光学軸である．さて，Σ は光線速度面に接する面，すなわち，光学軸に垂直な波面を表す．図の b と c が円錐屈折を構成する光線ベクトルになる．明らかに b は波面 Σ に直交するから，ベクトル b は光学軸の方向に等しい．

以上の現象を観測するには，結晶を光学軸に垂直な面で切り出し，細い光線を入射する．入射光が無偏光であるとすると，偏光状態により，光線方向が異なるから，図 4.14 のように，光線の軌跡は円錐状に拡がる．この現象を内部円錐屈折 (internal conical refraction) という．

副光学軸についても，同様の現象が起こる．今度は，結晶を副光学軸に垂直な面で切り出す（図 4.15）．その両面の同じ位置にピンホール A, B を置く．さて，ピンホール A に向かって無偏光の光を収束する．ピンホール B を通過できるのは，A から B へ向かう光線のみである．よってピンホール B には，副光学軸に沿った光線だけが到達する．ところが，光線は同一方向でも，直線偏光の方位角によって波面の向きは異なるから，B を出たのちは異なる方向に屈折される．よっ

図 4.14 内部円錐屈折

図 4.15 外部円錐屈折

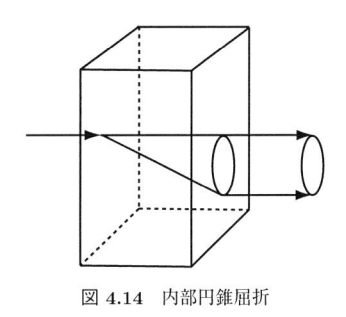

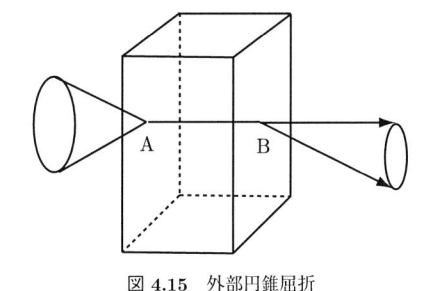

て，射出光は円錐状に拡がる．これを外部円錐屈折 (external conical refraction) という．

4.10 複屈折

結晶へ光が入射すると，屈折波は二つの固有偏光に分解され，それぞれ固有の屈折率で伝搬していく．一般には二つの固有偏光の光線方向は異なるため，結晶を通過すると空間的に分離する．したがって，結晶を通して物体を見ると互いに偏光の直交する二重の像が見える．このように結晶が二つの固有偏光状態を持つことに起因する現象を複屈折 (birefringence) という．

4.10.1 屈折率面を用いた説明

等方媒質から結晶へ光が入射するときの屈折の法則を求めよう．入射光の屈折率ベクトルを $\boldsymbol{n}_1$，屈折光の屈折率ベクトルを $\boldsymbol{n}_2$ とし，境界面の法線ベクトルを $\boldsymbol{b}$ とする．境界面上で入射波と屈折波の位相が一致するという条件から，屈折率ベクトルの境界面に平行な成分は等しくなければならず，したがって，屈折率ベクトルの差は $\boldsymbol{b}$ に平行になる．よって μ を未定の定数として $\boldsymbol{n}_2 = \boldsymbol{n}_1 + \mu \boldsymbol{b}$ が成り立つ．これから，屈折光の屈折率ベクトルは入射面内にあることが分かる．これは，等方媒質の場合の反射屈折の法則と原理は同じである．

負の一軸結晶を例に，図 4.16 に基づいて屈折光線の作図法を説明しよう．入射面内に，原点を共有して入射側および屈折側の屈折率面の断面を描く．入射光線を延長し，入射側の屈折率面との交点を I とする．入射光の屈折率ベクトルは $\boldsymbol{n}_1 = \overrightarrow{\mathrm{OI}}$ に等しい．点 I から境界に垂直な線を引き，屈折側の屈折率面との交点

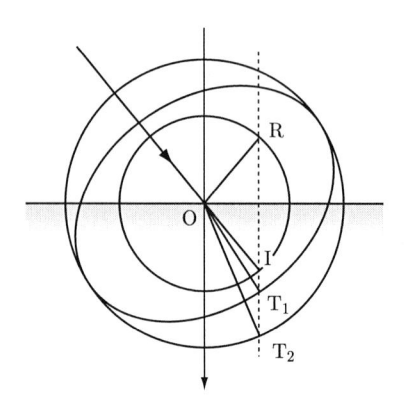

図 4.16 屈折率面を用いた複屈折の説明

(T_1 と T_2) を求める．こうすると，$\overrightarrow{OT_2}$ が常光線，$\overrightarrow{OT_1}$ が異常光線の屈折率ベクトルを与える．なお，境界面に垂直な直線が入射側の屈折率面と交わる点 R は反射光線の方向に対応する．この方法では，波面法線を与える屈折率ベクトルが求まる．光線方向を与える光線ベクトルは屈折率面に法線を立てることによって求められる．ただし，面法線は 3 次元空間内でとる必要があり，一般には，入射面内にあるとは限らないことを注意しておく．

4.10.2　ホイヘンスの原理による説明

ホイヘンス (Huygens) の原理を用いても異常光線の伝搬を議論することができる．原点に置いた点光源がある瞬間に光ったとする．その後，媒質中を拡がって行く光波の先頭面 (pulse front) を考えよう．パルスの伝搬はエネルギーの伝搬を伴うから，先頭面は光線速度で走るはずである．したがって，先頭面は光線速度面に相似になる．

ホイヘンスの原理に従えば，波面の伝搬は，2 次波の包絡面をとればよい．平面波の伝搬を考えよう．波面は平面である．波面の各点から 2 次波が出る．上の議論から，この 2 次波は光線速度面に相似になる．すなわち，波面は光線速度面に接する．あるいは，屈折率ベクトルは波面法線の方向を向いているから，屈折率ベクトルは光線速度面に直交する．図 4.17 は一軸結晶の異常光線に対するホイヘンスの原理による伝搬の説明である．一軸結晶の異常光線に対する光線速度面は回転楕円体になる．平面波が境界面 Σ_0 に垂直に入射したとする．Σ_0 面で発生

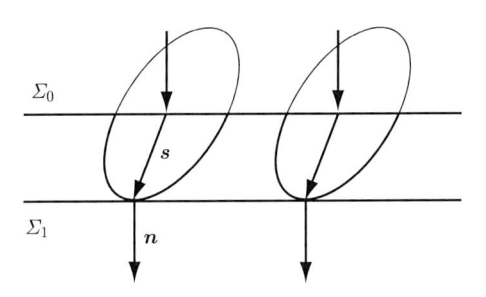

図 4.17　異常光線の伝搬

する 2 次波は回転楕円体になる．結晶中を伝搬する異常光線の波面は，2 次波に接する面 Σ_1 に一致する．一方，光線，すなわち，エネルギーは図の s の方向に進む．これがホイヘンスの原理による複屈折の説明である．図中のベクトル n は波面の進む方向を表し，s は光線の進む方向を表す．

この方法で，一つ注意しなくてはならないことがある．それは，図 4.17 の光線ベクトル s は入射面（紙面）内にあるとは限らないことである．一般には，光線ベクトルは紙面から飛び出ている．言い換えると，光線速度面と包絡面との接点は入射面内になく，立体的に考えなくてはならない．これは，屈折率面で考えたときの屈折率ベクトルが必ず入射面内にあることと対照的である．この理由で，屈折率面を使う方法の方が，ホイヘンスの原理による方法より優れているといえる．ただし，物理的内容を直感的に理解するためにはホイヘンスの原理の方が分かりやすい．

4.11　電気光学効果

物質に外部電場をかけると誘電率が変化する．電場の 1 次の効果をポッケルス (Pockels) 効果，2 次の効果をカー (Kerr) 効果という．これらを電気光学効果 (electro-optic effect) と総称する．

4.11.1　ポッケルス効果

ポッケルス効果は，逆誘電率テンソル，すなわち屈折率楕円体の係数行列が電場に比例する成分を持つことにより表される．

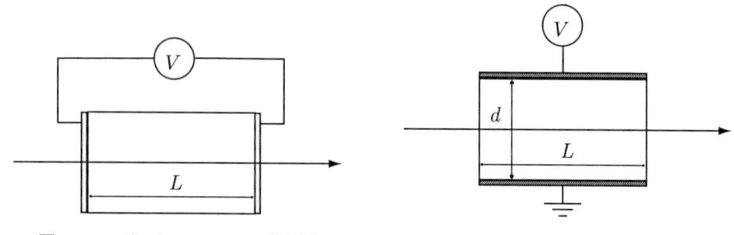

図 4.18　ポッケルスセル．縦配置　　　図 4.19　ポッケルスセル．横配置

$$\eta_{jk} = \eta_{jk}^{(0)} + \sum_l r_{jkl} E_l \tag{4.82}$$

ここで $\boldsymbol{E}$ は媒質にかかる外部電場であり，光の電場ではない．3 次のテンソル r_{jkl} をポッケルス係数または 1 次の電気光学係数という．ポッケルス効果は反転対称中心を持たない結晶にのみ現れる．

ポッケルスセル

ポッケルス効果を応用したデバイスをポッケルスセル (Pockels cell) という．これには図 4.18 の縦配置と図 4.19 の横配置の 2 つの基本形がある．縦配置では，結晶にかける電場の方向に光が伝播する．光を通すために，材料の両端面に使用波長に対し透明な電極を着けるか，光の通過部分だけ小孔を開けた電極を用いる．一方，横配置では電場の方向と直角に光を通す．電場方向の結晶の厚さを d とすると，電圧 V をかけたとき電場は $E = V/d$ で与えられる．光の伝搬方向の結晶の厚さを L とする．縦配置では $L = d$ である．

4.11.2　有効電気光学定数と半波長電圧

ポッケルス効果による屈折率の変化量 Δn を求めよう．固有ベクトルの電束密度方向の単位ベクトル $\boldsymbol{d}$ があらかじめ分かっていれば，式 (4.29) を用いて屈折率を計算できる．これとポッケルス効果の式 (4.82) から，屈折率変化が

$$\Delta \frac{1}{n^2} = \sum r_{jkl} d_j d_k E_l \equiv r_{\text{eff}} E \tag{4.83}$$

で与えられることが導かれる．ただし，$E = |\boldsymbol{E}|$ は外部電場の大きさ，r_{eff} は有効ポッケルス係数 (effective Pockels coefficient) である．屈折率変化が小さいとして，左辺を微分で近似すると

$$\Delta n = -\frac{1}{2} n_0^3 r_{\text{eff}} E \tag{4.84}$$

が得られる．ここで，n_0 は外部電場をかける前の屈折率である．この結晶に固有直線偏光を入射させたときの位相変化 $\Delta\phi$ は

$$\Delta\phi = -\frac{\pi n_0^3 r_{eff} VL}{\lambda d} \tag{4.85}$$

で与えられる．特に縦配置では $L = d$ であるから

$$\Delta\phi = -\frac{\pi n_0^3 r_{eff} V}{\lambda} \tag{4.86}$$

となり，位相変化は結晶の大きさに依存せず電圧だけで決まる．

電気光学材料を複屈折波長板として用いるときは，直交する二つの固有直線偏光の屈折率差を利用する．複屈折による位相遅れ Γ は

$$\Gamma = \Gamma_0 + \Delta\phi_2 - \Delta\phi_1 = \Gamma_0 - \frac{\pi(n_2^3 r_{2eff} - n_1^3 r_{1eff})V}{\lambda} \cdot \frac{L}{d} \tag{4.87}$$

で与えられる．Γ_0 は電圧がかかっていないときの自然複屈折による位相遅れである．π の位相遅れを得るのに必要な電圧 V_π を半波長電圧 (half-wave voltage) といい，ポッケルス効果の大きさの指標となっている．縦配置では

$$V_\pi = \frac{\lambda}{|n_2^3 r_{2eff} - n_1^3 r_{1eff}|} \tag{4.88}$$

となり，波長と材料の特性値だけで決まってしまう．材料の分散が大きくなければ，半波長電圧は波長に比例する．

4.11.3　カ　ー　効　果

カー効果は電場の 2 次の効果である．比逆誘電率テンソルは

$$\eta_{jk} = \eta_{jk}^{(0)} + \sum_{lm} h_{jklm} E_l E_m \tag{4.89}$$

と書ける．ポッケルス効果が反転対称中心を持たない結晶においてのみ現れるのに対して，カー効果は等方的な液体をはじめすべての物質において生じる．特に屈折率 n_0 の等方媒質中では，対称性から

$$\eta_{jk} = \left(\frac{1}{n_0^2} + \alpha E^2\right)\delta_{jk} + \beta E_j E_k \tag{4.90}$$

と書ける．外部電場の方向を z 軸とすると，xy 方向と z 軸方向の主屈折率がそれぞれ

$$N_1 = N_2 = n_0 - \frac{1}{2}n_0^3 \alpha E^2, \qquad N_3 = n_0 - \frac{1}{2}n_0^3(\alpha+\beta)E^2 \qquad (4.91)$$

の一軸結晶のように振る舞う．したがって，外部電場に対して直交する方向に光を通すと，振動面が外部電場に平行な直線偏光と，これに直交する直線偏光の間に位相差

$$\phi = \frac{2\pi}{\lambda}(N_3 - N_1)d = 2\pi K dE^2 \qquad (4.92)$$

が生じる．ただし，d はカー媒質の厚さ，λ は光の波長である．このように表したときの K をカー定数と呼ぶ．

5

光 学 活 性

5.1 旋光性と円二色性

　空間反転対称性を欠く結晶や，自然界に存在する螺旋構造分子を溶解した溶液のように左右の対称性が破れている媒質をカイラル媒質 (chiral medium) という．本章では，カイラル媒質中の光波の伝搬を論ずる．

　カイラル媒質に直線偏光を入射すると，振動面が回転する．この現象を旋光性 (optical rotatory power) という[13]．等軸晶系に属する結晶や蔗糖溶液のように等方的な旋光性媒質では，固有偏光は左右円偏光となり，それぞれ異なる屈折率 $n_\pm$ を持つ．この媒質中では，直線偏光は振幅の等しい左右円偏光に分解されて伝搬する．ところが回転方向によって屈折率が異なるから，光が媒質中を伝搬すると，左右円偏光の間に位相差が生じる．その結果，二つの円偏光の合成である直線偏光の振動面は，位相差の半分に等しい角度だけ回転することになる．旋光能 (rotatory power) を

$$\rho = \frac{\pi}{\lambda}(n_+ - n_-) \tag{5.1}$$

と定義すると，厚さ d の媒質の旋光角 ψ は

$$\psi = \rho d \tag{5.2}$$

で与えられる．

　吸収がある場合は，左右円偏光で吸収の大きさが異なる現象が生じる．これを円二色性 (circular dichroism) という．旋光性と円二色性を合わせて光学活性 (optical activity) という．

5.2 等方性媒質の光学活性

5.2.1 構成関係式

はじめに等方性媒質における光学活性を考えよう．前章で用いた対称な誘電率テンソルからは光学活性は生じない．電場が磁化を誘起し，磁場が分極を誘起する，電場と磁場が交じり合った効果を導入することで，光学活性を説明できる．この項を含めると，マクスウェル方程式の構成関係式は

$$D = \epsilon_0 \epsilon E + \xi H$$
$$B = \zeta E + \mu_0 \mu H \tag{5.3}$$

と書ける[14, 15]．ここでは媒質は等方的であると仮定しているから，係数 $\epsilon, \mu, \zeta, \xi$ はスカラーである．

係数の対称性を考えよう．吸収が無視できれば，係数行列はエルミートになる(問題 6.5 参照，p.116)．すなわち，ϵ と μ は実数であり，ξ と ζ は

$$\zeta = \xi^*, \qquad (\zeta = \xi^\dagger) \tag{5.4}$$

を満たす．ただし，括弧内は係数がテンソルの場合の関係式である[*1]．さらに，この系がオンサーガーの相反定理 (Onsager's reciprocal theorem) を満たすとすると

$$\zeta = -\xi, \qquad (\zeta = -\xi^T) \tag{5.5}$$

が成り立つ[16]．オンサーガーの相反定理は，微視的なプロセスが時間反転に対して対称となることを前提として，巨視的な系の運動を記述する方程式に現れる係数(輸送係数)が対称になること(相反性)を導く定理である．式 (4.2) の誘電率テンソルが対称になるのも相反定理の帰結である．ξ と ζ の相反性に負符号がつくのは，電場が時間反転に対して不変であるのに対し，磁場は符号を変えるからである．

以上の制約条件を同時に満たすと仮定すると，$\xi = i\alpha/c, \zeta = -i\alpha/c$ とおける．ただし，c は真空中の光速度，ϵ, μ, α は実数である．ξ, ζ は速度の逆数の次元を持

[*1] 肩付き記号 $\dagger$ はエルミート共役を，次式の T は転置行列を意味する．

つから，α は無次元量になる．こうして構成関係式は

$$D = \epsilon_0 \epsilon E + i\frac{\alpha}{c} H$$
$$B = -i\frac{\alpha}{c} E + \mu_0 \mu H \tag{5.6}$$

と書ける．

問題 5.1 空間反転対称性を持つ媒質では，式 (5.3) の ξ と ζ は 0 になることを示せ．
解答 空間反転に対し，電場 E と D は符号を変えるが，磁場 H と B は変化しない．よって，式 (5.3) の空間反転をとると，係数 ξ と ζ につく符号が変わる．よって，空間反転に対して対称な媒質では，$\xi = \zeta = 0$ が成り立つ．

問題 5.2 時間反転対称性を持つ媒質では，係数は

$$\epsilon = \epsilon^*, \qquad \mu = \mu^*, \qquad \xi = -\xi^*, \qquad \zeta = -\zeta^* \tag{5.7}$$

を満たすことを示せ．
解答 時間反転によって電場は $E_r(t) \to E_r(-t)$ と変換される．よって，そのフーリエ変換で与えられる周波数成分は $E(\omega) \to E^*(\omega)$ と，複素共役に変換される．一方，磁場については，時間反転によって符号が変わるから，$H(\omega) \to -H^*(\omega)$ と変換される．式 (5.3) にこの変換を施した結果が不変であるとすると，係数に対し式 (5.7) が成り立つことが導かれる．この式は，係数がテンソルのときもそのまま成り立つ．

式 (5.7) に吸収がない条件 (5.4) を組み合わせると相反性の条件 (5.5) が導かれる．

問題 5.3 光学活性の起源を空間分散 (spatial dispersion) に帰することもできる．このとき，構成関係式は，電磁場のその場の値だけではなく，空間微分にも依存するようになる．特に等方媒質では，∇ と E の組み合わせで作れるベクトルは $\nabla \times E$ だけであるから

$$D = \epsilon_0 \tilde{\epsilon}\{E + \beta \operatorname{rot} E\}, \qquad B = \mu_0 \tilde{\mu}\{H + \beta \operatorname{rot} H\}$$

と表せる．吸収がないとき，係数 β は実数である．角周波数 ω の単色光に対し，この式は式 (5.6) と等価になることを示せ．
解答 マクスウェル方程式より，$\operatorname{rot} E = i\omega B$，および，$\operatorname{rot} H = -i\omega D$ が成り立つ．これを代入して

$$D = \epsilon_0 \tilde{\epsilon}\{E + i\beta\omega B\}, \qquad B = \mu_0 \tilde{\mu}\{H - i\beta\omega D\}$$

を得る．これを解くと

$$\boldsymbol{D} = \frac{\epsilon_0 \tilde{\epsilon}}{1 - \beta^2 \tilde{k}^2} \boldsymbol{E} + i \frac{\beta \tilde{k} \tilde{n}}{c(1 - \beta^2 \tilde{k}^2)} \boldsymbol{H}$$

$$\boldsymbol{B} = -i \frac{\beta \tilde{k} \tilde{n}}{c(1 - \beta^2 \tilde{k}^2)} \boldsymbol{E} + \frac{\mu_0 \tilde{\mu}}{1 - \beta^2 \tilde{k}^2} \boldsymbol{H}$$

が導かれる．ただし

$$\tilde{n} = \sqrt{\tilde{\epsilon}\tilde{\mu}}, \qquad \tilde{k} = \frac{\omega}{c}\tilde{n}$$

とおいた．これは，明らかに式 (5.6) と等価である．二つの表現に表れる物質定数 ϵ と $\tilde{\epsilon}$，および，μ と $\tilde{\mu}$ は異なるが，通常この差は小さい．

5.2.2 光 学 活 性

さて，必ずしも相反性 (5.5) を仮定せず，構成方程式 (5.3) に戻り，角周波数 ω，波動ベクトル $\boldsymbol{k}$ の平面波の伝搬を考えよう．マクスウェル方程式は

$$\boldsymbol{k} \times \boldsymbol{H} = -\omega\epsilon_0 \epsilon \boldsymbol{E} - \omega \xi \boldsymbol{H} \tag{5.8a}$$

$$\boldsymbol{k} \times \boldsymbol{E} = \omega \zeta \boldsymbol{E} + \omega \mu_0 \mu \boldsymbol{H} \tag{5.8b}$$

$$\boldsymbol{k} \cdot \boldsymbol{D} = 0 \tag{5.8c}$$

$$\boldsymbol{k} \cdot \boldsymbol{B} = 0 \tag{5.8d}$$

となる．式 (5.8c) と式 (5.8d) より，電磁場は横波条件を満たす．

$$\boldsymbol{k} \cdot \boldsymbol{E} = \boldsymbol{k} \cdot \boldsymbol{H} = 0 \tag{5.9}$$

そこで，$\boldsymbol{k}$ を z 軸にとり，電磁場を xy 成分で表す．式 (5.8a) と式 (5.8b) から

$$\omega\epsilon_0\epsilon \begin{pmatrix} E_1 \\ E_2 \end{pmatrix} + \begin{pmatrix} \omega\xi & -k \\ k & \omega\xi \end{pmatrix} \begin{pmatrix} H_1 \\ H_2 \end{pmatrix} = 0$$

$$\begin{pmatrix} \omega\zeta & k \\ -k & \omega\zeta \end{pmatrix} \begin{pmatrix} E_1 \\ E_2 \end{pmatrix} + \omega\mu_0\mu \begin{pmatrix} H_1 \\ H_2 \end{pmatrix} = 0 \tag{5.10}$$

が導かれる．これから磁場を消去して

$$\begin{pmatrix} \omega^2(\epsilon_0\epsilon\mu_0\mu - \xi\zeta) - k^2 & -\omega(\xi - \zeta)k \\ \omega(\xi - \zeta)k & \omega^2(\epsilon_0\epsilon\mu_0\mu - \xi\zeta) - k^2 \end{pmatrix} \begin{pmatrix} E_1 \\ E_2 \end{pmatrix} = 0 \tag{5.11}$$

が得られる．係数行列の行列式を 0 とおいて固有値方程式を解くと，固有値は

$$k_\pm^2 = \frac{\omega^2}{c^2}\left\{\epsilon\mu - \frac{c^2(\xi^2+\zeta^2)}{2} \pm ic(\xi-\zeta)\sqrt{\epsilon\mu - \frac{c^2(\xi+\zeta)^2}{4}}\right\} \qquad (5.12)$$

で与えられる．固有状態は

$$\begin{pmatrix} E_1 \\ E_2 \end{pmatrix} = \frac{E}{\sqrt{2}}\begin{pmatrix} 1 \\ \pm i \end{pmatrix}, \qquad \begin{pmatrix} H_1 \\ H_2 \end{pmatrix} = -\frac{iE(\pm k_\pm - i\omega\zeta)}{\sqrt{2}\omega\mu_0\mu}\begin{pmatrix} 1 \\ \pm i \end{pmatrix} \qquad (5.13)$$

となる．左右円偏光が固有偏光になるから，この媒質が光学活性を示すことが確かめられた．比アドミッタンスは

$$m = -\frac{i(\pm n_\pm - ic\zeta)}{\mu} \qquad (5.14)$$

となる．ただし，$n_\pm = ck_\pm/\omega$ は屈折率である．

特に，相反性を満足し，$\xi = -\zeta = i\alpha/c$ のときは

$$k_\pm = \frac{\omega}{c}\left(\sqrt{\epsilon\mu} \mp \alpha\right) \qquad (5.15)$$

と表される．あるいは $n_0 = \sqrt{\epsilon\mu}$ とおくと，屈折率は

$$n_\pm = n_0 \mp \alpha \qquad (5.16)$$

となる．式 (5.1) と比べて，旋光能が $\rho = k\alpha$ で与えられることが分かる．

問題 5.4 等方性カイラル媒質中の光波に対する波動方程式を求めよ．
解答 係数 $\epsilon, \mu, \xi, \zeta$ はスカラーの定数である．式 (5.8b) と $\bm{k}$ の外積をとり

$$\bm{k}\times(\bm{k}\times\bm{E}) = \bm{k}(\bm{k}\cdot\bm{E}) - k^2\bm{E} = -k^2\bm{E}$$

となることを用いると

$$\begin{aligned}
-k^2\bm{E} &= \omega\mu_0\mu\bm{k}\times\bm{H} + \omega\zeta\bm{k}\times\bm{E} \\
&= \omega\mu_0\mu(-\omega\epsilon_0\epsilon\bm{E} - \omega\xi\bm{H}) + \omega\zeta(\omega\mu_0\mu\bm{H} + \omega\zeta\bm{E}) \\
&= -\frac{1}{c^2}(n_0^2 - c^2\zeta^2)\omega^2\bm{E} - \mu_0\mu(\xi-\zeta)\omega^2\bm{H}
\end{aligned}$$

を得る．同様に，式 (5.8a) と $\bm{k}$ の外積より

$$\begin{aligned}
-k^2\bm{H} &= -\omega\epsilon_0\epsilon(\omega\mu_0\mu\bm{H} + \omega\zeta\bm{E}) - \omega\xi(-\omega\epsilon_0\epsilon\bm{E} - \omega\xi\bm{H}) \\
&= -\frac{1}{c^2}(n_0^2 - c^2\xi^2)\omega^2\bm{H} + \epsilon_0\epsilon(\xi-\zeta)\omega^2\bm{E}
\end{aligned}$$

を得る．$\bm{k}^2 \to -\nabla^2$，$\omega^2 \to -\partial^2/\partial t^2$ と置き換えれば，波動方程式が導かれる．

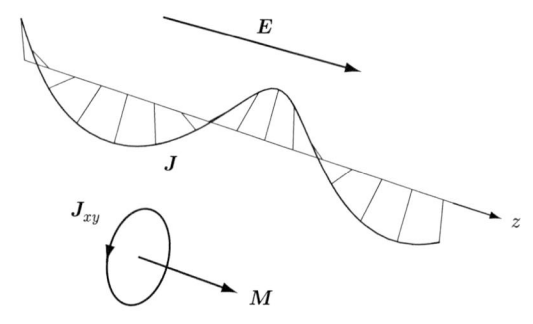

図 5.1 螺旋構造分子における磁化の誘起

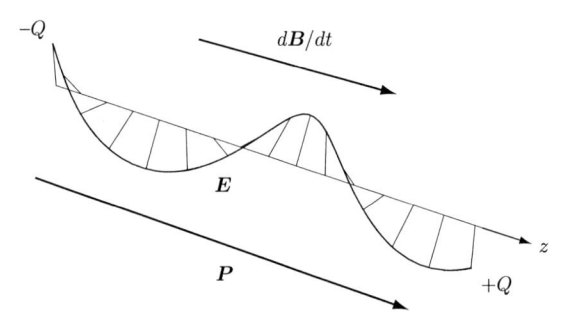

図 5.2 螺旋構造分子における分極の誘起

5.2.3 螺旋構造体

　蔗糖のように，螺旋構造を持った分子を含む媒質の自然旋光性は次のように説明できる[17]．人工の有機物質では右巻きと左巻きが等量ずつ生成するが，自然の物質では一方のみが作られる[*2]．そこで螺旋構造を持った分子，あるいは，人工物を考えよう．図 5.1 は，螺旋構造の z 軸方向に電場をかけると，螺旋状の電流が流れ，その回転成分により軸方向に磁化が生じる様子を模式的に描いたものである．この図から，z 方向の電場が z 方向の磁化を誘起することが分かる．

　次に磁場によって分極が誘起される過程を考えよう．図 5.2 にあるように，z 軸方向に振動磁場がかかると，ファラディの電磁誘導によって軸の回りに起電力が生じる．これにより，螺旋構造を電流が流れ，その結果，両端に正負の電荷が現れる．すなわち，z 方向に分極が誘起される．以上の考察から，係数 α の起源を説明できる．

[*2] 人工合成でも，触媒を使って片方のみを生成する方法がある．

さて，螺旋構造体をランダムに埋め込んだ媒質中に直線偏光を入射したときの伝搬を考えよう．直交偏光の電場と磁場は空間的に直交する．ところが，電場によって誘起される磁場は電場に平行であるから，元々存在する磁場とは直交する．すなわち，元の磁場に，それと直角方向に誘起磁場が加わることになる．1.3.4項で述べたように，電磁場の伝搬を直感的にイメージするのはそれほど単純ではないが，カイラル媒質では，電場に誘起された磁場に引きずられて，元々の磁場が空間的に回転すると考えてよいだろう．電場についても同様である．このようにして，旋光性が理解できる．

5.3 異方性媒質の光学活性

5.3.1 6次元固有値方程式

異方性を持つ場合は，結晶光学の方法を一般化した議論が必要になる．角周波数 ω，波動ベクトル k の単色平面波の伝搬を考えよう．マクスウェル方程式 (5.8) において，$\epsilon, \mu, \xi, \zeta$ がすべて2階のテンソルになる．そこで，6次元のベクトル F とテンソル $\mathbf{K}$ を

$$F = \begin{pmatrix} E \\ H \end{pmatrix}, \qquad \mathbf{K} = \begin{pmatrix} \epsilon_0 \epsilon & \xi \\ \zeta & \mu_0 \mu \end{pmatrix} \tag{5.17}$$

と定義する．さらに，回転演算子 rot の行列表現

$$\mathbf{L}(\nabla) = \begin{pmatrix} 0 & -\partial_3 & \partial_2 \\ \partial_3 & 0 & -\partial_1 \\ -\partial_2 & \partial_1 & 0 \end{pmatrix} \tag{5.18}$$

と，その6次元拡張

$$\mathbf{L}_2(\nabla) = \begin{pmatrix} 0 & \mathbf{L}(\nabla) \\ -\mathbf{L}(\nabla) & 0 \end{pmatrix} \tag{5.19}$$

を導入する．ここで，$\partial_j \equiv \partial/\partial r_j$ である．式 (5.18) は微分演算子 ∇ に対して定義されているが，∇ に代わりに任意のベクトルを代入してよい．マクスウェル方程式は6次元線形方程式

$$\bigl(\mathbf{L}_2(k) + \omega \mathbf{K}\bigr) \cdot F = 0 \tag{5.20}$$

にまとめることができる．固有値方程式

$$\det\bigl(\mathbf{L}_2(\boldsymbol{k})+\omega\mathbf{K}\bigr)=0 \tag{5.21}$$

から，k と ω の関係が導かれる．この方程式は，結晶光学のフレネル方程式を拡張した式になっている．波動ベクトルに平行な単位ベクトル $\boldsymbol{e}$ を用いて $\boldsymbol{k}=k\boldsymbol{e}$ と表すと，式 (5.21) は k についての 4 次方程式になる．屈折率 n は $k=\omega n/c$ の関係から導かれる．相反定理が満たされる場合，$\boldsymbol{e}$ 方向と逆向きの方向で屈折率が等しくなるから，固有値方程式は k^2 の 2 次方程式となり，$\pm k$ を解に持つ．

5.3.2　旋回ベクトル

異方性媒質における光学活性についての一般論は 5.2 節で議論した．ここでは，媒質は式 (5.5) の相反性条件 $\zeta=-\xi^T$ を満たす，という制約をつけてより簡単化を行う．なお，5.3 節では $\mu=1$ とする．

マクスウェル方程式 (5.8) を，式 (5.18) の回転演算子行列 $\mathbf{L}$ を用いて表すと

$$\omega\epsilon_0\boldsymbol{E}+\bigl[\omega\xi+\mathbf{L}(\boldsymbol{k})\bigr]\boldsymbol{H}=0$$
$$\bigl[-\omega\xi^T-\mathbf{L}(\boldsymbol{k})\bigr]\boldsymbol{E}+\omega\mu_0\boldsymbol{H}=0 \tag{5.22}$$

が導かれる．$\mu=1$ とおいたので，逆行列を用いずに磁場を消去することができる．

$$\Bigl[\mathbf{L}(\boldsymbol{k})\mathbf{L}(\boldsymbol{k})+k_0^2\tilde{\epsilon}+\omega\bigl\{\xi\mathbf{L}(\boldsymbol{k})+\mathbf{L}(\boldsymbol{k})\xi^T\bigr\}\Bigr]\boldsymbol{E}=0 \tag{5.23}$$

ただし

$$\tilde{\epsilon}=\epsilon+c^2\xi\xi^T \tag{5.24}$$

とおいた．ところで，$\mathbf{L}^T=-\mathbf{L}$ であるから

$$\xi\mathbf{L}+\mathbf{L}\xi^T=\xi\mathbf{L}-(\xi\mathbf{L})^T \tag{5.25}$$

と変形できる．すなわち，$\xi\mathbf{L}+\mathbf{L}\xi^T$ は反対称テンソルである．よって，これを

$$\omega\bigl\{\xi\mathbf{L}(\boldsymbol{k})+\mathbf{L}(\boldsymbol{k})\xi^T\bigr\}=k_0^2\begin{pmatrix}0 & -ig_3 & ig_2\\ ig_3 & 0 & -ig_1\\ -ig_2 & ig_1 & 0\end{pmatrix}=ik_0^2\mathbf{L}(\boldsymbol{g}) \tag{5.26}$$

とおくことができる．このようにして導入されたベクトル $\boldsymbol{g}$ を旋回ベクトル (gyration vector) という．屈折率ベクトル $\boldsymbol{n} = \boldsymbol{k}/k_0$ を用いて，方程式 (5.23) は

$$\left[\mathbf{L}(\boldsymbol{n})\mathbf{L}(\boldsymbol{n}) + \tilde{\epsilon} + i\mathbf{L}(\boldsymbol{g})\right]\boldsymbol{E} = 0 \tag{5.27a}$$

または

$$\boldsymbol{n} \times (\boldsymbol{n} \times \boldsymbol{E}) + \tilde{\epsilon}\boldsymbol{E} + i\boldsymbol{g} \times \boldsymbol{E} = 0 \tag{5.27b}$$

と書き換えられる．これは，誘電率テンソル $\tilde{\epsilon}$ を対角化する座標系で，電束密度と電場の関係が

$$\begin{aligned}\boldsymbol{D} &= \epsilon_0 \tilde{\epsilon} \boldsymbol{E} + i\epsilon_0 \boldsymbol{g} \times \boldsymbol{E} \\ &= \epsilon_0 \begin{pmatrix} \tilde{\epsilon}_1 & -ig_3 & ig_2 \\ ig_3 & \tilde{\epsilon}_2 & -ig_1 \\ -ig_2 & ig_1 & \tilde{\epsilon}_3 \end{pmatrix} \begin{pmatrix} E_1 \\ E_2 \\ E_3 \end{pmatrix}\end{aligned} \tag{5.28}$$

と与えられたのと等価である．

問題 5.5 等方性媒質中では，旋回ベクトルは波動ベクトルに比例することを示せ．
解答 等方媒質ではベクトルは波動ベクトルしかないから，これに比例するのは自明であるが，次のようにして直接確かめられる．等方性媒質中では $\xi = -\zeta$ はスカラーになることを考慮すると，旋回ベクトルの定義式 (5.26) は

$$\omega\left\{\xi\mathbf{L}(\boldsymbol{k}) + \mathbf{L}(\boldsymbol{k})\xi^T\right\} = 2\omega\xi\mathbf{L}(\boldsymbol{k}) = ik_0^2\mathbf{L}(\boldsymbol{g})$$

となる．よって，旋回ベクトルは

$$\boldsymbol{g} = -i\frac{c\xi}{k_0}\boldsymbol{k} \tag{5.29}$$

で与えられる．

反対称単位テンソルと外積

反対称テンソルとベクトルの相互の関係は，反対称単位テンソルを用いて表すことができる．反対称単位テンソル e_{jkl} とは，①添字の置換に対し反対称 ($e_{jkl} = -e_{kjl}$)，②巡回置換に対し不変 ($e_{jkl} = e_{klj}$)，そして③ $e_{123} = 1$ を満たす 3 階の反対称テンソルである．これを用いると二つのベクトルの外積は

$$(\boldsymbol{A} \times \boldsymbol{B})_j = e_{jkl} A_k B_l \tag{5.30}$$

と書ける．ただし，重複する添字は1から3まで和をとるアインシュタインの規約を適用し，総和記号 Σ を省略した．これから，式 (5.18) の回転演算子行列は

$$\mathbf{L}_{jk}(\boldsymbol{A}) = e_{jlk} A_l = -e_{jkl} A_l \tag{5.31}$$

と表される．これを逆に解いて

$$A_j = \frac{1}{2} e_{kjl} \mathbf{L}_{kl}(\boldsymbol{A}) = -\frac{1}{2} e_{jkl} \mathbf{L}_{kl}(\boldsymbol{A}) \tag{5.32}$$

を得る．

5.3.3　異方性媒質中の旋光性

旋回ベクトルの表現を用いて，異方性と旋光性が同時に存在する場合を議論しよう．ここでは，屈折率楕円体に基づく式 (4.28) を用いる．そのために，式 (5.28) を逆に解く．ただし，$\tilde{\epsilon}$ を改めて ϵ と記述する．対称性を考えると

$$\boldsymbol{E} = \frac{1}{\epsilon_0} \Big(\eta \boldsymbol{D} + i \boldsymbol{h} \times \boldsymbol{D} \Big) \tag{5.33}$$

の形に書けるであろう．ここで η は逆誘電率テンソルである．ベクトル $\boldsymbol{h}$ を活性ベクトル (activity vector) と呼ぶ．$\boldsymbol{g}$ と $\boldsymbol{h}$ の関係は後で述べる．

波面法線 $\boldsymbol{e}$ が与えられたとき，座標変換して $\boldsymbol{e}$ の方向を z 軸にとる．旋光性があっても，電束密度の横波条件はそのまま成り立つから，$\boldsymbol{D}$ は xy 面内のベクトルとなる．この座標系における活性ベクトルの成分を $\tilde{h}_j$ とする．こうすると，式 (5.33) の旋光性の項は

$$\begin{pmatrix} \tilde{h}_1 \\ \tilde{h}_2 \\ \tilde{h}_3 \end{pmatrix} \times \begin{pmatrix} D_1 \\ D_2 \\ 0 \end{pmatrix} = \begin{pmatrix} -\tilde{h}_3 D_2 \\ \tilde{h}_3 D_1 \\ -\tilde{h}_2 D_1 + \tilde{h}_1 D_2 \end{pmatrix} \tag{5.34}$$

となる．なお，$\tilde{h}_3 = \boldsymbol{h} \cdot \boldsymbol{e} \equiv h_e$ である．ベクトル $\boldsymbol{D}$ に対する方程式 (4.27) にこの旋光性の項を加える．あらかじめ，$\eta_{\alpha\beta}(\alpha,\beta=1,2)$ を対角化する座標系を選んでおこう．旋光性がないとしたときの屈折率を n_a, n_b とすると，D_1, D_2 に対する固有値方程式は

5.3 異方性媒質の光学活性

$$\left(\frac{1}{n^2} - \frac{1}{n_a^2}\right) D_1 + ih_e D_2 = 0$$

$$-ih_e D_1 + \left(\frac{1}{n^2} - \frac{1}{n_b^2}\right) D_2 = 0 \tag{5.35}$$

となる．係数行列の行列式を 0 とおいて，固有値

$$\frac{1}{n_\pm^2} = \frac{1}{2}\left(\frac{1}{n_a^2} + \frac{1}{n_b^2}\right) \pm \frac{1}{2}\sqrt{\left(\frac{1}{n_a^2} - \frac{1}{n_b^2}\right)^2 + 4h_e^2} \tag{5.36}$$

が求まる．特に，複屈折が旋光性よりずっと大きいときは

$$\frac{1}{n_+^2} \approx \frac{1}{n_a^2} + h_e^2 \left(\frac{1}{n_a^2} - \frac{1}{n_b^2}\right)^{-1}$$

$$\frac{1}{n_-^2} \approx \frac{1}{n_b^2} - h_e^2 \left(\frac{1}{n_a^2} - \frac{1}{n_b^2}\right)^{-1} \tag{5.37}$$

と近似できる．一方，複屈折の方が小さいときは

$$\frac{1}{n_\pm^2} \approx \frac{1}{n_0^2} \pm h_e \tag{5.38}$$

となる．ただし，$n_0^{-2} = (n_a^{-2} + n_b^{-2})/2$ である．これは本質的に等方媒質の場合の式と等価である．

次に，固有状態を考察しよう．式 (5.35) より，D_1 と D_2 は $\pm\pi/2$ の位相差がある．そこで，偏光を表す複素パラメーターを $Z = D_2/D_1 = i\tan\chi$ とする．ここで，$\tan\chi$ は楕円率である．式 (5.35) から $1/n^2$ を消去すると

$$ih_e\left(Z - \frac{1}{Z}\right) = h_e(\cot\chi - \tan\chi) = \frac{1}{n_a^2} - \frac{1}{n_b^2} \tag{5.39a}$$

が導かれる．これから

$$\tan 2\chi = 2h_e \left(\frac{1}{n_a^2} - \frac{1}{n_b^2}\right)^{-1} \tag{5.39b}$$

を得る．固有偏光の主軸は旋光性を無視したときの複屈折の主軸に一致し，楕円率角が，式 (5.39b) で決まる χ および $\chi + \pi/2$ の楕円偏光になる．すなわち，Z に対する方程式 (5.39b) の根の一つを $Z_a = i\tan\chi$ とすると，もう一つの根は $Z_b = i\tan(\chi + \pi/2) = -i\cot\chi$ となる．これから $Z_a^* Z_b = -1$ となり，二つの固有偏光が直交することが確かめられる．特に，$h_e \to 0$ で固有偏光は直線偏光 ($\chi \to 0$ または $\pi/2$) になる．また，$n_a \to n_b$ で左右円偏光 ($\chi \to \pm\pi/4$) になる．

g と h の関係

g と h の関係は，誘電率テンソルを対角化する座標系で

$$\begin{pmatrix} \eta_1 & -ih_3 & ih_2 \\ ih_3 & \eta_2 & -ih_1 \\ -ih_2 & ih_1 & \eta_3 \end{pmatrix} = \begin{pmatrix} \epsilon_1 & -ig_3 & ig_2 \\ ig_3 & \epsilon_2 & -ig_1 \\ -ig_2 & ig_1 & \epsilon_3 \end{pmatrix}^{-1} \tag{5.40}$$

で与えられる．特に旋光性が小さいときは，式 (5.33) を式 (5.28) に代入して 1 次の項だけを残すと

$$\eta \mathbf{L}(\boldsymbol{g}) + \mathbf{L}(\boldsymbol{h})\epsilon = 0 \tag{5.41}$$

を得る．ここで $\mathbf{L}$ は式 (5.18) の回転演算子の行列表現である．η は ϵ の逆行列であることを用いると

$$\mathbf{L}(\boldsymbol{h}) = -\eta \mathbf{L}(\boldsymbol{g})\eta \tag{5.42}$$

の関係が導かれる．

5.4 磁気光学効果

5.4.1 ファラディ効果

外部磁場が媒質中の光の伝搬に与える効果を磁気光学効果 (magnetooptic effect) という．最も顕著な現象は等方媒質に外部磁場をかけたときに生じる旋光性で，これをファラディ (Faraday) 効果という．

外部磁場 $\boldsymbol{H}_D$ があるとき，比誘電率テンソルの対称性 (4.2) において，添字の置換と同時に磁場の向きを反転する必要がある．

$$\epsilon_{jk}(\boldsymbol{H}_D) = \epsilon_{kj}(-\boldsymbol{H}_D) \tag{5.43}$$

吸収がなければ比誘電率テンソルは式 (4.3) にある通りエルミートであるから，上式と組み合わせると

$$\epsilon_{jk}(-\boldsymbol{H}_D) = \epsilon_{jk}^*(\boldsymbol{H}_D) \tag{5.44}$$

を満足する．よって，比誘電率の実部は磁場の偶関数，虚部は磁場の奇関数になる．したがって，比誘電率を磁場で展開し，1 次の近似で打ち切ると，実部は磁場がないときの誘電率に一致し，虚部は，磁場の 1 次式となる．特に，実部を対

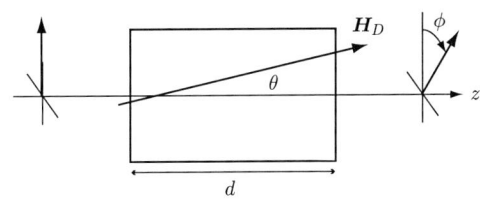

図 5.3 ファラディ効果

角化する座標系を選ぶと，誘電率は次のように書ける．

$$\epsilon_0 \epsilon = \epsilon_0 \begin{pmatrix} \epsilon_1 & -ig_3 & ig_2 \\ ig_3 & \epsilon_2 & -ig_1 \\ -ig_2 & ig_1 & \epsilon_3 \end{pmatrix} \quad (5.45)$$

ここで，g は旋回ベクトルである．自然旋光性では，旋回ベクトルは式 (5.26) にある通り波動ベクトル k に依存する．ところが，ファラディ効果では旋回ベクトルは外部磁場 H_D によって決まり，k にはよらない．実際 g は外部磁場の 1 次式であり，2 階のテンソルを介して

$$g_j = \sum_k f_{jk} H_{Dk} \quad (5.46)$$

と書ける．

特に等方媒質中では単に磁場に比例する．

$$g = f H_D \quad (5.47)$$

式 (5.45) の誘電率を用いて，光の電場と電束密度の関係を書き換えると

$$D = \epsilon_0 n_0^2 E + i\epsilon_0 g \times E \quad (5.48)$$

ここで，n_0 は磁場がかかっていないときの屈折率である．波動ベクトル k，したがって，屈折率ベクトル n の方向を z 軸方向にとる．この系は z 軸の回りに対称であるから，外部磁場は xz 面内あるとしてよい．したがって，$H_D = H_D(\sin\theta, 0, \cos\theta)$ と書ける．ここで，θ は，屈折率ベクトルと磁場の間の角度である．さらに，$g = fH_D$ とおく．このとき，方程式 (4.10) より，電場は

$$\begin{pmatrix} n_0^2 - n^2 & -ig\cos\theta & 0 \\ ig\cos\theta & n_0^2 - n^2 & -ig\sin\theta \\ 0 & ig\sin\theta & n_0^2 \end{pmatrix} \begin{pmatrix} E_1 \\ E_2 \\ E_3 \end{pmatrix} = 0 \quad (5.49)$$

を満足する．固有値は，係数行列の行列式を0とおいた解で与えられる．行列式を展開すると，固有値方程式

$$(n_0^2 - n^2)^2 n_0^2 - g^2(n_0^2 - n^2 \sin^2 \theta) = 0 \tag{5.50}$$

が得られる．これを解いて

$$n_\pm^2 = n_0^2 - \frac{g^2 \sin^2 \theta}{2n_0^2} \pm \sqrt{g^2 \cos^2 \theta + \frac{g^4 \sin^4 \theta}{4n_0^4}} \tag{5.51}$$

となる．g が十分小さいとして，展開の1次の項までの近似で

$$n_\pm^2 \simeq n_0^2 \pm g \cos \theta \tag{5.52}$$

が得られる．

光が磁場と平行に進む場合 ($\theta = 0$) を考えよう．このとき，固有値方程式 (5.49) は

$$\begin{pmatrix} n_0^2 - n^2 & -ig & 0 \\ ig & n_0^2 - n^2 & 0 \\ 0 & 0 & n_0^2 \end{pmatrix} \begin{pmatrix} E_1 \\ E_2 \\ E_3 \end{pmatrix} = 0 \tag{5.53}$$

となる．固有値は $n_\pm^2 = n_0^2 \pm g$ で与えられる．固有値 $n_+^2 = n_0^2 + g$ に対する固有偏光は左回り円偏光 $(1, i)$，固有値 $n_-^2 = n_0^2 - g$ に対する固有偏光は右回り円偏光 $(1, -i)$ になる．直線偏光が媒質中を距離 d だけ進むと振動面が回転する．g が小さいとき，回転角は

$$\phi = \frac{\pi}{\lambda_0}(n_+ - n_-)d = \frac{\pi g d}{\lambda_0 n_0} \tag{5.54}$$

で与えられる．一般に，回転角は磁場の強さに比例し

$$\phi = V H_D d \cos \theta \tag{5.55}$$

と書ける．係数 V をヴェルデ (Verdet) 定数という．

光を磁場に対して垂直に入射させたときは，ファラディ効果は消失する．このときは上で無視した誘電率の実成分 ϵ_s に対する磁場の2次の項に起因する複屈折が生じる．これをコットン・ムートン (Cotton–Mouton) 効果またはフォークト (Voigt) 効果という．

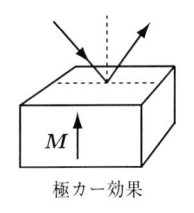

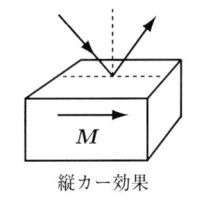

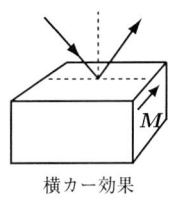

図 5.4 磁気カー効果

5.4.2 磁気カー効果

ファラディ効果は媒質を通過した光に対する旋光性であったが，同様の現象が強磁性体表面による反射光においても生じる．これを磁気カー効果 (magnetic Kerr effect) という．媒質の磁化 $\boldsymbol{M}$ の方向により図 5.4 のように 3 通りの配置に分類される．すなわち，磁化が反射面に垂直な極カー効果，反射面に平行で入射面に平行な縦カー効果，反射面に平行で入射面に垂直な横カー効果である．カー回転角は，さらに，入射光の偏光にも依存する．

ここでは，垂直入射の場合の極カー効果による反射光の回転角と楕円率を求めよう．この場合，媒質はファラディ効果の配置になるから，左右円偏光が固有偏光となる．偏光ベクトルを $\boldsymbol{u}_\pm = (\hat{\boldsymbol{x}} \pm i\hat{\boldsymbol{y}})/\sqrt{2}$ とする．ただし，$\hat{\boldsymbol{x}}, \hat{\boldsymbol{y}}$ は，それぞれ，x, y 方向の単位ベクトルである．左右円偏光に対する屈折率を $n_\pm$ とすると，振幅反射率は

$$r_\pm = \frac{n_\pm - 1}{n_\pm + 1} \tag{5.56}$$

で与えられる．x 方向の直線偏光を入射したとすると，入射光電場は $\boldsymbol{E}^I = E_0 \hat{\boldsymbol{x}} = (E_0/\sqrt{2})(\boldsymbol{u}_+ + \boldsymbol{u}_-)$ と書ける．このとき，反射光の電場 $\boldsymbol{E}^R$ は

$$\begin{aligned}\boldsymbol{E}^R &= \frac{E_0}{\sqrt{2}}(r_+ \boldsymbol{u}_+ + r_- \boldsymbol{u}_-) \\ &= E_0 \frac{r_+ + r_-}{2}\hat{\boldsymbol{x}} + iE_0 \frac{r_+ - r_-}{2}\hat{\boldsymbol{y}}\end{aligned} \tag{5.57}$$

となる．特に，屈折率差が十分小さい場合は，$n_\pm \approx n_0 \pm \delta n/2$ とすると

$$r_\pm \approx \frac{n_0 - 1}{n_0 + 1} \pm \frac{\delta n}{(n_0 + 1)^2} \tag{5.58}$$

と近似できる．このとき，反射光の電場は

$$\boldsymbol{E}^R \approx E_0 \frac{n_0 - 1}{n_0 + 1}\left\{\hat{\boldsymbol{x}} + \frac{i2\delta n}{n_0^2 - 1}\hat{\boldsymbol{y}}\right\} \tag{5.59}$$

と近似できる．反射光は楕円偏光になる．この偏光の主軸の方向，すなわち，カー効果による回転角を ψ，楕円率を $\tan\chi \approx \chi$ とする．そこで

$$Ae^{i\phi} = \frac{i2\delta n}{n_0^2 - 1} \tag{5.60}$$

とおくと，$A \ll 1$ を考慮して，3.1.5 項の解析から

$$\psi \approx A\cos\phi = -\Im\left[\frac{2\delta n}{n_0^2 - 1}\right]$$

$$\chi \approx A\sin\phi = \Re\left[\frac{2\delta n}{n_0^2 - 1}\right] \tag{5.61}$$

を得る．

6

分散と光エネルギー

6.1 電 磁 応 答

　本章では，分散と光のエネルギーについて論じる．

　はじめに，電場に対する媒質の応答を一般的な形で考察しよう．ここでは簡単のため，電場も分極もスカラー関数として扱う．以下の議論では，時間領域と周波数領域を区別して扱う必要がある．電場の時間波形 $E(t)$ に対するスペクトル $E(\omega)$ は，フーリエ変換 (Fourier transform)

$$E(\omega) = \int_{-\infty}^{\infty} E(t)e^{i\omega t}dt \tag{6.1}$$

で定義される．これに対する逆変換は

$$E(t) = \frac{1}{2\pi}\int_{-\infty}^{\infty} E(\omega)e^{-i\omega t}d\omega \tag{6.2}$$

で与えられる．$E(t)$ が実関数のとき，$E(-\omega) = E^*(\omega)$ の関係が成り立つ．

　さて，時刻 $t=0$ にデルタ関数的な電場がかかったときの媒質の分極を $R(t)$ としよう．関数 $R(t)$ をインパルス応答関数 (impulse response function)，あるいは単に応答関数という．分極は電場がかかる前には生じないから $t<0$ で $R(t)=0$ である．これを因果律 (causality) を満たすという．電場 $E(t)$ がかかったときの分極 $P(t)$ は，応答の線形性を仮定すると

$$P(t) = \int_{-\infty}^{t} R(t-t')E(t')dt' \tag{6.3}$$

と書ける．この式は，時刻 t' における電場 $E(t')$ が時刻 t における分極に対する寄与には重み関数 $R(t-t')$ がかかることを意味する．このとき，応答関数は，時

間差 $t - t'$ に依存し，時間の絶対値にはよらないことを仮定している．これを，定常性，または，時間に対するシフト不変性 (shift invariance) という．式 (6.3) の形の積分を合成積 (convolution) という．上式をフーリエ変換して，周波数成分に対する式を求めると

$$P(\omega) = \epsilon_0 \chi(\omega) E(\omega) \tag{6.4}$$

を得る．ここで

$$\epsilon_0 \chi(\omega) = \int_0^\infty R(t) e^{i\omega t} dt \tag{6.5}$$

は，インパルス応答関数のフーリエ変換で，一般に伝達関数 (transfer function) と呼ばれる．感受率や誘電率は，応答関数のフーリエ変換で与えられることが導かれた．

時間領域では，分極と電場の関係は積分で表されるが，周波数領域では単に伝達関数をかけるだけの簡単な関係で表される．これは線形系では異なる周波数成分は交じり合わず，系の伝達特性が周波数ごとに独立に決まることによる結果である．数学的には，式 (6.3) が合成積に書けることが本質的である．合成積のフーリエ変換が，各因子のフーリエ変換の積になるという事実を，合成積定理 (convolution theorem) という．

6.2 誘電体の誘電率

前節では抽象的な議論をしたので，ここでは簡単なモデルを仮定し，誘電率を具体的に求めよう[18]．本節では $\mu = 1$ を仮定する．分子気体を想定すると，物質は分子に束縛された電子（電気双極子）の集まりと考えられる．分子に電場がかかると，正負の電荷は逆方向に移動する．応答の大きさは，移動量と電荷の積で定義される電気双極子モーメントで表される．通常の光学の範囲では，双極子モーメントの大きさは電場に比例するから，外部電場 E がかかったときの，1 個の双極子の双極子モーメントを αE と表そう．ここで α は分極率 (polarizability) である．双極子間の相互作用を無視すると，巨視的な分極 P は，個々の電子の双極子モーメント αE を単位体積にわたって総和をとったものになる．よって，電子の密度を N とすると，分極は $P = N\alpha E$ で与えられる．電気感受率 $\epsilon_0 \chi$ は，分極と電場の比で定義される．これに ϵ_0 を足せば誘電率 $\epsilon_0 \epsilon$ が求まる．こうして，

電気感受率に対する式

$$\chi = \epsilon - 1 = \frac{N\alpha}{\epsilon_0} \tag{6.6}$$

が導かれる．

電磁場の下での双極子の運動は，古典的な調和振動子の強制振動を解くことにより求まる．双極子の大きさは光の波長に比べ十分小さいから，1個の双極子の運動を考える場合，光の電場は空間的に一様であるとしてよい．光の角周波数を ω，電場の複素振幅を $E = E_0 \exp(-i\omega t)$ とする．この電場の下での電子の運動は，運動方程式

$$m\frac{d^2 x}{dt^2} + m\gamma \frac{dx}{dt} + m\omega_0^2 x = -eE_0 e^{-i\omega t} \tag{6.7}$$

に従う．ここで，$x(t)$ は電子の平衡位置からの変位，m は電子の質量，$e > 0$ は素電荷，ω_0 は電子の共鳴周波数，$m\gamma$ は電子振動の減衰係数である．

方程式 (6.7) の定常解は，時間微分を $-i\omega$ で置き換えれば得られる．双極子モーメントは $-ex(t)$ で与えられるから，分極率 α は

$$\alpha = \frac{e^2}{m} \frac{1}{(\omega_0^2 - i\gamma\omega - \omega^2)} \tag{6.8}$$

と表される．よって，感受率および誘電率は

$$\chi = \epsilon - 1 = \frac{Ne^2}{\epsilon_0 m} \frac{1}{(\omega_0^2 - i\gamma\omega - \omega^2)} \tag{6.9}$$

となる．これをローレンツ (Lorentz) モデルという．

問題 6.1 ローレンツモデルのインパルス応答関数を求めよ．
解答 応答関数は $\epsilon_0 \chi(\omega)$ の逆フーリエ変換で与えられる．$\omega_0^2 - i\gamma\omega - \omega^2 = 0$ の根を $\omega_\pm$ とすると

$$\omega_\pm = \pm\omega_R - i\frac{\gamma}{2}$$

となる．ただし，$\omega_R = \sqrt{\omega_0^2 - \gamma^2/4}$ である．これを用いて，式 (6.9) の感受率は

$$\epsilon_0 \chi(\omega) = \frac{Ne^2}{2m\omega_R} \left\{ -\frac{1}{\omega - \omega_+} + \frac{1}{\omega - \omega_-} \right\}$$

と変形できる．ところで，α を $\Im[\alpha] < 0$ である複素数とすると，$1/(\omega - \alpha)$ の逆フーリエ変換は $-i\exp(-i\alpha t)H(t)$ で与えられる．ただし，$H(t)$ はヘビサイド (Heaviside)

の階段関数で，$t \geq 0$ で $H(t) = 1$，$t < 0$ で $H(t) = 0$ と定義される関数である．よって，インパルス応答関数は

$$R(t) = \frac{Ne^2}{m\omega_R} e^{-\gamma t/2} \sin \omega_R t H(t)$$

となる．

6.3 パルス伝搬と群速度

分散は光波伝搬に直接的な効果を持つ．時間的にも空間的にもある領域に閉じ込められたパルス，すなわち波束 (wave packet) の伝搬を考えよう．光電場の振幅 $\boldsymbol{E}(\boldsymbol{r}, t)$ は，平面波の重ね合わせで表すことができる．

$$\boldsymbol{E}(\boldsymbol{r}, t) = \iiint \boldsymbol{a}(\boldsymbol{k}) e^{i(\boldsymbol{k} \cdot \boldsymbol{r} - \omega t)} d\boldsymbol{k} \tag{6.10}$$

振幅 $\boldsymbol{a}(\boldsymbol{k})$ は任意の関数が許されるが，ここでは，周波数と伝搬方向が限られた光パルスの伝搬を考えよう．そこで次のように仮定する．パルスを形成する波動ベクトル $\boldsymbol{k}$ は，$\boldsymbol{k}_0$ の回りの狭い範囲に分布している．言い換えると，$\boldsymbol{k} = \boldsymbol{k}_0 + \Delta \boldsymbol{k}$ としたとき，複素振幅 $\boldsymbol{a}(\boldsymbol{k})$ は $\Delta \boldsymbol{k}$ が小さいときにのみ 0 ではない有限の値を持つ．そこで，位相を $\boldsymbol{k}_0$ の回りでテイラー展開しよう．準備として，角周波数 ω を波動ベクトル $\boldsymbol{k}$ の関数と考えてテイラー展開すると

$$\begin{aligned}\omega(\boldsymbol{k}) &= \omega(\boldsymbol{k}_0) + \sum_j \frac{\partial \omega}{\partial k_j} \Delta k_j + \frac{1}{2} \sum_{jl} \frac{\partial^2 \omega}{\partial k_j \partial k_l} \Delta k_j \Delta k_l + \cdots \\ &\equiv \omega_0 + \frac{\partial \omega}{\partial \boldsymbol{k}} \cdot \Delta \boldsymbol{k} + \frac{1}{2} \frac{\partial^2 \omega}{\partial \boldsymbol{k}^2} : \Delta \boldsymbol{k} \Delta \boldsymbol{k} + \cdots \end{aligned} \tag{6.11}$$

を得る．よって，位相 $\psi = \boldsymbol{k} \cdot \boldsymbol{r} - \omega t$ は

$$\psi = \boldsymbol{k}_0 \cdot \boldsymbol{r} - \omega_0 t + \Delta \boldsymbol{k} \cdot \left(\boldsymbol{r} - \frac{\partial \omega}{\partial \boldsymbol{k}} t\right) + \Delta_2 \psi \tag{6.12}$$

と展開できる．ここで，$\Delta_2 \psi$ は $\Delta \boldsymbol{k}$ の 2 次以上の項である．この式に登場する，ω の $\boldsymbol{k}$ による勾配の項は速度の次元を持つ量である．それを

$$\boldsymbol{v}_g = \frac{\partial \omega}{\partial \boldsymbol{k}} = \left(\frac{\partial \omega}{\partial k_1}, \ \frac{\partial \omega}{\partial k_2}, \ \frac{\partial \omega}{\partial k_3}\right) \tag{6.13}$$

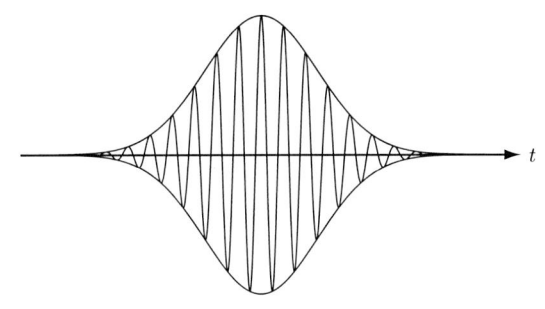

図 **6.1** 光パルス波形

と表す．これを群速度 (group velocity) という．位相を，展開の 1 次の項までで近似し，高次の項 $\Delta_2\psi$ を無視すると，式 (6.10) は

$$\bm{E}(\bm{r},t) \simeq \bm{A}(\bm{r}-\bm{v}_g t)e^{i(\bm{k}_0\cdot\bm{r}-\omega_0 t)}$$
$$\bm{A}(\bm{r}) = \iiint \bm{a}(\bm{k}_0+\Delta\bm{k})e^{i\Delta\bm{k}\cdot\bm{r}}d\Delta\bm{k} \tag{6.14}$$

と書ける．この式で，$\exp\{i(\bm{k}_0\cdot\bm{r}-\omega_0 t)\}$ は搬送波 (carrier) を表し，$\bm{A}(\bm{r})$ がパルスの包絡線 (envelope) を表す．式 (6.14) が意味するところは，パルスの包絡線は，形状を保ったまま群速度 $\bm{v}_g$ で空間を伝わることである．この速度は，搬送波の位相速度とは一般に異なる．図 6.1 は光パルス波形の概念図であるが，包絡線と搬送波 (内部の細かい振動) は異なる速度で進むので，光波の伝搬により位置関係が相対的に移動する．

等方媒質中の群速度は

$$\bm{v}_g = \frac{c}{n_g}\bm{e} \tag{6.15}$$

と表される．ただし，n_g は

$$n_g = \frac{d(\omega n)}{d\omega} = n + \omega\frac{dn}{d\omega} \tag{6.16}$$

で，群屈折率 (group index) という．群速度はパルスのピークの移動する速度であるから，光のエネルギーの伝わる速度であると考えられる (問題 6.4, p.115 参照).

スペクトル幅の広い超短パルスでは，高次の分散 $\Delta_2\psi$ が問題になる．これを群速度分散 (group velocity dispersion) と呼ぶ．高速の光ファイバー通信では，高次の分散の効果はパルス波形が時間的に伸びてしまう主要な原因の一つとなる．さらに，屈折率が光の強度に依存して変化する非線形光学効果も考慮しなくては

ならない．これについては，専門書を参照されたい[19,20]．

問題 6.2　群速度の式 (6.15) を確かめよ．
解答　等方媒質であるから ω は $\boldsymbol{k} = k\boldsymbol{e}$ の大きさ $k = \sqrt{k_1^2 + k_2^2 + k_3^2}$ にのみ依存する．よって，群速度の定義式 (6.13) より，群速度の x 成分は

$$v_{g1} = \frac{\partial \omega}{\partial k_1} = \frac{d\omega}{dk}\frac{\partial k}{\partial k_1} = \frac{d\omega}{dk}e_1$$

となる．y, z 成分についても同様であるから，$\boldsymbol{v}_g = (d\omega/dk)\boldsymbol{e}$ となることが分かる．さて，屈折率 n は周波数の関数となることを考慮し，$k = \omega n(\omega)/c$ を k で微分することにより

$$1 = \frac{1}{c}\frac{d(\omega n)}{d\omega}\frac{d\omega}{dk}$$

を得る．これから，群速度の大きさ

$$v_g = \frac{d\omega}{dk} = \frac{c}{d(\omega n)/d\omega}$$

が導かれる．

6.4　分散媒質中の光エネルギー

6.4.1　エネルギーの平衡方程式

光のエネルギー密度と媒質中の伝搬について，分散が無視できる簡単な場合については 1.4 節で議論した．ここでは分散媒質中の光波について，マクスウェル方程式に戻って考察しよう．本節と次節では，電磁波の実表現を用いる．複素表現と区別するため，添字 r をつける．

1.4 節で，光の強度はポインティングベクトルで表されると述べた．このことを確かめよう．改めて，ポインティングベクトルとは

$$\boldsymbol{S}_r = \boldsymbol{E}_r \times \boldsymbol{H}_r \tag{6.17}$$

と表されるベクトルである．これの発散をとり，マクスウェル方程式 (1.1) を用いて変形すると

$$\nabla \cdot \boldsymbol{S}_r = \nabla \cdot (\boldsymbol{E}_r \times \boldsymbol{H}_r) = \boldsymbol{H}_r \cdot (\nabla \times \boldsymbol{E}_r) - \boldsymbol{E}_r \cdot (\nabla \times \boldsymbol{H}_r)$$
$$= -\boldsymbol{H}_r \cdot \frac{\partial \boldsymbol{B}_r}{\partial t} - \boldsymbol{E}_r \cdot \frac{\partial \boldsymbol{D}_r}{\partial t} - \boldsymbol{E}_r \cdot \boldsymbol{J}_r \tag{6.18}$$

を得る．ただし，ベクトル演算公式 (A.9) を用いた．そこで，エネルギー密度の時間変化を

$$\frac{\partial \mathcal{U}}{\partial t} = \bm{E}_r \cdot \frac{\partial \bm{D}_r}{\partial t} + \bm{H}_r \cdot \frac{\partial \bm{B}_r}{\partial t} \tag{6.19}$$

と定義すると

$$\frac{\partial \mathcal{U}}{\partial t} + \mathrm{div}\,\bm{S}_r = -\bm{E}_r \cdot \bm{J}_r \tag{6.20}$$

が導かれる．この式の時間平均をとると

$$\frac{\partial U}{\partial t} + \mathrm{div}\,\bm{S} = -Q_J \tag{6.21}$$

と書き換えられる．ここで

$$\frac{\partial U}{\partial t} = \left\langle \frac{\partial \mathcal{U}}{\partial t} \right\rangle = \frac{1}{2}\Re\left[\bm{E}^* \cdot \frac{\partial \bm{D}}{\partial t} + \bm{H}^* \cdot \frac{\partial \bm{B}}{\partial t}\right] \tag{6.22}$$

はエネルギー密度の変化率である．$\bm{S}$ はポインティングベクトルの時間平均で

$$\bm{S} = \langle \bm{S}_r \rangle = \frac{1}{2}\Re[\bm{E}^* \times \bm{H}] \tag{6.23}$$

である．そして

$$Q_J = \langle \bm{E}_r \cdot \bm{J}_r \rangle = \frac{1}{2}\Re[\bm{E}^* \cdot \bm{J}] \tag{6.24}$$

はジュール (Joule) 熱による発熱を表す．式 (6.21) の右辺が 0 のとき，すなわちジュール熱によるエネルギー損失がないとき，この方程式は，エネルギー密度 U の変化が，流れのベクトル $\bm{S}$ に伴うエネルギーの流入，流出のみによることを表し，エネルギーが保存されることを意味する．ジュール熱があるときは，光エネルギーの一部が熱エネルギーに変わり，その分だけ光のエネルギー密度が減少する．以上の考察から，ポインティングベクトルがエネルギーの流れを表すことが確かめられた．

6.4.2　分散媒質中の電磁場のエネルギー密度

分散の効果を考慮すると，1.4 節で求めた式 (1.31) のエネルギー密度の表示に修正が必要になる．分散は考慮するが，吸収は無視できるほど小さいと仮定する．ここでは，式 (6.22) を積分してエネルギー密度を求めるが，積分を実行するために数学的な技巧を導入する．純粋な単色波では，この積分は不定となってしまう．

そこで，周波数を複素数に拡張し，$t = -\infty$ からゆっくりと立ち上がるような電磁場を考えよう．具体的には，ν を小さな正の数として，$t \leq 0$ で $\exp(-i\omega t + \nu t)$ の形を持つとするのである．すなわち，$s = \omega + i\nu$ とおいて

$$\boldsymbol{E}(t) = \boldsymbol{E}_0 e^{-ist}, \qquad \boldsymbol{D}(t) = \epsilon_0 \epsilon(s) \boldsymbol{E}_0 e^{-ist} \tag{6.25}$$

と仮定する．これならば，$t \to -\infty$ で電磁場は 0 となり，$-\infty < t \leq 0$ の区間で積分可能になる．事実，これを式 (6.22) の電場部分に代入し，積分すると

$$\begin{aligned} U_e &= \frac{1}{2}\Re \left[\int_{-\infty}^{0} \boldsymbol{E}^*(t) \frac{\partial}{\partial t} \boldsymbol{D}(t) dt \right] \\ &= \frac{1}{2}\Re \left[-\boldsymbol{E}_0^* i s \epsilon_0 \epsilon(s) \boldsymbol{E}_0 \int_{-\infty}^{0} e^{2\nu t} dt \right] \\ &= \frac{1}{4\nu} \Im \left[s\epsilon(s) \right] \epsilon_0 |E|^2 \end{aligned} \tag{6.26}$$

を得る．ただし，$|E| = |\boldsymbol{E}(0)| = |\boldsymbol{E}_0|$ である．ν は十分小さいとして，テイラー展開の 1 次の項までで打ち切ると

$$\Im \left[s\epsilon(s) \right] \approx \Im \left[\omega\epsilon(\omega) + i\nu \frac{d(\omega\epsilon)}{d\omega} \right] = \nu \frac{d(\omega\epsilon)}{d\omega} \tag{6.27}$$

と近似できる．ただし，吸収は無視でき，誘電率は実であるとした．これを式 (6.26) に代入すれば電場のエネルギーが求まる．磁場のエネルギーも同様にして求められる．以上をまとめて，電磁場のエネルギー密度は

$$U = \frac{1}{4}\epsilon_0 \frac{d(\omega\epsilon)}{d\omega}|E|^2 + \frac{1}{4}\mu_0 \frac{d(\omega\mu)}{d\omega}|H|^2 \tag{6.28}$$

となることが導かれる．分散が無視できれば，上式は式 (1.31) に帰着する．

問題 6.3 $\epsilon_0\epsilon|E|^2 = \mu_0\mu|H|^2$ の関係が成り立つとき，式 (6.28) は

$$U = \frac{1}{2}\epsilon_0 n \frac{d(\omega n)}{d\omega}|E|^2 \tag{6.29}$$

と書けることを示せ．

解答 直接計算して

$$\begin{aligned} U &= \frac{1}{4}\epsilon_0 \left\{ \frac{d(\omega\epsilon)}{d\omega} + \frac{\epsilon}{\mu}\frac{d(\omega\mu)}{d\omega} \right\} |E|^2 \\ &= \frac{1}{2}\epsilon_0 \sqrt{\frac{\epsilon}{\mu}} \frac{d(\omega\sqrt{\epsilon\mu})}{d\omega}|E|^2 \end{aligned}$$

が確かめられる．

問題 6.4 光の強度は，エネルギー密度に速度をかけた値に等しくなるはずである．この速度をエネルギー速度 v_E という．光の強度 I は式 (1.34) で与えられる．エネルギー密度がそれぞれ式 (1.31) および (6.29) で与えられるときのエネルギー速度を求めよ．

解答 エネルギー密度が式 (1.31) で与えられるとき，エネルギー速度は

$$v_E = \frac{c}{n}$$

と位相速度に一致する．一方，エネルギー密度が式 (6.29) のとき，エネルギー速度は，式 (6.16) で定義される群屈折率を用いて

$$v_E = \frac{c}{n_g} \tag{6.30}$$

となる．この結果は，エネルギー速度が群速度に等しいことを意味する．

6.5 吸 収

6.5.1 振幅の減衰

本節では，複素誘電率や複素透磁率の虚部が媒質による吸収を与えることを確かめる[*1]．媒質の複素誘電率を $\epsilon = \epsilon' + i\epsilon''$ とし，複素透磁率を $\mu = \mu' + i\mu''$ とする．これに応じて，屈折率やアドミッタンスも複素数になる．

$$n = n' + in'' = \sqrt{\epsilon\mu}$$
$$m = m' + im'' = \sqrt{\frac{\epsilon}{\mu}} = \frac{\sqrt{\epsilon\mu^*}}{|\mu|} \tag{6.31}$$

平方根をとるときに符号を定めなくてはならないが，屈折率については，虚部を $n'' \geq 0$ にとり，アドミッタンスについては，実部を $m' \geq 0$ にとる[*2]．

吸収媒質の境界面を $z = 0$ 面とし，光波は境界面に垂直に $+z$ 軸方向に進むものとする．また，媒質は等方的であるとする．波動ベクトル $\boldsymbol{k}$ は

$$\boldsymbol{k} = \boldsymbol{k}' + i\boldsymbol{k}'' = k_0(n' + in'')\hat{\boldsymbol{z}} \tag{6.32}$$

と書ける．ただし，$k_0 = \omega/c$ であり，$\hat{\boldsymbol{z}}$ は z 方向の単位ベクトルである．この波

[*1] 透過光がエネルギーを失う要因には散乱もあるが，ここでは考えない．
[*2] 11.3 節も参照せよ．

動ベクトルを使うと，周波数 ω の平面波の波動関数は

$$\psi(\boldsymbol{r}) = e^{i\boldsymbol{k}\cdot\boldsymbol{r}} = e^{ik_0 n' z} e^{-k_0 n'' z} \tag{6.33}$$

となる．

振幅は表面に垂直にとった深さ方向 ($+z$ 方向) に指数関数的に減衰する．光強度はこの 2 乗で減衰するから，吸収係数は $\alpha = 2k_0 n''$ で与えられる．

6.5.2　エネルギー損失率

誘電率が複素数になるということは，$\epsilon = |\epsilon|\exp(i\phi_\epsilon)$ と極座標で表すと，電場と電束密度の間に ϕ_ϵ の位相ずれが生じるということである．すなわち，電場と電束密度は実数表示で

$$\begin{aligned} \boldsymbol{E}_r &= \boldsymbol{E}_0 e^{-k_0 n'' z} \cos(k_0 n' z - \omega t) \\ \boldsymbol{D}_r &= \epsilon_0 |\epsilon| \boldsymbol{E}_0 e^{-k_0 n'' z} \cos(k_0 n' z - \omega t + \phi_\epsilon) \end{aligned} \tag{6.34}$$

と書けることを意味する．磁場と磁束密度についても，同様の式が成り立つ．

媒質中の電場のエネルギーの損失率 Q_e は

$$Q_e = \left\langle \boldsymbol{E}_r \cdot \frac{d\boldsymbol{D}_r}{dt} \right\rangle \tag{6.35}$$

で与えられる[*3)]．ただし，$\langle \cdots \rangle$ は時間平均をとることを意味する．式 (6.34) を代入すると，損失率 Q_e は

$$Q_e = \frac{1}{2}\omega\epsilon_0 |\epsilon| \sin\phi_\epsilon |E(z)|^2 = \frac{1}{2}\omega\epsilon_0 \epsilon'' |E(z)|^2 \tag{6.36}$$

となる．ただし，$|E(z)| = |\boldsymbol{E}_0|\exp(-k_0 n'' z)$ とおいた．この結果は，式 (6.35) に，$\boldsymbol{E}_r = \Re[\boldsymbol{E}]$ と $d\boldsymbol{D}_r/dt = \Re[-i\omega\epsilon_0 \epsilon \boldsymbol{E}] = \omega\epsilon_0 \Im[\epsilon \boldsymbol{E}]$ を代入しても得られる．磁場エネルギーについても同様の式が得られるから，全損失率は

$$Q = \frac{1}{2}\omega\epsilon_0 \epsilon'' |E(z)|^2 + \frac{1}{2}\omega\mu_0 \mu'' |H(z)|^2 \tag{6.37}$$

となる．

次に，ポインティングベクトルを計算しよう．アドミッタンスも複素数になる

[*3)]　問題 6.6 を参照せよ．

から，電場と磁場の間にも位相ずれが生じる．m を複素数として，$H = Y_0 m E$ を式 (1.33) に代入すると，光強度 I は

$$I = |\boldsymbol{S}| = \frac{1}{2} Y_0 m' |E(z)|^2 \tag{6.38}$$

と，アドミッタンスの実部を用いて書ける．

問題 6.5 異方性媒質中のエネルギー損失率を求めよ．
解答 最も一般的な場合を考え，構成関係式が

$$\boldsymbol{D} = \epsilon_0 \epsilon \boldsymbol{E} + \xi \boldsymbol{H}$$
$$\boldsymbol{B} = \zeta \boldsymbol{E} + \mu_0 \mu \boldsymbol{H}$$

で与えられるとする．角周波数 ω の平面波に対するエネルギー損失率は

$$\begin{aligned}
Q &= \frac{1}{2} \Re [\boldsymbol{E}^* \cdot \dot{\boldsymbol{D}} + \boldsymbol{H}^* \cdot \dot{\boldsymbol{B}}] \\
&= \frac{1}{2} \Re \left[-i\omega \{ E_j^* \epsilon_0 \epsilon_{jk} E_k + E_j^* \xi_{jk} H_k + H_j^* \zeta_{jk} E_k + H_j^* \mu_0 \mu_{jk} H_k \} \right] \\
&= \frac{\omega}{2} \Big\{ \epsilon_0 (\epsilon_{jk} - \epsilon_{kj}^*) E_j^* E_k + (\xi_{jk} - \zeta_{kj}^*) E_j^* H_k \\
&\qquad + (\zeta_{kj} - \xi_{jk}^*) E_j H_k^* + \mu_0 (\mu_{jk} - \mu_{kj}^*) H_j^* H_k \Big\}
\end{aligned}$$

となる．ただし，ドットは時間微分を意味する．また，総和記号を省略するアインシュタインの規約を用いた．これから，吸収がない条件は

$$\epsilon_{jk} = \epsilon_{kj}^*, \qquad \mu_{jk} = \mu_{kj}^*, \qquad \xi_{jk} = \zeta_{kj}^*$$

を満たすことである．これは，$\epsilon, \xi, \zeta, \mu$ からなる 6 行 6 列の行列を用いて書き換えると

$$\begin{pmatrix} \epsilon_0 \epsilon & \xi \\ \zeta & \mu_0 \mu \end{pmatrix}^\dagger = \begin{pmatrix} \epsilon_0 \epsilon^\dagger & \zeta^\dagger \\ \xi^\dagger & \mu_0 \mu^\dagger \end{pmatrix} = \begin{pmatrix} \epsilon_0 \epsilon & \xi \\ \zeta & \mu_0 \mu \end{pmatrix}$$

を満たすこと，すなわち，エルミート (Hermite) 行列になることである．ここで，$\dagger$ はエルミート共役，すなわち，転置行列の複素共役を意味する．

問題 6.6 式 (6.24) の Q_J は，媒質中を自由に動く電荷 (真電荷) によるジュール損失を表す．電磁気学によれば，媒質中には真電流のほかに，束縛された電荷に由来する，分極電流 $\boldsymbol{J}^P = \dot{\boldsymbol{P}}$ と磁化電流 $\boldsymbol{J}^M = \mathrm{rot}\,\boldsymbol{M}$ が存在する．ただし，ドットは時間微分を意味する．これらの電流によるジュール損失は

$$Q_e = \langle \boldsymbol{E}_r \cdot \boldsymbol{J}_r^P \rangle = \langle \boldsymbol{E}_r \cdot \dot{\boldsymbol{P}}_r \rangle$$
$$Q_m = \langle \boldsymbol{E}_r \cdot \boldsymbol{J}_r^M \rangle = \langle \boldsymbol{E}_r \cdot \operatorname{rot} \boldsymbol{M}_r \rangle \tag{6.39}$$

となる.これらはそれぞれ,式 (6.22) のエネルギー密度の変化率

$$\dot{U}_e = \langle \boldsymbol{E}_r \cdot \dot{\boldsymbol{D}}_r \rangle, \qquad \dot{U}_m = \langle \boldsymbol{H}_r \cdot \dot{\boldsymbol{B}}_r \rangle \tag{6.40}$$

と関係づけられることを示せ.

解答 はじめに,$\dot{U}_e$ を考える.構成方程式より,$\dot{\boldsymbol{D}}_r = \epsilon_0 \dot{\boldsymbol{E}}_r + \dot{\boldsymbol{P}}_r$ である.$\boldsymbol{E}_r$ とその時間微分 $\dot{\boldsymbol{E}}_r$ の間には 90°の位相差があるから,両者の積は時間平均をとると消える.式で表すと,$\langle \boldsymbol{E}_r \cdot \dot{\boldsymbol{E}}_r \rangle = (1/2)\langle d\boldsymbol{E}_r^2/dt \rangle = 0$ が成り立つ.よって

$$\dot{U}_e = \langle \boldsymbol{E}_r \cdot \dot{\boldsymbol{D}}_r \rangle = \langle \boldsymbol{E}_r \cdot \dot{\boldsymbol{P}}_r \rangle = \langle \boldsymbol{E}_r \cdot \boldsymbol{J}_r^P \rangle = Q_e$$

が導かれる.

次に $\dot{U}_m$ を考えよう.$\boldsymbol{B}_r$ についても,$\langle \boldsymbol{B}_r \cdot \dot{\boldsymbol{B}}_r \rangle = 0$ が成り立つ.さらに,マクスウェル方程式から,$\dot{\boldsymbol{B}}_r = -\operatorname{rot} \boldsymbol{E}_r$ であるから,$\dot{U}_m = \langle \boldsymbol{H}_r \cdot \dot{\boldsymbol{B}}_r \rangle = -\langle \boldsymbol{M}_r \cdot \dot{\boldsymbol{B}}_r \rangle = \langle \boldsymbol{M}_r \cdot \operatorname{rot} \boldsymbol{E}_r \rangle$ と変形できる.ところが,ベクトル演算公式 (A.9) から,関係式 $\boldsymbol{M}_r \cdot \operatorname{rot} \boldsymbol{E}_r = \boldsymbol{E}_r \cdot \operatorname{rot} \boldsymbol{M}_r + \operatorname{div}(\boldsymbol{E}_r \times \boldsymbol{M}_r)$ が導かれる.以上をまとめると

$$\dot{U}_m = Q_m + \operatorname{div}\langle \boldsymbol{E}_r \times \boldsymbol{M}_r \rangle$$

が得られる.第 2 項の発散の項は,エネルギーの流れを表し,エネルギー損失には寄与しない.よって,磁気エネルギーの損失に寄与する項は Q_m である.

問題 6.7 損失率を Q,光の強度を I とすると,吸収係数 α は

$$\alpha = \frac{Q}{I} \tag{6.41}$$

と表されることを確かめよ.

解答 損失率と光強度はそれぞれ,式 (6.37) と式 (6.38) で与えられる.$|H(z)|^2 = (\epsilon_0/\mu_0)|\epsilon/\mu||E(z)|^2$ であることを考慮すると

$$\frac{Q}{I} = k_0 \frac{|\mu|\epsilon'' + |\epsilon|\mu''}{|\mu|m'}$$

と書ける.一方,$\alpha = 2k_0 n''$ であるから,式 (6.31) を用い ϵ, μ で表した式

$$|\mu|\epsilon'' + |\epsilon|\mu'' = 2|\mu|m'n'' = 2\Re[\sqrt{\epsilon\mu^*}]\Im[\sqrt{\epsilon\mu}]$$

が恒等式であることを確かめればよい.そこで,$\epsilon = |\epsilon|\exp(i\phi_\epsilon)$,および,$\mu = |\mu|\exp(i\phi_\mu)$ を代入すると,左辺は $|\epsilon\mu|(\sin\phi_\epsilon + \sin\phi_\mu)$ となり,右辺は,$2|\epsilon\mu|\sin[(\phi_\epsilon + \phi_\mu)/2]\cos[(\phi_\epsilon - \phi_\mu)/2]$ となる.この 2 式が等しいことは,三角関数の公式を用いて容易に証明できる.よって,式 (6.41) が確かめられた.

7

金　　　属

7.1　金属中のマクスウェル方程式

　光学では，金属は主に反射鏡として用いられる．金属中では非常に大きな減衰があるため，内部の伝搬を積極的に利用することはない．しかし，表面における反射を考えるとき，金属内部の光波伝搬を考慮する必要がある．1章で議論した，媒質中の光波伝搬の議論を，電流が存在する金属の場合に拡張しよう．角周波数 ω, 波動ベクトル $\bm{k}$ の単色平面波の伝搬を考える．すべての物理量が $\exp[i(\bm{k}\cdot\bm{r}-\omega t)]$ の形の波動関数を持つとしてマクスウェル方程式 (1.1) に代入すると

$$\bm{k}\times\bm{H} = -\omega\epsilon_0\epsilon\bm{E} - i\sigma\bm{E} = -\omega\epsilon_0\left(\epsilon + \frac{i\sigma}{\omega\epsilon_0}\right)\bm{E} \tag{7.1a}$$

$$\bm{k}\times\bm{E} = \omega\mu_0\mu\bm{H} \tag{7.1b}$$

$$\bm{k}\cdot\bm{D} = -i\rho \tag{7.1c}$$

$$\bm{k}\cdot\bm{B} = 0 \tag{7.1d}$$

が導かれる．ここで，σ は電気伝導率である．この式をもう少し変形しよう．電荷保存の式 (1.8) より，電荷密度の ω で振動する成分は

$$\omega\rho = \bm{k}\cdot\bm{J} = \sigma\bm{k}\cdot\bm{E} \tag{7.2}$$

で与えられる[*1]．これを式 (7.1c) に代入すると

$$\bm{k}\cdot\epsilon_0\left(\epsilon + \frac{i\sigma}{\omega\epsilon_0}\right)\bm{E} = 0 \tag{7.3}$$

[*1] 実際には，式 (7.3) から明らかな通り $\rho=0$ であるから，ことさら電荷密度を求める必要はないのであるが，7.4 節で議論する異方性媒質では，電荷密度は 0 にならない．

を得る.これと式 (7.1a) から,複素誘電率を

$$\tilde{\epsilon} = \epsilon + \frac{i\sigma}{\omega\epsilon_0} \qquad (7.4)$$

と定義し,改めて $\bm{D} = \epsilon_0\tilde{\epsilon}\bm{E}$ とすると,電流と電荷密度の項を複素誘電率に組み込むことができる.そこで,誘電率ははじめから複素数であるとして,複素誘電率 $\tilde{\epsilon}$ を改めて ϵ と書くことにすると,1章で導かれたマクスウェル方程式 (1.16) が再び導かれる.要するに,誘電率を複素数に拡張することで電流の効果を取り込むことができ,金属中の光波の伝搬を議論できる.

7.2 金属の誘電率

金属の誘電率は,自由電子からの寄与と,原子 (イオン) に捕らえられた束縛電子からの寄与の和になる.後者については誘電体の場合と本質的に変わらない.本節では自由電子の寄与を考察しよう[21].自由電子は固体内部にプラズマ状態を形成すると考えられる.プラズマとは,正電荷 (イオン) と負電荷 (電子) からなる気体で,電気的に中性なものを指す.ここでは,最も簡単な場合を想定し,外部磁場はなく,また,電荷の熱運動も無視できるとしよう.また,荷電粒子の電荷を $-e$ とし,イオンは 1 価で電荷は $+e$ であるとする.電子の密度を N,イオンの密度を N_i とすると,中性条件から,平均的には $N = N_i$ を満たす.局所的には中性条件は破られ,電荷密度は $\rho = e(N_i - N)$ で与えられる.

さて,プラズマ中に振動電場 $\bm{E}(t) = \bm{E}_0 \exp(-i\omega t)$ が存在したとしよう.j 番目の電子の位置ベクトルを $\bm{r}_j$,速度を $\bm{v}_j = d\bm{r}_j/dt$ とする.電子は運動方程式

$$m\frac{d\bm{v}_j}{dt} + m\gamma\bm{v}_j = -e\bm{E}_0 e^{-i\omega t} \qquad (7.5)$$

に従って運動する.ここで,m は電子の質量,$m\gamma$ は荷電粒子間の衝突に起因する平均的な減衰定数である.類似の式がイオンに対しても成り立つが,イオンの質量は電子に比べて十分大きいから,イオンの運動は無視できるものとしよう.運動方程式を解いて

$$\bm{v}_j = \frac{-ie}{m(\omega + i\gamma)}\bm{E}_0 e^{-i\omega t} \qquad (7.6)$$

を得る.電流密度 $\bm{J}$ は,電子の運ぶ電荷量 $-e\bm{v}_j$ に密度をかければよいから

$$\boldsymbol{J} = -Ne\boldsymbol{v}_j = \frac{iNe^2}{m(\omega+i\gamma)}\boldsymbol{E}_0 e^{-i\omega t} \tag{7.7}$$

となる．よって，電気伝導度は $\sigma = iNe^2/m(\omega+i\gamma)$ で与えられる．最後に，式 (7.4) より，プラズマの比誘電率

$$\epsilon = 1 + \frac{i\sigma}{\omega\epsilon_0} = 1 - \frac{\omega_p^2}{\omega(\omega+i\gamma)} \tag{7.8}$$

が導かれる．ここで

$$\omega_p^2 = \frac{Ne^2}{m\epsilon_0} \tag{7.9}$$

はプラズマ周波数 (plasma frequency) である．式 (7.8) をドルーデ (Drude) モデルという．この分散式は，ローレンツモデル式 (6.9) で $\omega_0 = 0$ とおいた場合に一致することを注意しておこう．

金属のプラズマ周波数は，だいたい紫外線領域にある．よって，可視から赤外線領域で金属の誘電率の実部は大きな負の値をとる．虚部は正の値をとるが，絶対値は実部に比べて小さい．よって，近似的に $\epsilon \approx -|\epsilon'|$ とおける．

7.3 金属反射

誘電体から金属表面へ入射した光波の反射を考えよう．誘電体の屈折率を n_1，金属の複素屈折率を $n_2 = n_2' + in_2''$ とする．入射角を θ_1 とすると，スネルの法則

$$n_1 \sin\theta_1 = n_2 \sin\theta_2 = \xi \tag{7.10}$$

が成り立つ．n_2 が複素数だから，金属中の屈折角 θ_2 は複素数になる．入射面を xz 面にとると，金属中の光波の波動ベクトル $\boldsymbol{k}_2$ は

$$\boldsymbol{k}_2 = k_0 \begin{pmatrix} \xi \\ 0 \\ n_2\cos\theta_2 \end{pmatrix} \tag{7.11}$$

と書ける．ただし，$k_0 = \omega/c$ である．波動ベクトルの z 成分は

$$n_2 \cos\theta_2 = \sqrt{n_2^2 - \xi^2} \tag{7.12}$$

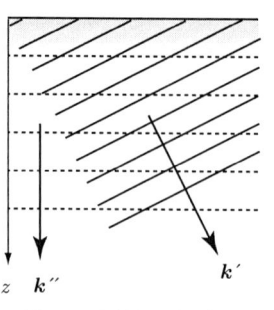

図 7.1 金属中の光の伝搬

と変形できる．これを，$n_2\cos\theta_2 \equiv a+ib$ とおくと

$$a^2 - b^2 = n_2'^2 - n_2''^2 - \xi^2, \qquad ab = n_2'n_2'' \tag{7.13}$$

が成り立つ．これを解いて

$$2a^2 = \sqrt{(n_2'^2 - n_2''^2 - \xi^2)^2 + 4n_2'^2 n_2''^2} + (n_2'^2 - n_2''^2 - \xi^2)$$
$$2b^2 = \sqrt{(n_2'^2 - n_2''^2 - \xi^2)^2 + 4n_2'^2 n_2''^2} - (n_2'^2 - n_2''^2 - \xi^2) \tag{7.14}$$

が得られる．波動ベクトルを実部と虚部に分けて

$$\bm{k} = \bm{k}' + i\bm{k}'' = k_0 \begin{pmatrix} \xi \\ 0 \\ a \end{pmatrix} + ik_0 \begin{pmatrix} 0 \\ 0 \\ b \end{pmatrix} \tag{7.15}$$

とすると，波動関数は

$$\psi(\bm{r}) = e^{i\bm{k}'\cdot\bm{r}} e^{-\bm{k}''\cdot\bm{r}} = e^{ik_0(\xi x + az)} e^{-k_0 bz} \tag{7.16}$$

となる．これから，振幅は表面に垂直にとった深さ方向 (z 方向) に指数関数的に減衰する．図 7.1 の波線が等振幅面を表す．浸入深さは $\delta = (k_0 b)^{-1} = \lambda/(2\pi b)$ 程度である．短波長になるほど浸入深さは浅くなる．一方，等位相面は $\bm{k}'\cdot\bm{r} =$ const の面で与えられ（図 7.1 の実線），波面法線は $\bm{k}'$ の方向を向く．

s 偏光，p 偏光の電磁場と波動ベクトルの関係は，屈折率 n_2 を複素数とするだけで，吸収がない場合の式がそのまま成り立つ．磁場と電場の関係は式 (1.25) で与えられ，また，s 偏光，p 偏光の電磁場はそれぞれ式 (2.8), (2.9) および式 (2.14),

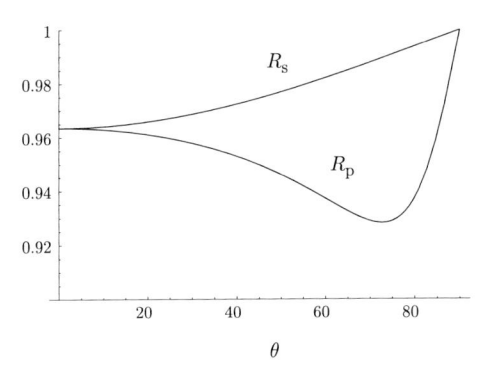

図 **7.2** 波長 0.56 μm における銀の反射率の入射角依存性

(2.15) で与えられる．フレネル係数についても，形式的には変わらない．

反射係数および反射率を求めよう．以下では，簡単のため $\mu_1 = \mu_2 = 1$ とする．s 偏光では，反射係数は

$$r_s = \frac{n_1 \cos\theta_1 - n_2 \cos\theta_2}{n_1 \cos\theta_1 + n_2 \cos\theta_2} = \frac{n_1 \cos\theta_1 - a - ib}{n_1 \cos\theta_1 + a + ib} \tag{7.17}$$

となり，したがって反射率は

$$R_s = \frac{(n_1 \cos\theta_1 - a)^2 + b^2}{(n_1 \cos\theta_1 + a)^2 + b^2} \tag{7.18}$$

となる．

同様にして p 偏光では

$$r_p = \frac{n_2 \cos\theta_1 - n_1 \cos\theta_2}{n_2 \cos\theta_1 + n_1 \cos\theta_2} = \frac{n_2^2 \cos\theta_1 - n_1(a + ib)}{n_2^2 \cos\theta_1 + n_1(a + ib)} \tag{7.19}$$

となり，したがって反射率は

$$R_p = \frac{[(n_2'^2 - n_2''^2)\cos\theta_1 - n_1 a]^2 + (2n_2' n_2'' \cos\theta_1 - n_1 b)^2}{[(n_2'^2 - n_2''^2)\cos\theta_1 + n_1 a]^2 + (2n_2' n_2'' \cos\theta_1 + n_1 b)^2} \tag{7.20}$$

となる．

例を挙げよう．銀の波長 0.56 μm における複素屈折率は $n = 0.12 + 3.45i$ で与えられる．このときの反射率を計算すると図 7.2 のようになる．反射率は全般的に高いが，p 偏光については誘電体と同じように一度落ちてから，かすり入射で 1 に戻る．

7.4 ポラロイド

偏光子として広く用いられるポラロイドは，1方向のみに電流を流す媒質である．このような媒質の光学を考えよう．電流は y 方向にのみ流れるとする．したがって，マクスウェル方程式は，$\mu = 1$ として

$$\bm{k} \times \bm{H} = -\omega \epsilon_0 \epsilon \bm{E} - i\sigma E_y \hat{\bm{y}} \tag{7.21a}$$

$$\bm{k} \times \bm{E} = \omega \mu_0 \bm{H} \tag{7.21b}$$

$$\epsilon_0 \epsilon \bm{k} \cdot \bm{E} = -i\frac{\sigma}{\omega} k_y E_y \tag{7.21c}$$

$$\mu_0 \bm{k} \cdot \bm{H} = 0 \tag{7.21d}$$

となる．ここで，$\hat{\bm{y}}$ は y 方向の単位ベクトルである．また，式 (7.2) を用い，電荷密度 ρ を電場で表した．この結果は，誘電率が異方性をもち

$$\tilde{\epsilon} = \begin{pmatrix} \epsilon & 0 & 0 \\ 0 & \epsilon + \chi_J & 0 \\ 0 & 0 & \epsilon \end{pmatrix} \tag{7.22}$$

となったことに相当する．ただし，$\chi_J = i\sigma/\epsilon_0 \omega$ は電流に起因する等価感受率である．この結果は，ポラロイドが，常光線主誘電率が $N_o^2 = \epsilon$，異常光線主誘電率が $N_e^2 = \epsilon + \chi_J$ の一軸結晶として記述できることを意味する．特に，金属の誘電率が負の実数で近似できる場合，$N_o^2 > 0$ で $N_e^2 < 0$ である．

一軸結晶の光学の詳細は，4.8 節で論じた．それによれば，一軸結晶中を伝搬する光波は，常光線と異常光線の二つの固有偏光に分けられる．常光線に対する屈折率は，伝搬方向によらず常に $n = N_o$ で与えられる．常光線では電束密度と電場は平行で，y 軸に直交する．

異常光線については，吸収があるため波動ベクトルは複素数になるが，吸収がない場合と形式的に同じ式が成り立ち，実数を複素数に拡張するだけでよい．一軸結晶の異常光線の屈折率の式 (4.48a) を，波動ベクトル $\bm{k}$ で表すと，光学軸は y 方向になるから

$$\frac{k_1^2 + k_3^2}{N_e^2} + \frac{k_2^2}{N_o^2} = k_0^2 \tag{7.23}$$

と書ける．スネルの法則から，$\boldsymbol{k}$ ベクトルの x, y 成分は連続になる．それを，$k_1 = \alpha_1, k_2 = \alpha_2$ とおく．屈折率は $n_e = k/k_0$ で与えられるから，上式より

$$n_e^2 = N_e^2 \left[1 - \left(\frac{1}{N_o^2} - \frac{1}{N_e^2} \right) \frac{\alpha_2^2}{k_0^2} \right] \tag{7.24}$$

が導かれる．N_e^2 が虚部を持たず，$N_e^2 < 0$ の場合を考えよう．大括弧の中が正であれば，$n_e^2 < 0$ となり，異常光線は吸収される．実際に計算すると，空気からの入射の場合，$N_o > 1$ であれば，大括弧内は常に正になる．よって，異常光線は常に吸収される．

7.5 表面ポラリトン

7.5.1 表面に局在する波の存在条件

金属と誘電体の境界面では特異な現象が生じる．これについて考察しよう．簡単のため，金属の誘電率は負の実数値をとるとする．誘電率が正の媒質と負の媒質の境界には，以下に示す通り，局在モードが存在する．これを，表面ポラリトン (surface polariton) という．11 章では，透磁率が負の媒質を扱う．この場合にも適用できるように，以下では，誘電率と透磁率は負になり得ると仮定して議論を進める．

媒質 1 と媒質 2 の境界近傍を考える．$z = 0$ を境界面として，$z < 0$ で $\exp(i\alpha x + \gamma_1 z)$，$z > 0$ で $\exp(i\alpha x - \gamma_2 z)$ の形のエバネッセント波が存在する条件を求めよう．ただし，γ_1 と γ_2 は正の実数であり，したがって，$z \to \pm\infty$ で電磁場は指数関数的に減衰する．$i\gamma_j$ は波動ベクトルの z 成分であるから

$$\alpha^2 - \gamma_j^2 = k_0^2 \epsilon_j \mu_j \tag{7.25}$$

が成り立つ．

はじめに p 偏光を考える．磁場は y 成分のみを持ち，境界で連続である．

$$\boldsymbol{H}_1(\boldsymbol{r}, t) = H_0 \widehat{\boldsymbol{y}} e^{i\alpha x + \gamma_1 z} e^{-i\omega t}$$
$$\boldsymbol{H}_2(\boldsymbol{r}, t) = H_0 \widehat{\boldsymbol{y}} e^{i\alpha x - \gamma_2 z} e^{-i\omega t} \tag{7.26}$$

ここで，$\widehat{\boldsymbol{y}}$ は y 方向の単位ベクトルを表す．このとき，電場はマクスウェル方程

式 (1.14a) より

$$E_1(r,t) = -\frac{H_0}{i\omega\epsilon_0\epsilon_1}\left(-\gamma_1\widehat{x} + i\alpha\widehat{z}\right)e^{i\alpha x + \gamma_1 z}e^{-i\omega t}$$
$$E_2(r,t) = -\frac{H_0}{i\omega\epsilon_0\epsilon_2}\left(\gamma_2\widehat{x} + i\alpha\widehat{z}\right)e^{i\alpha x - \gamma_2 z}e^{-i\omega t} \tag{7.27}$$

となる．$z=0$ における x 成分の連続条件から

$$\frac{\gamma_1}{\epsilon_1} + \frac{\gamma_2}{\epsilon_2} = 0 \tag{7.28}$$

が導かれる．γ_j は正の量であるから，ϵ_1 と ϵ_2 が逆符号でなくてはならない．式 (7.25) と式 (7.28) から，波動ベクトルの x 成分に対し

$$\alpha^2 = k_0^2\left(\frac{\mu_1}{\epsilon_1} - \frac{\mu_2}{\epsilon_2}\right)\left(\frac{1}{\epsilon_1^2} - \frac{1}{\epsilon_2^2}\right)^{-1} \tag{7.29}$$

が導かれる．特に $\mu_1 = \mu_2 = 1$ のときは，平方根をとって

$$\alpha = k_0\sqrt{\frac{\epsilon_1\epsilon_2}{\epsilon_1 + \epsilon_2}} \tag{7.30}$$

となる．この場合，α が実数となる条件は，$\epsilon_1\epsilon_2 < 0$ で，かつ，$\epsilon_1 + \epsilon_2 < 0$ となることである．特に，誘電体と金属の境界面に局在するモードを，表面プラズモンポラリトン (surface plasmon polariton) という．しかし，しばしば略して表面プラズモンと呼ばれるので，ここでもこれに従う．

次に s 偏光の場合を扱おう．このとき，電場は y 成分のみを持つ．磁場は式 (1.14b) から求まる．計算はほとんど同じで，局在モードが存在する条件は

$$\frac{\gamma_1}{\mu_1} + \frac{\gamma_2}{\mu_2} = 0 \tag{7.31}$$

となる．このとき，式 (7.29) で ϵ と μ を入れ替えた式が成り立つ．

7.5.2　表面プラズモン

誘電体と金属では，$\mu_1 = \mu_2 = 1$ であるから，p 偏光に対して表面プラズモンが存在する．ここでは表面プラズモンについて考察する[23〜25]．

表面プラズモンの分散関係は，式 (7.30) で与えられる．誘電体の誘電率を $\epsilon_1(\omega)$ とする．金属の誘電率は，減衰を無視したドルーデモデル $\epsilon_2 = 1 - \omega_p^2/\omega^2$ で表

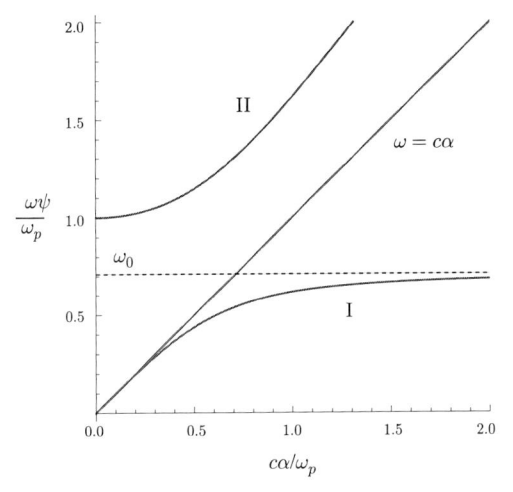

図 7.3 $n_1 = 1.5$ のときの表面プラズモンの分散曲線

されるとする.ただし,ω_p はプラズマ周波数である.これを代入すると,表面プラズモンの分散関係

$$\alpha = \frac{\omega}{c}\sqrt{\frac{\epsilon_1(\omega_p^2 - \omega^2)}{\omega_p^2 - (1+\epsilon_1)\omega^2}} \tag{7.32}$$

が得られる.これから,表面プラズモンが存在する限界周波数 ω_0 は

$$\omega_0 = \frac{\omega_p}{\sqrt{1+\epsilon_1}} \tag{7.33}$$

で与えられる.図 7.3 に,真空 ($\epsilon_1 = 1$) と金属の境界面で生じる表面プラズモンの分散関係を示す.ここで横軸は ω_p/c を単位にとった波数,縦軸は ω_p を単位にとった周波数である.図の I が表面プラズモンの分散曲線である.$\omega > \omega_p$ では金属も正の誘電率を持ち,普通の誘電体と同じように電磁波を通す.図の II は,この金属内を通過する光の分散関係である.図中の直線は真空中を伝搬する光の分散関係で,水平破線は限界周波数 $\omega_0 = \omega_p/\sqrt{2}$ を表す.

7.5.3 減衰全反射

表面プラズモンを励起することを考えよう.式 (7.30) で与えられる波数 α は第 1 の媒質の波動ベクトルの大きさ $k_0 n_1$ よりも大きいから,表面プラズモンの励起にはエバネッセント波が必要である.そのため,ガラスプリズムによる全反

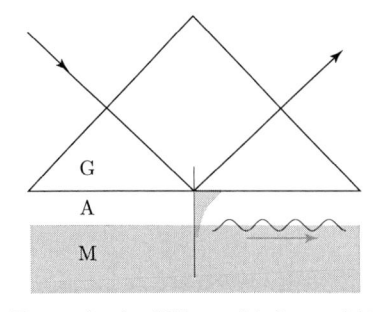

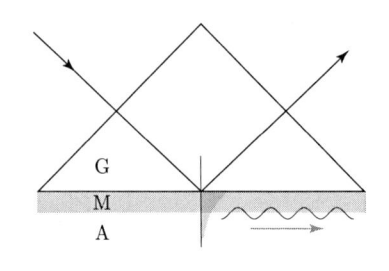

図 7.4 オットー配置．G:プリズム，A:空気層，M:金属．　図 7.5 クレッツマン配置．G:プリズム，M:金属，A:空気．

射か，あるいは，回折格子を用いてエバネッセント波を生成する．全反射を用いた励起法に代表的なものが二つある．図 7.4 のように空気の間隙を通過し，金属表面に表面プラズモンを励起する方法をオットー (Otto) 配置，図 7.5 のようにプリズムに金属薄膜をつけ，空気（または誘電体）との界面に表面プラズモンを励起する方法をクレッツマン (Kretschmann) 配置という．式 (7.30) を満足する入射角で表面プラズモンが励振され，表面で吸収されるため，反射光が減少する．よって，入射角を変えていくと，鋭い吸収のスペクトルが観測される．全反射配置で反射率が著しく低下することから，この現象は減衰全反射 (attenuated total internal reflection) と呼ばれることもある．

7.5.4　フレネル係数の特異点

表面プラズモンの成り立ちをもう少し詳しく見ていこう．通常の光の反射屈折の場合と比べると，表面プラズモンの磁場 (7.26) と電場 (7.27) は，反射光と透過光だけからできていて，入射光が存在しない．もちろん物理的に考えて入射光が存在しないはずはないし，事実，図 7.4 や図 7.5 の配置でも入射光は必要である．これは，一度表面プラズモンを励起すると，入射光を切っても，存在し続けるという意味である．現実には吸収があるから寿命は有限ではあるが，表面に局在した波が準定常的に存在するのである．

フレネル係数は，入射光に対する反射光や透過光の振幅の比で定義される．表面プラズモンの場合，入射光の振幅が 0 でも，反射光や透過光の振幅が有限になるということは，フレネル係数は無限大になることを意味する．実際，表面プラズモンが存在できる条件は，フレネル係数の式 (2.21) の特異点（極）となるこ

とが次のように確かめられる．すなわち，p偏光に対するフレネルの式の分母は $\sigma_1 + \sigma_2$ で与えられるが，$\sigma_j = i\gamma_j/\epsilon_j$ であるから，式 (7.28) から $\sigma_1 + \sigma_2 = 0$ が導かれる．

興味深いことに，表面プラズモンの式 (7.30) はブルースター角の式 (2.33) と同じ形をしている．違いは，ϵ_2 の符号だけである．この数学的な類似性は，ブルースター角の条件 $\sigma_1 - \sigma_2 = 0$ と，表面プラズモンの条件 $\sigma_1 + \sigma_2 = 0$ がよく似ていることに起因する．

7.5.5 単層膜としての解析

図 7.4 や図 7.5 から明らかな通り，表面プラズモンの実験配置は単層膜の構造をしているから，8 章で求める単層膜の反射係数の式

$$r = \frac{r_{01} + r_{12}e^{2i\phi}}{1 + r_{01}r_{12}e^{2i\phi}} \tag{7.34}$$

に表面プラズモンのすべてが含まれているといってよい (問題 8.2 の式 (8.23) 参照)．ここで，r_{jk} は j 空間から k 空間へ入射する平面波の振幅反射係数，$\exp(i\phi)$ は層内伝搬に伴う位相項 (エバネッセント波の場合は振幅の減衰項) である．この式を吟味しよう．図 7.4 のオットー配置を考える．ガラスと空気 (低屈折率層) の界面では，全反射が起きる．よって，反射率は 1 で位相跳びが生じ，$r_{01} = \exp(i\delta_{01})$ となる．空気層中はエバネッセント波になっているから，波動ベクトルの z 成分は純虚数 $\beta = i\gamma$ になる．よって $\exp(2i\beta d) = \exp(-2\gamma d)$ となり，1 より小さい正の実数になる．第 2 面での反射係数を $r_{12} = |r_{12}|\exp(i\delta_{12})$ として，式 (7.34) の分子は $\exp(i\delta_{01}) + |r_{12}|\exp(-2\gamma d)\exp(i\delta_{12})$ となる．よって，$\delta_{12} = \delta_{01} + \pi$ で，$|r_{12}| = \exp(2\gamma d)$ のとき，反射率は 0 になる．ここで注意すべきことは $|r_{12}| > 1$ となっても矛盾がないことである．通常の入射の場合，エネルギー保存則から反射率が 1 を超えることはあり得ない．ところがエバネッセント波では，境界面に垂直な方向にエネルギーの流れはないから，反射率が 1 を超えてもエネルギー保存則を破ることにはならない．

図 7.6 は，オットー配置における空気金属界面の反射係数の絶対値 $|r|$ を，p 偏光と s 偏光についてプロットしたものである．ただし，金属の比誘電率を $\epsilon_2 = -50 + 20i$，光の波長を $0.5\ \mu m$ とした．ガラスの屈折率を 1.5 としたので，臨界角は $\theta_c = 41.8°$ である．図 7.6 はガラス側の入射角でプロットしてあるので θ_c を超える入射角

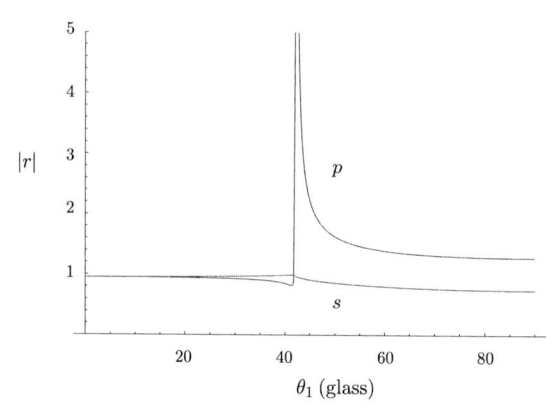

図 7.6 空気層を通した金属表面反射係数

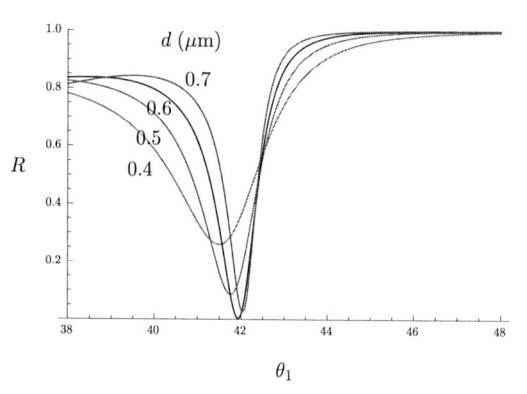

図 7.7 オットー配置の反射率

で,空気層にはエバネッセント波が生じている.p 偏光の反射係数は,臨界角よりちょっと大きい $\theta_1 = 42.3°$ で最大値 $|r_p| = 10.3$ をとる.この大きな反射係数は表面プラズモンの共鳴効果であると考えられる.一方,s 偏光では反射係数は 1 を超えない.

図 7.7 は,オットー配置において空気層の厚さ d をパラメーターに反射率の入射角依存性をプロットしたものである.計算に用いた光学定数は,ガラスの屈折率を $n_1 = 1.5$,アルミを想定し金属の比誘電率を $\epsilon_2 = -50 + 20i$,光の波長を 0.5 μm とした.表面プラズモンの励起は臨界角を少し超えた,およそ 42° のあたりにある.

図 7.8 は,同じ光学定数を用いクレッツマン配置で,金属膜の厚さをパラメー

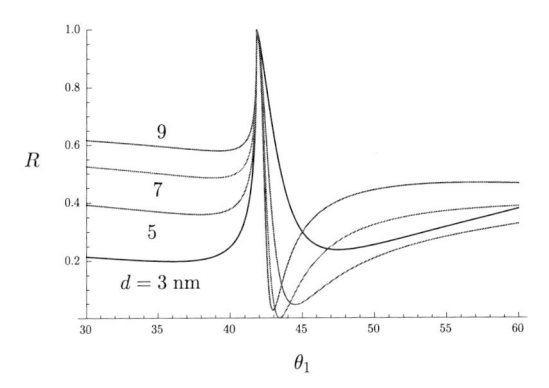

図 **7.8** クレッツマン配置の反射率

ターにとり,反射率を入射角の関数としてプロットしたものである.空気層に比べ金属層での減衰は大きいから,この数値例では,膜厚 7 nm あたりに共鳴がある.この場合も,臨界角の近くに共鳴が観測される.

8

多　層　膜

8.1　多層膜中の電磁波

　本章とそれに続く章で，人工構造媒質の光学を論ずる．本書の意図は平面波の伝搬を徹底的に調べようということなので，平面波が意味を持つ1次元構造のみを扱うことにし，複雑な構造体には触れない．本章では，1次元構造物の代表的な存在であり，実用的にも重要な多層膜を取り上げる．高反射膜や反射防止膜は誘電体の薄い膜を多層に積んで所望の機能を発現している．このような多層膜の反射や透過を考察する．

　図 8.1 のように，互いに平行な面で区切られた多層膜を考える．入射空間の屈折率を n_0，第 j 面と第 $j+1$ 面の間の j 層の屈折率を n_j，膜厚を d_j，透過側の媒質の屈折率を n_K とする．よって，膜の総数は，入射側の媒質と透過側の媒質を加えて $K+1$ 層になる．なお，境界面の絶対的な位置が結果に現れることはないが，j 面の z 座標を z_j としておく．

　複数の境界面における多重反射の結果，各層内には，z 軸の正の方向に進む前進波と，負の方向に進む後退波が存在する．第 j 層における，前進波と後退波の電場は

$$\begin{aligned}\boldsymbol{E}_j^+(z) &= \boldsymbol{E}_j^+ e^{i(\alpha x+\beta_j z)} = \boldsymbol{E}_j^+ e^{ik_0(\xi x+\zeta_j z)}\\ \boldsymbol{E}_j^-(z) &= \boldsymbol{E}_j^- e^{i(\alpha x-\beta_j z)} = \boldsymbol{E}_j^- e^{ik_0(\xi x-\zeta_j z)}\end{aligned} \tag{8.1}$$

と書ける．x 方向の波動関数はすべてに共通して $\exp(i\alpha x) = \exp(ik_0\xi x)$ であるから，$x=0$ であると解釈して x 依存性を落とす．z 座標は，各層の左端を $z=0$，右端を $z=d_j$ とする相対座標で表す．すなわち，$\boldsymbol{E}_j^\pm(z)$ を $\boldsymbol{E}_j^\pm(z-z_j)$ と表示する．ただし，第 1 層だけは，右端すなわち入射境界面を原点にとる．

8.2 特性行列

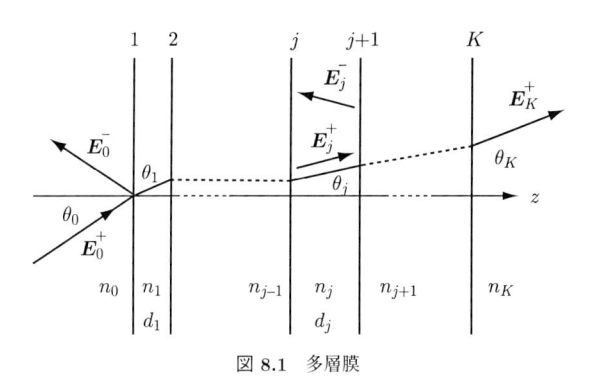

図 8.1 多層膜

光線が光軸となす角度を θ_j とする．スネルの法則より，すべての j に対し $\xi = n_j \sin\theta_j$ が成り立つ．

s 偏光と p 偏光の定義は，2 章でフレネル係数を求めたときの定義 (図 2.2 および図 2.3) に準じる．すなわち，s 偏光 (p 偏光) は，電場 (磁場) が y 軸の正の方向を向いたときを正とする．そのときの磁場 (電場) は，それぞれの場合で，電磁場と波動ベクトルが右手系をなすように定める．

8.2 特 性 行 列

多層膜中の光波の伝搬は，2 章で扱った境界面における反射屈折と，面と面間の光波の伝搬を順番に考えていけばよい[26,27]．しかし，薄膜光学では，特性行列の方法と呼ばれる少し異なる方法が広く用いられるので，この方法を紹介する[28,29]．もちろん，この二つの方法は等価である．

特性行列の方法では，境界面で電場と磁場の面に平行な横成分が連続になることを利用する．そこで，電磁波の振幅を，横成分で表すことを考える．電場の横成分を $e = E_T$，磁場の横成分を，真空のアドミッタンス Y_0 で規格化して $h = H_T/Y_0$ とする．ただし，添え字 T は横成分を意味する．こうすると e, h は境界面で連続であるから，面の前後で区別する必要はない．よって，j 面における値を e_j, h_j と表すことができる．ところで，境界面における光電場は，前進波の振幅 E^+ と，後退波の振幅 E^- の和に書ける．以下の計算で必要になるのは，e, h と E^+, E^- の間の変換式である．具体的な式は s 偏光と p 偏光で異なる．これを順に導こう．

8.2.1 s 偏光

はじめに s 偏光の場合を考える．電磁場の評価は境界面の前側でも後側でもよい．ここでは，後側における値で表すことにする．電磁場の横成分は

$$e_j = E_j^+(0) + E_j^-(0)$$
$$h_j = -\{E_j^+(0) - E_j^-(0)\}m_j \cos\theta_j \tag{8.2}$$

となる．そこで

$$\eta_j^s = -m_j \cos\theta_j \tag{8.3}$$

とおいて，上式を解くと

$$2E_j^+(0) = e_j + \frac{h_j}{\eta_j^s}$$
$$2E_j^-(0) = e_j - \frac{h_j}{\eta_j^s} \tag{8.4}$$

が得られる．η_j^s は入射波 (または反射波) の電場と磁場の横成分の大きさの比を表す量である．これを，修正光学アドミッタンス (modified optical admittance) と呼ぶ．特に $\mu_j = 1$ のときは，η_j^s は屈折率ベクトルの z 成分 $\zeta_j = n_j \cos\theta_j$ に等しい．

8.2.2 p 偏光

p 偏光について，同様の計算をする．電磁場の横成分は

$$e_j = \{E_j^+(0) - E_j^-(0)\}\cos\theta_j$$
$$h_j = \{E_j^+(0) + E_j^-(0)\}m_j \tag{8.5}$$

となる．これを解いて

$$2E_j^+(0)\cos\theta_j = e_j + \frac{h_j}{\eta_j^p}$$
$$-2E_j^-(0)\cos\theta_j = e_j - \frac{h_j}{\eta_j^p} \tag{8.6}$$

が得られる．ただし，p 偏光に対しては

$$\eta_j^p = \frac{m_j}{\cos\theta_j} \tag{8.7}$$

である．これもやはり，電場と磁場の横成分の大きさの比を表す量である．特に $\mu_j = 1$ のとき，$\eta_j^p = n_j^2/\zeta_j = 1/\nu_j$ である．ただし，ν_j は式 (2.22) で導入された量である．

8.2.3 層内の伝搬

j 層内での光波の伝搬を考えよう．伝搬による位相変化は，波動ベクトルの z 成分 β を用い

$$\phi_j = \beta_j d_j = k_0 n_j d_j \cos\theta_j \tag{8.8}$$

で与えられる．位相は流れの上流から下流へ伝搬するとき正に変化するから，図 8.2 に示す通り，前進波については $E_j^+(d_j) = e^{i\phi_j} E_j^+(0)$，後退波に対しては $E_j^-(0) = e^{i\phi_j} E_j^-(d_j)$ の関係が成り立つ．これを，z 軸の負の方向に遡る表現にまとめると

$$\begin{aligned} E_j^+(0) &= e^{-i\phi_j} E_j^+(d_j) \\ E_j^-(0) &= e^{i\phi_j} E_j^-(d_j) \end{aligned} \tag{8.9}$$

が得られる．これを e, h で表すと，s 偏光と p 偏光のどちらに対しても同じ式が導かれる．

$$\begin{aligned} e_j + \frac{h_j}{\eta_j} &= e^{-i\phi_j}\left(e_{j+1} + \frac{h_{j+1}}{\eta_j}\right) \\ e_j - \frac{h_j}{\eta_j} &= e^{i\phi_j}\left(e_{j+1} - \frac{h_{j+1}}{\eta_j}\right) \end{aligned} \tag{8.10}$$

ただし，η は s 偏光に対しては η^s，p 偏光に対しては η^p を使うものと約束し，いちいち明記しない．これを解いて

$$\begin{pmatrix} e_j \\ h_j \end{pmatrix} = \mathbf{M}_j \begin{pmatrix} e_{j+1} \\ h_{j+1} \end{pmatrix}$$

$$\mathbf{M}_j = \begin{pmatrix} \cos\phi_j & -i\eta_j^{-1}\sin\phi_j \\ -i\eta_j\sin\phi_j & \cos\phi_j \end{pmatrix} \tag{8.11}$$

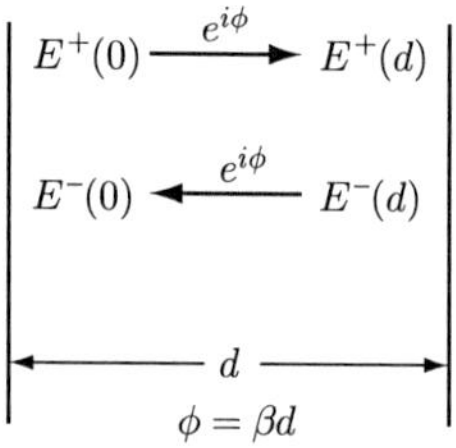

$$\begin{vmatrix} E^+(0) \xrightarrow{e^{i\phi}} E^+(d) \\ \\ E^-(0) \xleftarrow{e^{i\phi}} E^-(d) \\ \underbrace{\hphantom{E^-(0) \xleftarrow{e^{i\phi}} E^-(d)}}_{\substack{d \\ \phi = \beta d}} \end{vmatrix}$$

図 8.2 層内伝搬による位相変化

が得られる．この式は，$j+1$ 面から j 面へ遡る関係を表していることに注意されたい．行列 $\mathbf{M}_j$ を特性行列 (characteristic matrix) と呼ぶ．特性行列の行列式は

$$\det \mathbf{M}_j = 1 \tag{8.12}$$

である．

なお，膜に吸収がある場合は，屈折率を複素数に拡張すればよい．すなわち n を $n \to n' + in''$ と置き換えればよい．

8.2.4 反射透過係数

最初の層 $j = 1$ から，最後の層 $j = K-1$ まで，順に特性行列をかければ，全体の変化が得られる．

$$\begin{pmatrix} e_1 \\ h_1 \end{pmatrix} = \mathbf{M} \begin{pmatrix} e_K \\ h_K \end{pmatrix}$$
$$\mathbf{M} = \mathbf{M}_1 \mathbf{M}_2 \cdots \mathbf{M}_{K-1} \tag{8.13}$$

各要素の行列式が 1 であるから，その積に対しても，$\det \mathbf{M} = 1$ が成り立つ．境界条件を反射透過係数を用いて表す．s 偏光に対しては，式 (8.2) に $E_0^+ = 1, E_0^- = r_s, E_K^+ = t_s, E_K^- = 0$ を代入すると

$$1 + r_s = (M_{11} + \eta_K M_{12})t_s$$
$$(1 - r_s)\eta_0 = (M_{21} + \eta_K M_{22})t_s \tag{8.14}$$

が得られる．同様にして，p 偏光では

$$(1 - r_p)\cos\theta_0 = (M_{11} + \eta_K M_{12})t_p \cos\theta_K$$
$$(1 + r_p)\eta_0 \cos\theta_0 = (M_{21} + \eta_K M_{22})t_p \cos\theta_K \tag{8.15}$$

となる．そこで，r, t の代わりに

$$\rho_s = r_s, \qquad \tau_s = t_s$$
$$\rho_p = -r_p, \qquad \tau_p = \frac{\cos\theta_K}{\cos\theta_0}t_p \qquad (8.16)$$

と定義される ρ, τ を導入すると，式 (8.14) と式 (8.15) は同じ形に書くことができる．解は

$$\rho = \frac{\eta_0(M_{11} + \eta_K M_{12}) - (M_{21} + \eta_K M_{22})}{\eta_0(M_{11} + \eta_K M_{12}) + (M_{21} + \eta_K M_{22})}$$
$$\tau = \frac{2\eta_0}{\eta_0(M_{11} + \eta_K M_{12}) + (M_{21} + \eta_K M_{22})} \qquad (8.17)$$

の形に求まる．この結果はもう少しまとまった形に書き直すことができる．

$$\begin{pmatrix} b \\ c \end{pmatrix} = \begin{pmatrix} M_{11} & M_{12} \\ M_{21} & M_{22} \end{pmatrix} \begin{pmatrix} 1 \\ \eta_K \end{pmatrix} \qquad (8.18)$$

とおくと，式 (8.17) は

$$\rho = \frac{\eta_0 b - c}{\eta_0 b + c}, \qquad \tau = \frac{2\eta_0}{\eta_0 b + c} \qquad (8.19)$$

と書くことができる．

反射率と透過率は，s 偏光と p 偏光のどちらに対しても

$$R = |\rho|^2, \qquad T = \frac{\eta_K}{\eta_0}|\tau|^2 \qquad (8.20)$$

で計算できる．

8.3 単 層 膜

8.3.1 反射率と透過率

図 8.3 のような厚さ d の単層膜を考えよう．入射空間の屈折率を n_0，膜の屈折率を n_1，基板の屈折率を n_2 とする．さらに，層内の伝搬に伴う位相変化を $\phi = k_0 n_1 d \cos\theta_1$ とする．

単層膜の場合を具体的に計算しよう．特性行列は $j = 1$ 層だけを考慮すればよいから，式 (8.11) の $\mathbf{M}$ が使える．これを式 (8.17) に代入して，反射透過係数

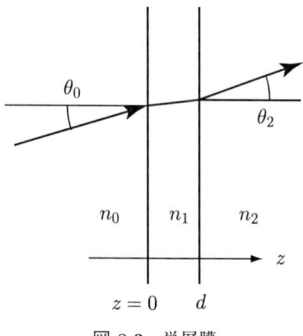

図 8.3 単層膜

$$\rho = \frac{(\eta_0 - \eta_2)\cos\phi - i(\eta_0\eta_2\eta_1^{-1} - \eta_1)\sin\phi}{(\eta_0 + \eta_2)\cos\phi - i(\eta_0\eta_2\eta_1^{-1} + \eta_1)\sin\phi}$$
$$\tau = \frac{2\eta_0}{(\eta_0 + \eta_2)\cos\phi - i(\eta_0\eta_2\eta_1^{-1} + \eta_1)\sin\phi} \tag{8.21}$$

が得られる．よって，反射率と透過率は，すべての η_j および ϕ が実数であるとして

$$R = \frac{(\eta_0 - \eta_2)^2\cos^2\phi + (\eta_0\eta_2\eta_1^{-1} - \eta_1)^2\sin^2\phi}{(\eta_0 + \eta_2)^2\cos^2\phi + (\eta_0\eta_2\eta_1^{-1} + \eta_1)^2\sin^2\phi}$$
$$T = \frac{4\eta_0\eta_2}{(\eta_0 + \eta_2)^2\cos^2\phi + (\eta_0\eta_2\eta_1^{-1} + \eta_1)^2\sin^2\phi} \tag{8.22}$$

となる．この場合，吸収が無視できるので，$R + T = 1$ が成り立つ．

問題 8.1 入射空間と透過空間が等しいときの透過率を求めよ．

解答 $\eta_0 = \eta_2$ を代入して

$$T = \frac{1}{1 + F\sin^2\phi}$$

ただし

$$F = \frac{1}{4}\left(\frac{\eta_0}{\eta_1} - \frac{\eta_1}{\eta_0}\right)^2$$

を得る．反射率は $R = 1 - T$ から求まる．これをエアリー (Airy) の式という．

問題 8.2 単層膜の反射透過係数を，膜内で多重反射した光の多光束干渉の考え方で求めよ．

8.3 単層膜

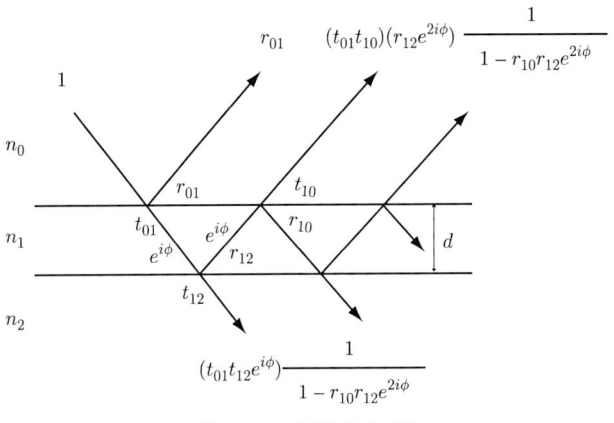

図 8.4 多重反射光の干渉

解答 図 8.4 に示す通り，振幅 1 の光が単層膜に入射したとする．第 1 面で反射した光の振幅は r_{01} である．一度膜の中に入り，第 2 面で反射して出てきた光の振幅は $t_{01} t_{10} r_{12} \exp(2i\phi)$ になる．この後，一度反射するごとに $r_{10} r_{12} \exp(2i\phi)$ の因子がかかるから，多重反射の効果は等比数列の和 $[1 - r_{10} r_{12} \exp(2i\phi)]^{-1}$ をかけることで表される．これらの振幅の和をとると，裏入射に対する関係式 (2.38) を考慮して

$$r = \frac{r_{01} + r_{12} e^{2i\phi}}{1 + r_{01} r_{12} e^{2i\phi}}, \qquad t = \frac{t_{01} t_{12} e^{i\phi}}{1 + r_{01} r_{12} e^{2i\phi}} \qquad (8.23)$$

を得る．透過係数についても同様である．この式と，式 (8.21) が等価であることは直接計算して確かめられるが，ここでは省略する．

8.3.2 単層反射防止膜

単層膜の例として反射防止膜を考えよう．前項の結果から，単層反射防止膜は，次の二つの条件のどちらかを満足すればよい．

$$\text{(a)} \quad \cos\phi = 0, \qquad \eta_0 \eta_2 = \eta_1^2 \qquad (8.24\text{a})$$

$$\text{(b)} \quad \sin\phi = 0, \qquad \eta_0 = \eta_2 \qquad (8.24\text{b})$$

(a) の場合が単層反射防止膜に対応する．特に垂直入射の場合を考える．このとき，$\eta_j = m_j$ であるから

$$m_0 m_2 = m_1^2 \qquad (8.25)$$

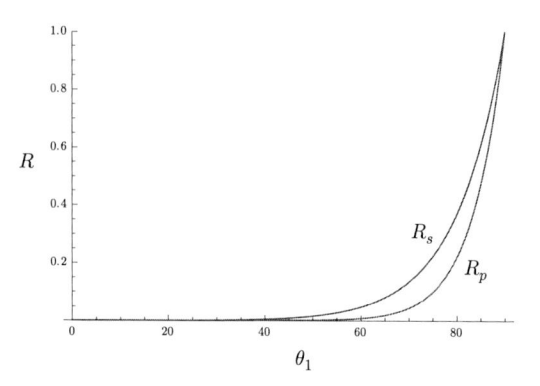

図 8.5 単層反射防止膜の反射率の入射角依存性

を満足する 1/4 波長膜 ($\phi = \pi/2$) が,反射防止条件を満たす.比透磁率が $\mu_j = 1$ で,入射空間が空気の場合,膜の屈折率が基板の屈折率の平方根に等しいとき,反射が消える.図 8.5 は,屈折率 $n_3 = 1.5$ の基板に $n_2 = \sqrt{n_3} \approx 1.225$ の 1/4 波長膜をつけたときの,反射率の入射角依存性をプロットしたものである.ブルースター角があるため p 偏光の方が反射率が低くなる.

実際にこれを実現するためには,膜材料の屈折率は基盤材料の屈折率の平方根でなくてはならない.例えば,基板材料の屈折率がおよそ 1.5 のとき,膜の屈折率は 1.225 となる.膜として物理的化学的に安定な材料で,このような小さな屈折率を持つものはほとんどない.誘電体材料としては,MgF_2 が $n = 1.38$ と比較的小さい屈折率を持つ程度である.よって,実用的には多層膜が用いられる.しかし,最近のナノテクノロジーの進歩により,微小な柱が林立した構造や,内部に微細な空孔を持つ材料を作ることができるようになった.このような材料の平均的な屈折率は,元の材料の屈折率に充填率をかけた値になるから,実効的に小さな屈折率材料を作ることができる.このような材料は機械的強度が弱く,外の表面に使うことはできないが,外に現れない面に使うことができる.

(b) の場合,空気中に置かれた任意の媒質に対し反射係数の式が成り立つ.よって,共振条件 $\phi = n\pi$ を満たせばよい.この条件は,エタロンが,共振波長の光を 100% 透過することに対応する.

8.3.3 膜厚0の極限

膜の厚さが0，したがって，位相変化が0のときは，膜がないのと同じであるから，反射透過係数は0層と2層が直接接しているときの反射透過係数に等しくなるはずである．事実，式 (8.21) で $\phi = 0$ とおいて

$$\rho = \frac{\eta_0 - \eta_2}{\eta_0 + \eta_2}, \qquad \tau = \frac{2\eta_0}{\eta_0 + \eta_2} \tag{8.26}$$

が成り立つ．これが2章で求めたフレネルの反射係数に等しいことは容易に確かめられる．s偏光では $\eta = m\cos\theta$ であるから，上式は，フレネル係数の式 (2.12) そのものである．p偏光に対しても，ρ, τ と r, t の関係式 (8.16) を考慮すると，式 (2.18) が導かれる．この結果は，位相変化が 2π の整数倍のときも正しい．

8.3.4 漏洩全反射

入射媒質の屈折率が膜の屈折率より大きく，全反射が起こる場合を考えよう．全反射でも透過側にエバネッセント波が滲み出す．層の厚さが滲み出しの深さより薄ければ，一部が低屈折率層を通過して次の層に出てくる．これを漏洩全反射 (frustrated total internal reflection) という[*1)]．この現象は，量子力学的な粒子がポテンシャル障壁を通り抜けるトンネル効果 (tunneling effect) とよく似た現象である．このため，光トンネル効果と呼ばれることも多い．

さて，$n_0, n_2 > n_1$ であり，入射角は全反射の条件 $n_0 \sin\theta_0 > n_1$ を満たし，かつ，透過側の媒質に対しては臨界角以下 ($n_0 \sin\theta_0 < n_2$) であるとする．その一例として，図8.6のように二つのガラスを薄い空気層（エアギャップ）を挟んで接近させたものを考えよう．空気層の厚さを d とする．

エバネッセント波の伝搬定数は純虚数になるから，β の代わりに，$i\gamma$ とすればよい．これに対応して，$\cos\theta_1 = i\sqrt{\xi^2/n_1^2 - 1}$ となる．これから，η_1 も純虚数になるから

$$\eta_1 = i\eta_1'' = \begin{cases} -im_1\sqrt{\xi^2/n_1^2 - 1} & \text{(s 偏光)} \\ \dfrac{-im_1}{\sqrt{\xi^2/n_1^2 - 1}} & \text{(p 偏光)} \end{cases} \tag{8.27}$$

とする．位相変化 ϕ に相当するのは

[*1)] frustrated とは，事（全反射）が完遂できず邪魔されることを意味するが，適当な日本語訳が見つからない．ここでは意味を汲んで漏洩を使うことにする．ちなみに中国では，受阻 (衰減，受抑) 全内反射と訳されている．

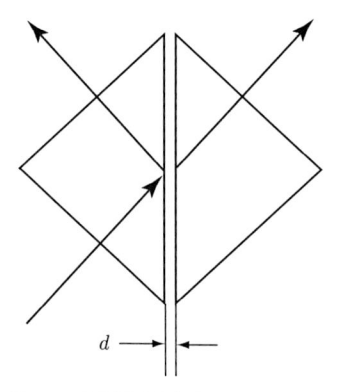

図 8.6 空気間隙を介するプリズム結合

$$\phi = i\Delta = i\gamma_1 d = ik_0 n_1 d\sqrt{\xi^2/n_1^2 - 1} \tag{8.28}$$

となり,その余弦と,正弦は

$$\cos\phi = \cosh\Delta, \qquad \sin\phi = i\sinh\Delta \tag{8.29}$$

で与えられる.これらを用いて,特性行列

$$\mathbf{M} = \begin{pmatrix} \cosh\Delta & -i(\eta_1'')^{-1}\sinh\Delta \\ i\eta_1''\sinh\Delta & \cosh\Delta \end{pmatrix} \tag{8.30}$$

が導かれる.以上の結果から,透過係数

$$\tau = \frac{2\eta_0}{(\eta_0 + \eta_2)\cosh\Delta - i\big(\eta_0\eta_2(\eta_1'')^{-1} - \eta_1''\big)\sinh\Delta} \tag{8.31}$$

と透過率

$$T = \frac{4\eta_0\eta_2}{(\eta_0 + \eta_2)^2\cosh^2\Delta + \big(\eta_0\eta_2(\eta_1'')^{-1} - \eta_1''\big)^2\sinh^2\Delta} \tag{8.32}$$

が得られる.ただし,式に現れる量はすべて実数であるとした.なお,透過係数は,式 (8.21) に $\eta_1 = i\eta_1''$ と $\phi = i\Delta$ を代入しても求まる[*2].

特に入射空間と透過空間が同一の媒質のとき,$\eta_0 = \eta_2$ を式 (8.32) に代入する

[*2] Mathematica などの複素数を扱えるソフトを利用する場合は,ここで述べたような変換をせず,8.2 節の公式をそのまま用いた方がよい.

8.3 単層膜

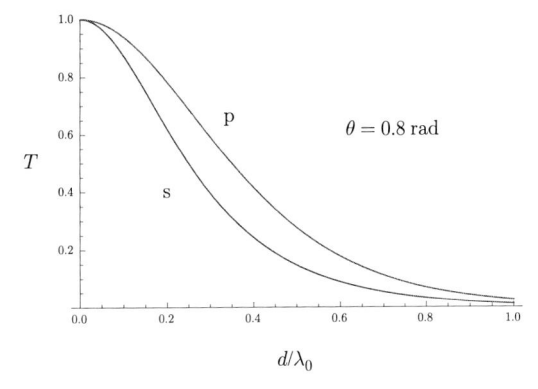

図 **8.7** 入射角 $\theta = 0.8$ rad のときの透過率のギャップ間隔依存性

と,透過率は
$$T = \frac{1}{1 + F \sinh^2 \Delta} \tag{8.33}$$
となる.ただし
$$F = \frac{1}{4}\left(\frac{\eta_0}{\eta_1''} + \frac{\eta_1''}{\eta_0}\right)^2 \tag{8.34}$$
である.

ここで数値例を挙げよう.図 8.6 の配置で,プリズムの屈折率を $n_0 = n_2 = 1.5$,空気の屈折率を $n_1 = 1$ とする.また,$\mu_j = 1$ とする.全反射の臨界角は $\theta_c = 0.73$ rad $= 41.8°$ である.透過率 T は,ギャップ間隔 d と入射角 θ の関数になる.図 8.7 は入射角が $\theta = 0.8$ rad のときの,透過率のギャップ間隔 d 依存性を示したものである.s 偏光と p 偏光で異なるが,ギャップ間隔が拡がるにつれて透過率は単調に減少する.

図 8.8 は,ギャップ間隔が $d = 0.3\lambda_0$ のときの透過率の入射角 θ 依存性を表したものである.図中の縦実線が臨界角 θ_c を表す.透過率は臨界角の前後で滑らかに変化し,臨界角で特に不連続な振舞いは見えない.垂直入射から入射角を増やすと p 偏光の透過率が増大するのは,ブルースター角に近づくからである.臨界角を超えた角 θ_a で s 偏光と p 偏光の透過率が等しくなり,その前後で透過率の大小関係が逆転する.特に入射空間と透過空間が等しいとき $(\eta_0 = \eta_2)$,透過率が等しくなる入射角 θ_a はギャップ間隔によらず一定である (問題 8.4).言い換えると,この入射角で,図 8.7 に示す 2 本の曲線が一致する.

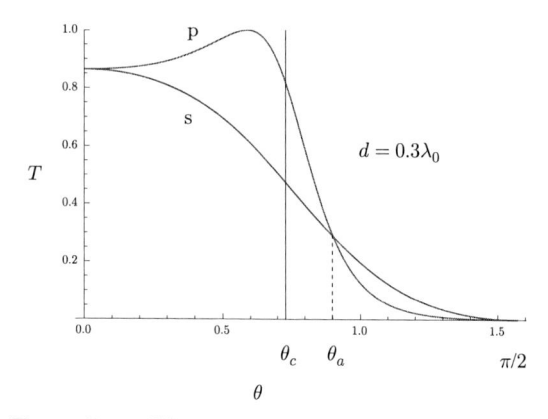

図 8.8　ギャップ間隔 $d=0.3\lambda_0$ のときの透過率の入射角依存性

問題 8.3　臨界角で入射したときの透過率を求めよ．ただし，比透磁率は $\mu_j=1$ とせよ．

解答　臨界角では $\cos\theta_1=0$ となる．これに応じて $\Delta=k_0n_1d\cos\theta_1$ も 0 になる．透過率の $\cos\theta_1$ が 0 になる極限を計算すると，s 偏光に対しては

$$T_s = \frac{4\eta_0\eta_2}{(\eta_0+\eta_2)^2 + k_0^2 d^2 \eta_0^2 \eta_2^2}$$

となる．一方，p 偏光では

$$T_p = \frac{4\eta_0\eta_2}{(\eta_0+\eta_2)^2 + k_0^2 d^2 n_1^4}$$

となる．

問題 8.4　入射空間と透過空間が等しいとき，$T_s=T_p$ となる入射角 θ_a を求めよ．

解答　$\eta_0=\eta_2$ のとき，透過率は式 (8.33) で与えられる．減衰を表す Δ は，等方媒質では固有偏光によらないから，s 偏光と p 偏光で F の値が一致する入射角で，両偏光の透過率が等しくなる．この条件はギャップ間隔 d に依存しない．実際に計算すると，$\cos\theta_0=|\cos\theta_1|$ となるときに F が等しくなることが分かる．このときの入射角を $\theta_0=\theta_a$ として，$\sin^2\theta_a=2n_1^2/(n_0^2+n_1^2)$ を満たす θ_a が答である．

8.3.5　二 つ の 疑 問

ここで，漏洩全反射について，二つの疑問とそれに対する考察をしておく．一つは，エバネッセント波であるのに，ギャップを超えてエネルギーを運べるのは何故かということ．もう一つは，エバネッセント波がギャップ中に滲み出して，

向かい側から出てくるまでにかかる時間の問題である.

既に 2.2.11 項で指摘したが, 界面に垂直な方向のエネルギー流はいつでも連続である, という一般的な事実がある. エネルギーの流れはポインティングベクトルで与えられるが, 面に垂直な z 成分は, $S_z\hat{z} = (1/2)\Re[\bm{E}_T^* \times \bm{H}_T]$ と表される. ここで, $\bm{E}_T, \bm{H}_T$ は電磁場の境界面に平行な成分である. 境界面では, 電磁場の面に平行な成分は連続であるから, ポインティングベクトルの垂直成分も連続になる. 一方で, エバネッセント波の場合, 境界面に垂直な方向にはエネルギー流がない. これは一見上に述べた事実と矛盾するように見えるが, 実はそうではない. エバネッセント波でも, 電磁場の境界面に平行な成分は存在する. したがって, ポインティングベクトルの境界面に垂直な成分は恒等的に 0 になるわけではない. 電場と磁場の位相が 90° ずれているため, 平均をとると消えてしまうのである[*3)]. ところが, 例えば図 8.6 では, 入射側からの z 軸の正の方向に減衰するエバネッセント波 $\bm{E}^+, \bm{H}^+$ と, 第 2 のプリズムで反射された逆向きに減衰するエバネッセント波 $\bm{E}^-, \bm{H}^-$ が存在する. 電磁場はこの二つの波の和になるから, ポインティングベクトルには個々の波からの寄与の外に交差項 (干渉項) が生じる. よって, ポインティングベクトルの z 成分は

$$S_z\hat{\bm{z}} = \frac{1}{2}\Re\bigl(\bm{E}_T^{+*} \times \bm{H}_T^+ + \bm{E}_T^{-*} \times \bm{H}_T^-\bigr)$$
$$+ \frac{1}{2}\Re\bigl(\bm{E}_T^{+*} \times \bm{H}_T^- + \bm{E}_T^{-*} \times \bm{H}_T^+\bigr) \qquad (8.35)$$

と書ける. エバネッセント波の電場と磁場は 90° 位相がずれているから, 第 1 項は消える. しかし, 二つのエバネッセント波の間に位相差 ϕ があれば, $\bm{E}_T^+$ と $\bm{H}_T^-$ の位相差は $90° \pm \phi$ となるから, 時間平均をとっても $\sin\phi$ に比例する成分は消えずに残る. すなわち, 第 2 項は 0 にならず, これが垂直方向のエネルギー流を担うと考えられる. 要するに, 二つの逆向きのエバネッセント波の干渉により, エネルギーが空気層を通過できるのである.

次にエバネッセント波がギャップ中に滲み出すのにかかる時間の問題に移ろう. これは, 難問である. 通常の媒質中では, 光は群速度で進む. しかしエバネッセント波は伝搬する波ではないので, 速度を定義できないのである. 以下に与える簡単な考察によれば, 一方の境界面に到達した光は, ギャップを瞬時に通過し, 時間遅

[*3)] 入射側の空間では, 入射波と反射波の寄与が打ち消し合って, z 成分は 0 になる.

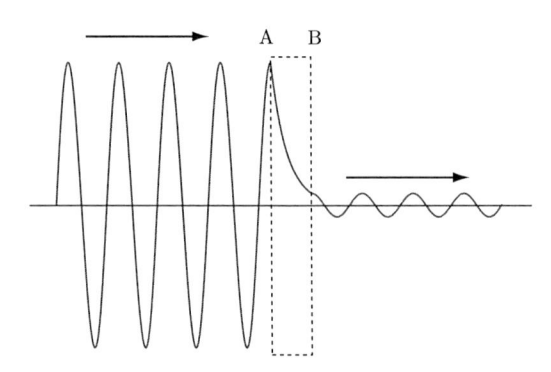

図 8.9 障壁を通過する粒子の波動関数 (反射を無視した概念図)

れなく他方の境界面から出てくる．あえて速度を決めれば無限大になる．類似の問題が粒子のトンネル効果にもある．粒子の全エネルギーは，$E = (1/2)mv^2 + V$ と運動エネルギーとポテンシャルエネルギーの和に書ける．トンネル効果は，ポテンシャルエネルギーが全エネルギーより大きい障壁を突き抜ける現象である．この障壁の中では，運動エネルギーが負になるから，速度は虚数になる．したがって，障壁を通過する時間 (tunneling time) も虚数になってしまう．つまり，障壁通過時間が定義できないのである．

障壁通過時間を波動論の立場から考察しよう．図 8.9 は，左から右へ進む粒子が A 点で障壁に到達し，障壁を通過して，B 点から出てくるときの波動関数を模式的に表したものである．概念的な説明のための図で，A 点での反射や，障壁内の多重反射は考慮されていない．この概念図から分かることは，正常な伝搬波では波の位相が空間的に変化するが，障壁内では，波動関数は指数関数的に減衰し，位相が変化しないことである．このため，A 点と B 点の波の位相は等しい．さて，波束の伝搬を考えよう．波束は有限の拡がりを持つ周波数帯域に入る波の重ね合わせ (干渉) で表される．波束のピークは，波束を構成する単色波の位相がすべて一致した位置に現れる．周波数 (波長) の異なる波の重ね合わせであるから，時間が経過すると位相が一致する位置が変化する．これが波束の群速度を与える．そこで，時刻 $t = 0$ に波束のピークが A 点に到達したとしよう．ここで，すべての単色波の位相が一致する．さて，A 点と B 点はすべての単色波に対し同位相であるから，$t = 0$ には，B 点においてすべての単色波の位相が一致する．すなわち，透過空間における波束のピークは B 点にあることになる．よって，A 点に波束の

ピークが到達したその同じ時刻に B 点に波束のピークが現れるのであるから,障壁を通過するのにかかった時間は 0 と結論できる.

この問題を別の観点から考察しよう. 2.3.3 項で全反射の時間反転を議論した. そこで述べたように,エバネッセント波の時間反転波は無限の遠くから戻ってくるのではなく,反射波の時間反転波が全反射することにより,その場で作られるのである. エバネッセント波が有限の速度で伝わるのであれば,その時間反転過程では,逆向きに進まなくてはならないが,これは明らかに,時間反転波の生成の過程に矛盾する. よって,エバネッセント波は時間をかけて伝搬するのではなく,瞬時に作られると結論せざるを得ない.

以上の事実をもって,超光束伝搬 (superluminal propagation) が可能であると主張する人もあり,また,これを支持するフォトニック結晶を用いた実験結果もある[30]. ここではこれ以上踏み込むことはできない. 詳しくは専門書や論文に当たってほしい[31,32].

8.4 光学薄膜

反射防止膜,高反射膜,各種の周波数フィルター (バンドパスフィルター,ローパスフィルター,ハイパスフィルター),偏光フィルターなど多くの機能を光学薄膜を使って実現できる. その基本は,屈折率の異なる 2 種類の材料を用い,それぞれ 1/4 波長の厚さで交互に積んだ周期構造を持った光学薄膜である. 2 種類の材料のうち,高屈折率材料の屈折率を n_H,低屈折率材料の屈折率を n_L とする. また,空気の屈折率を n_0,基板の屈折率を n_S とする. 光学薄膜が N 層の H と L のペアからなる場合,$(HL)^N$ と表す[*4]. すぐ下に示すが,反射防止のためには $(LH)^N$ 構造をとる必要がある. 逆に,高反射膜では $(HL)^N$ 構造の方が有利である. 多層膜の設計にはいろいろなノウハウが知られている. 詳しくは,専門書を参照してほしい[28,29].

[*4] 1/4 波長膜が基本になるが,1/2 波長膜なども用いられる. 1/2 波長膜は 1/4 波長膜の 2 倍の厚さがあるから,2H や 2L と表す.

8.4.1 1/4 波長膜

膜 H も膜 L も厚さが $\lambda/4$ の場合を考察する．ここで，λ はもちろん媒質中の波長を表し，1/4 波長膜は位相変化が $\phi = \pi/2$ である膜を意味する．2 層膜の特性行列は

$$\mathbf{M}_{12} = \mathbf{M}_1 \mathbf{M}_2 = \begin{pmatrix} c_1 c_2 - \frac{\eta_2}{\eta_1} s_1 s_2 & -\frac{i}{\eta_1} s_1 c_2 - \frac{i}{\eta_2} c_1 s_2 \\ -i\eta_1 s_1 c_2 - i\eta_2 c_1 s_2 & c_1 c_2 - \frac{\eta_1}{\eta_2} s_1 s_2 \end{pmatrix} \quad (8.36)$$

となる．ただし，$c_j = \cos\phi_j, s_j = \sin\phi_j$ と略記した．1/4 波長膜の積み重ねでは，$c_1 = c_2 = 0, s_1 = s_2 = 1$ と置けるから，LH 膜の特性行列は

$$\mathbf{M}_{LH} = \begin{pmatrix} -\eta_H/\eta_L & 0 \\ 0 & -\eta_L/\eta_H \end{pmatrix} \quad (8.37)$$

と対角行列になる．これを N 層重ねたとき，全体の特性行列は

$$\mathbf{M}_{LH}^N = \begin{pmatrix} (-1)^N (\eta_H/\eta_L)^N & 0 \\ 0 & (-1)^N (\eta_L/\eta_H)^N \end{pmatrix} \quad (8.38)$$

で与えられる．式 (8.17) から反射係数を求めると

$$\rho = \frac{\eta_0 - \eta_S (\eta_L/\eta_H)^{2N}}{\eta_0 + \eta_S (\eta_L/\eta_H)^{2N}} \quad (8.39)$$

を得る．

反射防止膜を作るには，$(\text{LH})^N$ 構造で

$$\left(\frac{\eta_H}{\eta_L}\right)^{2N} = \frac{\eta_K}{\eta_0} \quad (8.40)$$

とすればよい．一例として，基板 S に LH を 1 層載せた，LH 反射防止膜を考えよう．空気の屈折率を $n_0 = 1$，膜材料の屈折率を $n_L = 1.38, n_H = 1.69$，基板の屈折率を $n_S = 1.5$ とする．$(n_H/n_L)^2 \approx 1.5$ であるから，反射防止の条件 (8.40) をほぼ満足する．この構造で，$n_A = \sqrt{n_S} \approx 1.225$ の低屈折率光学材料を使わずに，$n_S = 1.5$ の基板に対する反射防止が実現できる．

一方，高反射膜を作るには，H と L の屈折率差を大きくとり，かつ，層数も多いほど，反射率は 1 に近づく．反射防止膜では理想的に作れば反射率は厳密に 0 になる．ところが，式 (8.17) の形から分かる通り，透過率を 0 にすることは（か

すり入射の場合を除き）不可能である．物理的には，反射光は各境界面からの反射光の干渉で消すことができるが，透過光ではそれができないため，透過率を厳密に 0 にすることはできないと解釈できる[*5]．

8.4.2 半波長膜

光学薄膜には半波長膜も使われる．$\phi = \pi$ のとき，特性行列は -1 の対角行列になる．基本的には何も入れないのと変わらない．しかし，波長や入射角が変化すれば，位相変化は 1/2 波長から変化するので，総合的な特性に効いてくる．例えば，ある波長 λ_1 で反射防止膜を設計する．これに適当な材質の半波長膜を加え，λ_1 における反射防止特性を損なうことなく，別の波長 λ_2 において反射率を下げることが可能になる．こうして，波長帯域の広い反射防止膜を設計できる．

半波長膜の例として，LH 反射防止膜の，L と H の間に n_H よりさらに屈折率の高い n_U の半波長膜を挿入した，L(2U)H 膜を考える．こうしても，中心波長 λ_0 における反射率は変化しない．ところがこのような配置をとると，低反射率の波長域を拡げることができる．一例として，$n_L = 1.38, n_H = 1.69, n_S = 1.5, n_A = 1.225$ は前の例と同じにして，$n_U = 2.3$ とする．図 8.10 は 3 種類の反射防止膜の，垂直入射の場合の反射率の波長依存性を示した図である．ただし，光学材料の分散は無視している．横軸の波長は中心波長に対する相対比でプロットしてある．A は単層膜，B は LH 膜，C は L(2U)H 膜である．この図から，LH 膜の波長幅は単層膜に比べて狭くなるが，高屈折率の半波長膜を挿入すると，波長幅が格段に

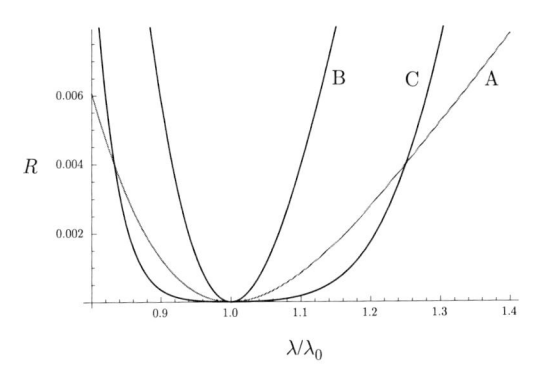

図 8.10 反射率の波長依存性 (A:単層膜，B:LH 膜，C:L(2U)H 膜)

[*5]　全反射では透過率は 0 になるが，これは原理が異なる．

8.4.3 アドミッタンス図

多層膜の設計には，視覚的に分かりやすい作図法がいくつか知られている．その一つを紹介する．境界面における電場と磁場の横成分の比 $y_j = h_j/e_j$ を j 面における光学アドミッタンスと呼ぶ．特に，第 1 面では，式 (8.18) の b, c を用いて $y_1 = c/b$ である．また，基板内では後退波が存在しないから，$y_S = \eta_S$ である．これを用いると，反射係数は

$$\rho = \frac{\eta_0 - y_1}{\eta_0 + y_1} \tag{8.41}$$

となる．式 (8.11) より，y は $j+1$ 面から j 面の間で

$$y_j = \frac{-i\eta_j \sin\phi_j + \cos\phi_j y_{j+1}}{\cos\phi_j - i\eta_j^{-1} \sin\phi_j y_{j+1}} \tag{8.42}$$

と変化する．吸収がなく位相 ϕ_j が実数であるとする．ϕ_j をパラメーターとして変化させ，$y_j(\phi_j)$ を複素平面上にプロットすると，軌跡は円になる (問題 8.5 参照)．軌跡の始点は $\phi_j = 0$ とおいて $y_j(0) = y_{j+1}$ である．1/4 波長膜では位相変化は $\pi/2$ になるが，このとき $y_j(\pi/2) = \eta_j^2/y_{j+1}$ である．この事実を用い，複素平面上に順に y_j をプロットした図をアドミッタンス図 (admittance loci) という．1/4 波長膜では，軌跡は半円になり，半波長膜では，円を一周して元に戻る．

例として，図 8.10 の B の LHS 膜，および，C の L(2U)HS 膜を取り上げよう．図 8.11 に，$\lambda = 0.9\lambda_0, \lambda_0, 1.1\lambda_0$ の光が膜に垂直に入射した場合のアドミッタンス図を示す．上段が LH 膜，下段が L(2U)H 膜である．最終値 y_1 が空気のアドミッタンス 1 に近いほど反射率は低くなる．図から，1/2 波長膜を途中に挟むことにより，最終値 y_1 の変化が抑えられることが理解できるであろう．

問題 8.5 a, b, d を任意の複素数とし，$\Im[d] \neq 0$ であるとする．複素数 z を

$$z = \frac{a\cos\phi + b\sin\phi}{\cos\phi + d\sin\phi} \tag{8.43}$$

と定義する．位相 ϕ が実数のとき，これをパラメーターとして z を複素平面上にプロットすると，軌跡は円になることを示せ．

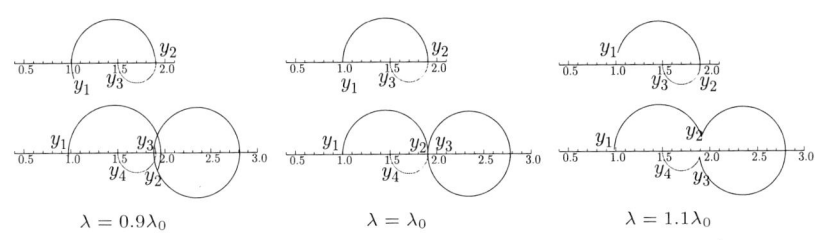

図 **8.11** 多層反射防止膜のアドミッタンス図 (上段 LH 膜, 下段 L(2U)H 膜)

解答 式 (8.43) は

$$z = z_0 + r\frac{\cos\phi + d^*\sin\phi}{\cos\phi + d\sin\phi}$$

と変形できる．ここで

$$z_0 = \frac{ad^* - b}{d^* - d}, \qquad r = -\frac{ad - b}{d^* - d}$$

である．ϕ が実数であれば，$|(\cos\phi + d^*\sin\phi)/(\cos\phi + d\sin\phi)| = 1$ であるから，$|z - z_0| = |r|$ となること，すなわち，z の軌跡は中心 z_0，半径 $|r|$ の円を描くことが分かる．

8.5 異方性媒質多層膜

これまでは，等方的な媒質からなる多層膜を考えてきた．ここでは，異方性媒質膜を含む場合を考えよう．3 章で論じたジョーンズ行列を用いた偏光計算法は，複屈折材料の透過特性を解析するために導入された大変強力な方法である．しかし，この方法は，垂直入射から近軸光線までにしか使えない．入射角が大きくなると，斜め入射の効果が無視できなくなるのである．ここでは，斜め入射の効果，境界面におけるフレネルの反射透過係数を考慮した理論を議論する．ただし，多重反射の効果は無視する．言い換えると，前進波のみを考慮し，後退波を考えないので，この点では，前節までの扱いに比べ格段に簡単になる．一方で，固有偏光や複屈折など面倒な問題を取り込まなくてなならない．本節で扱う方法を拡張ジョーンズ行列法 (extended Jones matrix method) という[33,34]．本来，本節は結晶光学の章にあるべき内容であるが，4 章が長くなるので，ここに持ってきた．

本節では，複屈折率差が小さいとする弱複屈折近似を用いる．反射透過係数は，屈折率の変化に対してそれほど敏感には変化しない．したがって，複屈折率差を

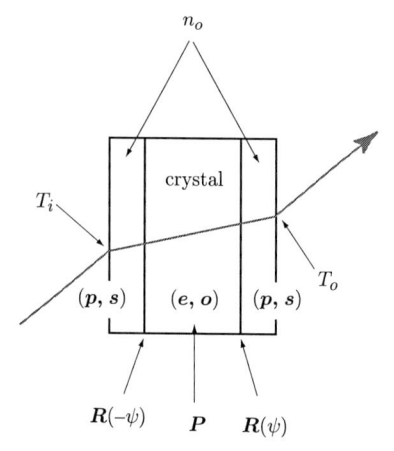

図 8.12 異方性媒質を仮想的な等方性媒質で挟んだ構造

無視し,平均的な屈折率を用いて反射透過係数を計算しても大きな誤差は生じない.これを物理的に表現するため,図 8.12 のように,異方性媒質の両面に,平均屈折率を持った等方性媒質を仮想的に貼りつけたと考える.この仮想等方媒質の厚さは 0 であるとする.すなわち,仮想媒質は反射透過係数の決定だけに用い,光波の伝搬による位相変化には一切影響しない.一方,仮想媒質と異方性媒質は屈折率がほとんど等しいから,境界面での反射は無視できる.ここでは簡単のため,異方性媒質は一軸結晶であるとして,仮想的な等方媒質の屈折率は異方性媒質の常光線屈折率 n_o に等しいとする.

この媒質を伝搬する光波の振幅の変化を,順に計算していこう.

8.5.1 透　　過

外界の屈折率を n,入射角を θ,常光線の屈折角を θ_o とすると,スネルの法則から $n\sin\theta = n_o\sin\theta_o$ が成り立つ.入射面を xz 面にとろう.よって,入射光線と屈折光線の波動ベクトルはそれぞれ,$\bm{k} = k_0 n(\sin\theta, 0, \cos\theta)$ と $\bm{k}_o = k_0 n_o(\sin\theta_o, 0, \cos\theta_o)$ で与えられる.ただし,$k_0 = \omega/c$ である.入射光の p 偏光,s 偏光成分の振幅を (E_p, E_s) とし,p 偏光と s 偏光の透過係数を t_p, t_s とする.第 1 面を透過した後の振幅には,透過係数を成分に持つ対角行列

$$\mathbf{T}_i = \begin{pmatrix} t_p & 0 \\ 0 & t_s \end{pmatrix} \tag{8.44}$$

がかかる．最後に外に出てくるところでは，等方性媒質から外界への透過係数 t'_p, t'_s を対角成分に持つ透過行列 $\mathbf{T}_o$ がかかる．

8.5.2　座標変換

仮想等方性媒質内における p 偏光，s 偏光の電場の振動方向を $\boldsymbol{p}, \boldsymbol{s}$ としよう．これは

$$\boldsymbol{p} = \begin{pmatrix} \cos\theta_o \\ 0 \\ -\sin\theta_o \end{pmatrix}, \qquad \boldsymbol{s} = \begin{pmatrix} 0 \\ 1 \\ 0 \end{pmatrix} \tag{8.45}$$

で与えられる．$\boldsymbol{p}, \boldsymbol{s}, \boldsymbol{k}_o$ がこの順に右手系をなす．光線は異方性媒質に入射すると，常光線と異常光線に分けられる．それぞれの振動方向を $\boldsymbol{o}, \boldsymbol{e}$ とする．異方性は小さく，$\boldsymbol{o}, \boldsymbol{e}$ は常光線の波動ベクトル $\boldsymbol{k}_o$ に垂直な面内にあると近似する．よって，$\boldsymbol{p}, \boldsymbol{s}$ と $\boldsymbol{e}, \boldsymbol{o}$ は同一平面内にあるから，両者の変換は単なる回転で表される．$\boldsymbol{p}$ と $\boldsymbol{e}$ の間の角度を ψ とする．二つの座標系の変換公式は

$$\begin{pmatrix} \boldsymbol{e} \\ \boldsymbol{o} \end{pmatrix} = \begin{pmatrix} \cos\psi \boldsymbol{p} + \sin\psi \boldsymbol{s} \\ -\sin\psi \boldsymbol{p} + \cos\psi \boldsymbol{s} \end{pmatrix} = \mathbf{R}(-\psi) \begin{pmatrix} \boldsymbol{p} \\ \boldsymbol{s} \end{pmatrix} \tag{8.46}$$

と書ける．ここで $\mathbf{R}(\psi)$ は式 (3.38) の回転行列である．ψ に負符号がつくのは，ベクトルの回転と座標の回転は，同じ回転を表すとき向きが逆になるからである．

さて，回転角 ψ を具体的に求めよう．一軸結晶の c 軸 (光学軸) を極座標を用いて

$$\boldsymbol{c} = \begin{pmatrix} \sin\Omega\cos\phi \\ \sin\Omega\sin\phi \\ \cos\Omega \end{pmatrix} \tag{8.47}$$

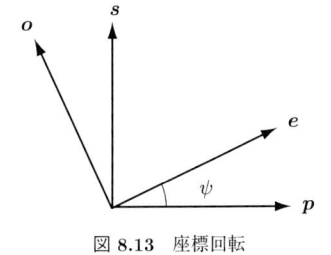

図 8.13　座標回転

とする．常光線の電場ベクトル o は k_o と c の両方に直交し，さらに，e, o, k_o は，この順に右手系をなすから

$$o = \frac{k_o \times c}{|k_o \times c|} = \frac{1}{h}\begin{pmatrix} -\sin\Omega\sin\phi\cos\theta_o \\ \sin\Omega\cos\phi\cos\theta_o - \cos\Omega\sin\theta_o \\ \sin\Omega\sin\phi\sin\theta_o \end{pmatrix}$$

$$e = \frac{o \times k_o}{|o \times k_o|} \tag{8.48}$$

で与えられる．ここで，$h^2 = \sin^2\Omega\sin^2\phi + (\sin\Omega\cos\phi\cos\theta_o - \cos\Omega\sin\theta_o)^2$ である．これから

$$\sin\psi = -o\cdot p = \frac{1}{h}\sin\Omega\sin\phi$$
$$\cos\psi = o\cdot s = \frac{1}{h}(\sin\Omega\cos\phi\cos\theta_o - \cos\Omega\sin\theta_o) \tag{8.49}$$

が得られる．

8.5.3 異方性媒質中の伝搬

異方性媒質中を伝搬することにより位相遅れ Γ が生じる．その効果は，位相遅れの行列

$$\mathbf{P}_C = \begin{pmatrix} e^{ik_{ez}d} & 0 \\ 0 & e^{ik_{oz}d} \end{pmatrix} \equiv \begin{pmatrix} 1 & 0 \\ 0 & e^{i\Gamma} \end{pmatrix} \tag{8.50}$$

で表される．ただし，$\Gamma = (k_{oz} - k_{ez})d$ である．位相遅れの具体的な計算は次項で行う．

波長板を屈折率の異方性を持つ媒質と考えるのと同じように，偏光子は吸収率の異方性を持つ媒質と考えると，全く同じ扱いができる．特に，異常光線に対する透過率が 1，常光線に対する透過率が 0 の理想的な偏光子については

$$\mathbf{P}_P = \begin{pmatrix} 1 & 0 \\ 0 & 0 \end{pmatrix} \tag{8.51}$$

と書ける．現実的な場合を表すには，異常光線，常光線の透過係数を対角成分に持つ行列とすればよい．

8.5.4 拡張ジョーンズ行列

異方性媒質を通過した光波は，再び等方性媒質に入射し外界に出てくる．以上をまとめて，異方性媒質を透過した後の電場の振幅 (E'_p, E'_s) は

$$\begin{pmatrix} E'_p \\ E'_s \end{pmatrix} = \mathbf{T}_o \mathbf{R}(\psi) \mathbf{P} \mathbf{R}(-\psi) \mathbf{T}_i \begin{pmatrix} E_p \\ E_s \end{pmatrix}$$

$$= \begin{pmatrix} t'_p & 0 \\ 0 & t'_s \end{pmatrix} \begin{pmatrix} \cos\psi & -\sin\psi \\ \sin\psi & \cos\psi \end{pmatrix} \begin{pmatrix} P_e & 0 \\ 0 & P_o \end{pmatrix}$$

$$\cdot \begin{pmatrix} \cos\psi & \sin\psi \\ -\sin\psi & \cos\psi \end{pmatrix} \begin{pmatrix} t_p & 0 \\ 0 & t_s \end{pmatrix} \begin{pmatrix} E_p \\ E_s \end{pmatrix} \quad (8.52)$$

となる．以上の式のうち，$\mathbf{R}(\psi)\mathbf{P}\mathbf{R}(-\psi)$ は主軸が ψ 回転した偏光素子（波長板，偏光子）のジョーンズ行列にほかならない．ここでの扱いでは，その前後に透過係数からなる行列がかかる．

8.5.5 位相遅れ

入射角 θ の平面波を考える．偏光子を通過した光は，結晶内で二つの固有偏光に別れて伝搬する．二つの固有偏光の屈折率を n_a, n_b とし，それぞれの屈折角を θ_a, θ_b とする．厚さ d の結晶中を伝搬した後の位相遅れ Γ は

$$\Gamma = k(n_a \cos\theta_a - n_b \cos\theta_b)d \quad (8.53)$$

で与えられる．屈折角については，スネルの法則 $n\sin\theta = n_a \sin\theta_a = n_b \sin\theta_b$ が成り立つ．

位相遅れの大きさを，一軸結晶について具体的に計算しておこう．常光線，異常光線の主屈折率を N_o, N_e とし，固有偏光に対する屈折率を n_o, n_e，屈折角を θ_o, θ_e とする．

常光線の屈折率は常に $n_o = N_o$ である．屈折率ベクトルの z 成分は

$$n_o \cos\theta_o = N_o \sqrt{1 - \frac{n^2 \sin^2\theta}{N_o^2}} \quad (8.54)$$

となる．

一方，異常光線の固有屈折率 n_e は，c 軸と異常光線の波面法線との間の角度を

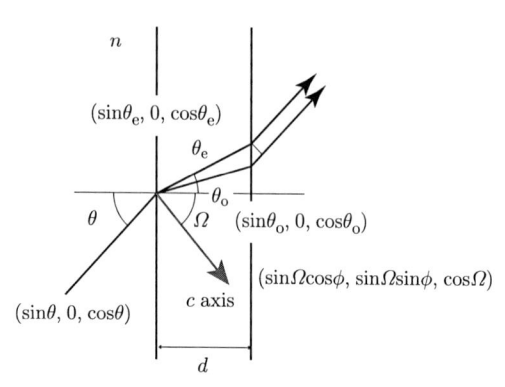

図 8.14 複屈折する 2 本の光の屈折率ベクトルと一軸結晶の c 軸

χ とすると,式 (4.48a) より

$$\frac{1}{n_e^2} = \frac{\cos^2\chi}{N_o^2} + \frac{\sin^2\chi}{N_e^2} \tag{8.55}$$

で与えられる.そこで,図 8.14 のように,c 軸方向の単位ベクトルを式 (8.47) とし,異常光線の屈折角を θ_e,したがって,異常光線の波面法線ベクトルを $\boldsymbol{e}_e = (\sin\theta_e, 0, \cos\theta_e)$ とすると,$\cos\chi$ は

$$\cos\chi = \boldsymbol{c} \cdot \boldsymbol{e}_e = \sin\theta_e \sin\Omega \cos\phi + \cos\theta_e \cos\Omega \tag{8.56}$$

で与えられる.この式に固有屈折率 n_e をかけ,屈折の法則を用いると

$$n_e \cos\chi = n \sin\theta \sin\Omega \cos\phi + n_e \cos\theta_e \cos\Omega \tag{8.57}$$

と得られる.ところで,式 (8.55) の両辺に n_e^2 をかけると

$$1 = \left(\frac{1}{N_o^2} - \frac{1}{N_e^2}\right) n_e^2 \cos^2\chi + \frac{n_e^2}{N_e^2}$$

と変形できる.そこで,求めたい量を $Z = n_e \cos\theta_e$ とおいて,$n_e^2 = Z^2 + n^2 \sin\theta^2$ の関係を利用すると

$$1 = \left(\frac{1}{N_o^2} - \frac{1}{N_e^2}\right)\left(n\sin\theta \sin\Omega \cos\phi + Z\cos\Omega\right)^2$$
$$+ \frac{Z^2}{N_e^2} + \frac{n^2 \sin^2\theta}{N_e^2} \tag{8.58}$$

という式が導かれる.この式は Z の 2 次式として次のようにまとめられる.

$$AZ^2 + BZ + C = 0 \tag{8.59}$$

ただし

$$\begin{aligned}
A &= \frac{\cos^2 \Omega}{N_o^2} + \frac{\sin^2 \Omega}{N_e^2} \\
B &= \left(\frac{1}{N_o^2} - \frac{1}{N_e^2}\right) n \sin\theta \sin 2\Omega \cos\phi \\
C &= \left(\frac{\sin^2 \Omega \cos^2 \phi}{N_o^2} + \frac{1 - \sin^2 \Omega \cos^2 \phi}{N_e^2}\right) n^2 \sin^2\theta - 1
\end{aligned} \tag{8.60}$$

平方根の複号は正をとり,

$$n_e \cos\theta_e \equiv Z = \frac{-B + \sqrt{B^2 - 4AC}}{2A} \tag{8.61}$$

が導かれる.

a 板

特に,c 軸が xy 面内にあるときは ($\cos\Omega = 0, \sin\Omega = 1$)

$$n_e \cos\theta_e = N_e \sqrt{1 - \left(\frac{\cos^2\phi}{N_o^2} + \frac{\sin^2\phi}{N_e^2}\right) n^2 \sin^2\theta} \tag{8.62}$$

となる.このとき,位相遅れは

$$\Gamma = k_0 d \left[N_o \sqrt{1 - \frac{n^2 \sin^2\theta}{N_o^2}} - n_e \cos\theta_e \right] \tag{8.63}$$

と書ける.

入射角が十分小さいとき ($\sin\theta \ll 1$)

$$\Gamma = k_0 d (N_o - N_e) \left[1 - \frac{1}{2N_o} \left(\frac{\cos^2\phi}{N_o} - \frac{\sin^2\phi}{N_e}\right) n^2 \sin^2\theta \right] \tag{8.64}$$

と近似できる.

c 板

一方,c 軸が z 軸方向を向くときは ($\cos\Omega = 1, \sin\Omega = 0$)

$$n_e \cos\theta_e = N_o \sqrt{1 - \frac{n^2 \sin^2\theta}{N_e^2}} \tag{8.65}$$

となり，位相遅れは

$$\Gamma = k_0 d N_o \left(\sqrt{1 - \frac{n^2 \sin^2\theta}{N_o^2}} - \sqrt{1 - \frac{n^2 \sin^2\theta}{N_e^2}} \right) \tag{8.66}$$

で与えられる．

入射角が十分小さいとき ($\sin\theta \ll 1$)

$$\Gamma = \frac{1}{2} k_0 d N_o \left(\frac{1}{N_e^2} - \frac{1}{N_o^2} \right) n^2 \sin^2\theta \tag{8.67}$$

と近似できる．

8.5.6 コノスコープ

ここでは，拡張ジョーンズベクトル法の応用として，偏光の間の干渉を考えよう．結晶を平行な板に加工し，偏光した発散光で照明し，偏光の変化を検光子を通してレンズの焦点面上で観測する装置をコノスコープ (conoscope) という．コノスコープは結晶中で二つの固有偏光に分かれた光を，検光子で同一の偏光状態に変換し干渉させる装置と見なせる．この意味で，偏光干渉計ということができる．

以下では，図 8.15 のように，偏光子 (polarizer)，結晶 (crystal)，検光子 (analyzer) が密着した構造を解析する．簡単のため，偏光子，結晶，検光子の屈折率はほとんど等しく，光線の屈折は無視でき，さらに，境界面での反射も無視できるとする．

図 8.15 に示すように，全系の変換行列 $\mathbf{M}$ は

$$\begin{aligned}\mathbf{M} = &\mathbf{T}_o \mathbf{R}(\psi_A) \mathbf{P}_A \mathbf{R}(-\psi_A) \mathbf{R}(\psi_C) \mathbf{P}_C \\ &\cdot \mathbf{R}(-\psi_C) \mathbf{R}(\psi_P) \mathbf{P}_P \mathbf{R}(-\psi_P) \mathbf{T}_i\end{aligned} \tag{8.68}$$

と書ける．ここで，$\mathbf{P}_A = \mathbf{P}_P$ は，式 (8.51) で与えられる偏光子の伝搬行列である．また，$\mathbf{R}(-\psi_A)\mathbf{R}(\psi_C) = \mathbf{R}(-\psi_A + \psi_C)$ が成り立つから，少し簡単にできる．

入射光が無偏光の場合，透過率 τ は

8.5 異方性媒質多層膜

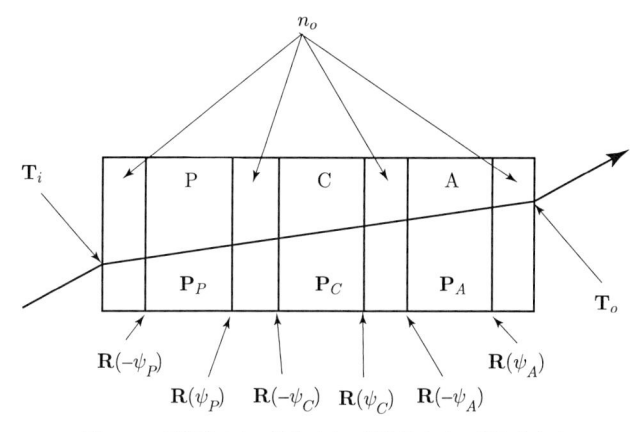

図 8.15 偏光子 (P), 結晶 (C), 検光子 (A) の組み合わせ

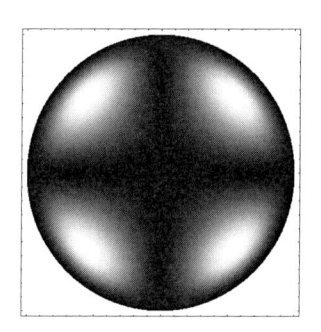

図 8.16 直交偏光子の漏れ

$$\tau = \frac{1}{2}(|M_{11}|^2 + |M_{12}|^2 + |M_{21}|^2 + |M_{22}|^2) \tag{8.69}$$

で与えられる．この計算では，光線の入射角 θ を 0 から $\pi/2$ まで変え，さらに，方位角を変える．ところが式 (8.68) では，光線の入射面を xz 面に固定したので，光線の方位角を変えることはできない．しかし，その代わりに結晶の c 軸の方位角 ϕ を変えても同じである．よって，ϕ を 0 から 2π まで変えて計算する．上に示す図は，計算結果を (θ, ϕ) で極座標表示したものである．図の中心が垂直入射 ($\theta = 0$) に相当し，縁がかすり入射 ($\theta = \pi/2$) に相当する．濃淡が透過光の強度分布を表す．実験では入射角を $\pi/2$ までとることは不可能であるから，中心部分を切りとったものが観測される．

図 8.16 は，結晶を挿入せず，二つの偏光子を直交しておいたときの漏れを計算

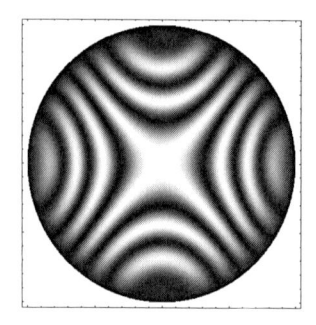

図 8.17　a 板のコノスコープ像 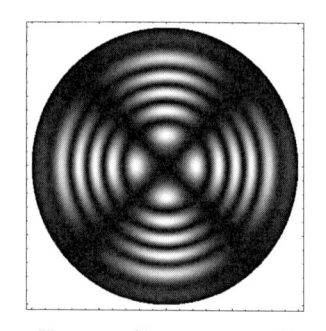　　　図 8.18　c 板のコノスコープ像

した強度分布図である．垂直入射では二つの偏光子は直交するから，透過率は 0 になる．ところが，入射角が大きくなると，偏光子と検光子の間の見かけの角度が $\pi/2$ からずれてくる．単なるベクトルの射影成分の計算では，入射角が $90°$ のかすり入射に近づくほど漏れ成分が大きくなるが，かすり入射では反射率が 1 に近づく効果で漏れが減少する．

　図 8.17 は，c 軸が xy 面内にある a 板を直交偏光子で挟んだときの透過強度の入射光角度依存性を表す強度分布図である．a 板では，c 軸は図の水平面内にあり，偏光子の透過軸と c 軸は $45°$ の角度で交差している．

　図 8.18 は，c 軸が z 軸方向を向いた c 板を直交偏光子で挟んだときの透過強度の入射光角度依存性を表す強度分布図である．c 板では c 軸が面に垂直であるから，位相差は回転対称である．しかし，図にある通り，対角線方向に暗線が入る．これは，偏光子の軸方向が入射面と平行か垂直のとき，偏光子を通った光は，常光線か異常光線のどちらか一方になってしまい，位相差が意味を持たなくなるからである．

9

不均一な層状媒質

9.1 屈折率が連続的に変化する膜

2章と8章では,異種媒質が平面で接する急峻な境界面における反射屈折を扱った.ここでは境界面が厚さを持ち,過渡領域で光学定数が連続的に変化する層状媒質における光の反射や屈折について考えよう[35].本章では $\mu = 1$ と仮定する.

不均一な層状媒質 (inhomogeneous stratified medium) とは,光学定数が表面に平行な面内では一様で,表面からの深さのみの関数になる媒質を意味する.媒質の表面を xy 面にとり,これに垂直に z 軸をとる.図 9.1 に示すように,層状媒質の過渡領域を $z_1 < z < z_2$ としよう.入射空間 $z < z_1$ における比誘電率および屈折率を $\epsilon_1 = n_1^2$,射出空間 $z > z_2$ における値を $\epsilon_2 = n_2^2$,その間の値を $\epsilon(z) = n^2(z)$ とする.

この層状媒質に,角周波数 ω,波動ベクトル $\bm{k}_1 = k_0 \bm{n}_1$ の単色平面波が入射したとする.ただし $k_0 = \omega/c$ は真空中の波数である.入射面(表面法線と入射光の波動ベクトルを含む面)を xz 面とし,入射角を θ_1 とする.よって,波動ベクトル $\bm{k}_1$ は $k_0 n_1 (\sin\theta_1, 0, \cos\theta_1)$ となる.不均一な層状媒質に対してもスネルの法則が成り立ち,波動ベクトルの x 成分は z によらず一定値をとる.よって,媒質中の

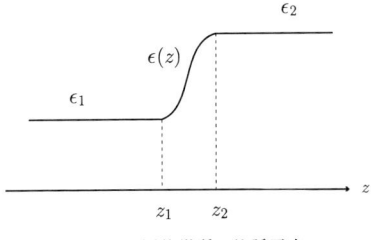

図 9.1 層状媒質の比誘電率

光波の波動ベクトルは,$\boldsymbol{k}(z) = (\alpha, 0, \beta(z))$ と書ける.ここで,$\alpha = k_0 n_1 \sin\theta_1$ は,入射角で決まる定数である.波動ベクトルの z 成分 $\beta(z)$ は,$\alpha^2 + \beta^2 = k_0^2 n^2$ の関係から定まる.透過後の波動ベクトル $\boldsymbol{k}_2 = (\alpha, 0, \beta_2)$ は,屈折率が途中でどのように変化してもその変化の仕方によらず,終値 n_2 だけで決まる.すなわち,スネルの法則は,膜の構造には依存せず,入射空間と射出空間の屈折率だけで決まる.

9.1.1　s　偏　光

はじめに,電場が入射面 (xz 面) に直交する s 偏光を考えよう.電場は y 成分 E_y だけが 0 でない値を持ち,一方磁場は x 成分 H_x と z 成分 H_z が 0 でない値を持つ.これらの関数は x と z にのみ依存し,y には依存しない.吸収がない場合のマクスウェル方程式 (1.14) から,これらの場は

$$-\frac{\partial E_y}{\partial z} = i\omega\mu_0 H_x \tag{9.1a}$$

$$\frac{\partial E_y}{\partial x} = i\omega\mu_0 H_z \tag{9.1b}$$

$$\frac{\partial H_x}{\partial z} - \frac{\partial H_z}{\partial x} = -i\omega\epsilon_0 \epsilon E_y \tag{9.1c}$$

に従う.これから電場 E_y に対する方程式を求めると

$$\frac{\partial^2 E_y}{\partial x^2} + \frac{\partial^2 E_y}{\partial z^2} + \epsilon k_0^2 E_y = 0 \tag{9.2}$$

となる.電磁場は x 方向には $\exp(i\alpha x)$ の形を持つから,$E_y = E(z)\exp[i(\alpha x - \omega t)]$ とおくことができる.このとき,振幅 $E(z)$ は

$$\frac{d^2 E}{dz^2} + \beta^2 E = 0 \tag{9.3}$$

を満たす.ただし,波動ベクトルの z 成分は

$$\beta^2 = k_0^2 n^2 - \alpha^2 \tag{9.4}$$

で与えられる.入射空間,射出空間での β の値はそれぞれ $\beta_1 = k_0 n_1 \cos\theta_1$ および $\beta_2 = k_0 n_2 \cos\theta_2$ である.

層状媒質の過渡領域 $z_1 \le z \le z_2$ における方程式 (9.3) が解けたとして,その

基本解（二つの独立な解）を $u_s(z), v_s(z)$ とする．電場の振幅は入射空間では，入射波と反射波の和に書ける．また，射出空間では，透過波のみが存在する．よって，電場 $E(z)$ は

$$E(z) = \begin{cases} e^{i\beta_1 z} + r_s e^{-i\beta_1 z} & (z < z_1) \\ A u_s(z) + B v_s(z) & (z_1 \leq z \leq z_2) \\ t_s e^{i\beta_2 z} & (z > z_2) \end{cases} \tag{9.5}$$

と書ける．ここで，r_s は反射係数，t_s は透過係数である．

基本解とその微分からなる次の行列を考える．

$$\mathbf{W}_s(z) = \begin{pmatrix} u_s(z) & v_s(z) \\ u_s'(z) & v_s'(z) \end{pmatrix} \tag{9.6}$$

ここで，プライムは z による微分を意味する．この行列を用いると不均一膜内における解とその微分は

$$\begin{pmatrix} E(z) \\ E'(z) \end{pmatrix} = \mathbf{W}_s(z) \begin{pmatrix} A \\ B \end{pmatrix} \tag{9.7}$$

と書けることを注意しておく．

この行列の行列式 $W_s(z) = \det\left[\mathbf{W}_s(z)\right]$ をロンスキアン（Wronskian）という．正規形の 2 階微分方程式に対しては，ロンスキアン W_s は 0 ではない定数になる[*1]．それを $W_s = W_0$ とする．

境界においては，関数値とその 1 階微分が連続でなくてはならない．よって，式 (9.7) の係数 A, B に対して

$$\mathbf{W}_s(z_1) \begin{pmatrix} A \\ B \end{pmatrix} = \begin{pmatrix} 1 \\ i\beta_1 \end{pmatrix} e^{i\beta_1 z_1} + \begin{pmatrix} 1 \\ -i\beta_1 \end{pmatrix} r_s e^{-i\beta_1 z_1} \tag{9.8a}$$

$$\mathbf{W}_s(z_2) \begin{pmatrix} A \\ B \end{pmatrix} = \begin{pmatrix} 1 \\ i\beta_2 \end{pmatrix} t_s e^{i\beta_2 z_2} \tag{9.8b}$$

が導かれる．そこで

[*1] ロンスキアンを z で微分すると，$W_s' = (u_s v_s' - v_s u_s')' = u_s v_s'' - v_s u_s'' = -\beta^2(u_s v_s - v_s u_s) = 0$ となるから，ロンスキアンは定数である．

$$\mathbf{M} = \mathbf{W}_s(z_1)\mathbf{W}_s^{-1}(z_2) = \begin{pmatrix} u_1 & v_1 \\ u_1' & v_1' \end{pmatrix} \begin{pmatrix} v_2'/\sqrt{W_0} & -v_2/\sqrt{W_0} \\ -u_2'/\sqrt{W_0} & u_2/\sqrt{W_0} \end{pmatrix} \quad (9.9)$$

とおく．ただし，$u_s(z_1) = u_1$ などと略記した．特に，初期状態における行列 $\mathbf{W}_s(z_1)$ を単位行列にとると，$W_0 = 1$ であり

$$\mathbf{M} = \begin{pmatrix} M_{11} & M_{12} \\ M_{21} & M_{22} \end{pmatrix} = \begin{pmatrix} v_2' & -v_2 \\ -u_2' & u_2 \end{pmatrix} \quad (9.10)$$

となる．これを式 (9.8b) にかけて，式 (9.8a) に等しいとおくと

$$\begin{pmatrix} 1 \\ i\beta_1 \end{pmatrix} e^{i\beta_1 z_1} + \begin{pmatrix} 1 \\ -i\beta_1 \end{pmatrix} r_s e^{-i\beta_1 z_1} = \mathbf{M} \begin{pmatrix} 1 \\ i\beta_2 \end{pmatrix} t_s e^{i\beta_2 z_2} \quad (9.11)$$

を得る．式 (9.11) に左から行ベクトル $(i\beta_1, \pm 1)$ をかけると，次の方程式が得られる．

$$2i\beta_1 e^{i\beta_1 z_1} = V_+ t_s e^{i\beta_2 z_2}$$
$$2i\beta_1 r_s e^{-i\beta_1 z_1} = V_- t_s e^{i\beta_2 z_2} \quad (9.12)$$

ただし

$$V_\pm = (i\beta_1, \pm 1) \begin{pmatrix} M_{11} & M_{12} \\ M_{21} & M_{22} \end{pmatrix} \begin{pmatrix} 1 \\ i\beta_2 \end{pmatrix}$$
$$= (i\beta_1 M_{11} - \beta_1 \beta_2 M_{12}) \pm (M_{21} + i\beta_2 M_{22}) \quad (9.13)$$

である．これを解いて

$$r_s = \frac{V_-}{V_+} e^{2i\beta_1 z_1} \quad (9.14\text{a})$$

$$t_s = \frac{2i\beta_1}{V_+} e^{i(\beta_1 z_1 - \beta_2 z_2)} \quad (9.14\text{b})$$

を得る．

特に比誘電率がステップ関数 $\epsilon = \epsilon_1(z < 0), \epsilon_2(z > 0)$ になる急峻な表面の場合は，境界面で E は連続であり，また，式 (9.1a) より $E' \propto H_x$ であるから，E' も連続になる．よって，行列 $\mathbf{M}$ は単位行列となる．これから $V_\pm = i(\beta_1 \pm \beta_2)$

が求まる.これを式 (9.14) に代入し,フレネルの反射透過係数 (2.20)

$$r_s = \frac{\beta_1 - \beta_2}{\beta_1 + \beta_2}$$
$$t_s = \frac{2\beta_1}{\beta_1 + \beta_2} \tag{9.15}$$

が導かれる.

9.1.2 反射透過係数の位相因子

反射透過係数の位相は,表面の位置に依存する.事実,反射係数 (9.14a) には位相因子 $\exp(2i\beta_1 z_1)$ が,また透過係数 (9.14b) には位相因子 $\exp[i(\beta_1 z_1 - \beta_2 z_2)]$ がつく.もちろんこの位相因子は反射率や透過率の計算には影響を与えない.

表面に厚みのある場合,反射面の位置を一意的に決めることができない.その結果,反射係数や透過係数の位相が一意的には定まらないことになる.ここでは,入射空間,射出空間における波動関数を式 (9.5) のように z_1 や z_2 を含まない形に書いて,この式に基づいて反射透過係数を定義した.その代わりに,入射側の波動関数を z_1 を起点にして

$$e^{i\beta_1(z-z_1)} + r_s e^{-i\beta_1(z-z_1)} \tag{9.16}$$

と定義すれば,反射係数に余計な位相因子はつかない.透過係数についても,透過側の波動関数を z_2 から測る形に書き換えれば位相因子は落ちる.

9.1.3 p 偏 光

磁場が入射面に垂直になる p 偏光を考えよう.基本的には,電場と磁場を入れ替えれば,s 偏光と同様の議論ができる.p 偏光に対するマクスウェル方程式は

$$-\frac{\partial H_y}{\partial z} = -i\omega\epsilon_0\epsilon E_x \tag{9.17a}$$

$$\frac{\partial H_y}{\partial x} = -i\omega\epsilon_0\epsilon E_z \tag{9.17b}$$

$$\frac{\partial E_x}{\partial z} - \frac{\partial E_z}{\partial x} = i\omega\mu_0 H_y \tag{9.17c}$$

となる.これから,磁場の y 成分 H_y に対する微分方程式

$$\frac{\partial}{\partial x}\left(\frac{1}{\epsilon}\frac{\partial H_y}{\partial x}\right) + \frac{\partial}{\partial z}\left(\frac{1}{\epsilon}\frac{\partial H_y}{\partial z}\right) + k_0^2 H_y = 0 \tag{9.18}$$

が導かれる．この式に $H_y = H(z)\exp[i(\alpha x - \omega t)]$ を代入すると

$$\frac{d}{dz}\left(\frac{1}{\epsilon}\frac{dH}{dz}\right) + \left(k_0^2 - \frac{\alpha^2}{\epsilon}\right)H = 0 \tag{9.19a}$$

または

$$\frac{d^2 H}{dz^2} - \frac{1}{\epsilon}\frac{d\epsilon}{dz}\frac{dH}{dz} + \left(\epsilon k_0^2 - \alpha^2\right)H = 0 \tag{9.19b}$$

が得られる．

これを2階の常微分方程式の正規形に変形しよう．一つは磁場 H の代わりに，電場に相当する量 $F = H\sqrt{\mu_0\mu/\epsilon_0\epsilon} \propto H/\sqrt{\epsilon}$ を使う方法がある．この結果，正規形

$$\frac{d^2 F}{dz^2} + \beta_p^2 F = 0 \tag{9.20}$$

が導かれる．ただし

$$\beta_p^2 = \beta^2 + \frac{1}{2\epsilon}\frac{d^2\epsilon}{dz^2} - \frac{3}{4\epsilon^2}\left(\frac{d\epsilon}{dz}\right)^2 \tag{9.21}$$

である．

もう一つは，z 軸の長さを比誘電率に応じて変換する方法で，$d\zeta = \epsilon dz$ を満たす ζ を独立変数とする．この方法では

$$\frac{d^2 H}{d\zeta^2} + \sigma^2 H = 0 \tag{9.22}$$

が導かれる．ただし

$$\sigma = \sqrt{\frac{k_0^2}{\epsilon} - \frac{\alpha^2}{\epsilon^2}} = \frac{\beta}{\epsilon} = \frac{\beta}{n^2} \tag{9.23}$$

である．この量 σ は，p偏光のフレネル係数を表すために式 (2.22) で一度導入されている．なお数値計算をするとき，z から ζ への座標変換に伴い，$\epsilon(z)$ を $\epsilon(\zeta)$ に変換することを忘れてはいけない．この変換は面倒であるから，数値計算をするときは元の微分方程式 (9.19) に戻った方がよい．

磁場 $H(z)$ の入射空間，射出空間における境界条件は

$$e^{i\beta_1 z} + r_p e^{-i\beta_1 z} \ \leftarrow\ H(z) \ \rightarrow\ \frac{n_2}{n_1}t_p e^{i\beta_2 z} \tag{9.24}$$

で与えられる．反射透過係数は電場の比で定義されるから，磁場に対する係数を

電場に対する係数に変換しなくてはならない．透過係数には，式 (2.24) に示すように，電場と磁場の大きさの比に起因する補正因子 $m_2/m_1 = n_2/n_1$ がかかる．また，反射係数の符号は 2 章での定義と一致する．垂直入射では，電場の反射係数と磁場の反射係数では符号が異なる．したがって，この定義では，垂直入射で，$r_p = -r_s$ となる．

s 偏光の場合と同様に微分方程式の解から反射透過係数を求めることができる．ここでは $H(z)$ に対する初めの方程式 (9.19) に戻り，この微分方程式の基本解を $u_p(z), v_p(z)$ とすると，解 $H(z)$ の境界条件は

$$H(z) = \begin{cases} e^{i\beta_1 z} + r_p e^{-i\beta_1 z} & (z < z_1) \\ A u_p(z) + B v_p(z) & (z_1 \leq z \leq z_2) \\ \dfrac{n_2}{n_1} t_p e^{i\beta_2 z} & (z > z_2) \end{cases} \quad (9.25)$$

と書ける．式 (9.6) と同様に，u_p, v_p から行列 $\mathbf{W}_p(z)$ を定義する．この場合，ロンスキアン $W_p(z) = \det[\mathbf{W}_p(z)]$ は定数にはならない．簡単な計算から

$$\frac{dW_p}{dz} = \frac{1}{\epsilon}\frac{d\epsilon}{dz} W_p \quad (9.26)$$

を満たすことが導かれる．この微分方程式を解いて

$$\ln W_p = \ln \epsilon + C \quad (9.27)$$

が導かれる．ここで，C は積分定数である．これから，p 偏光のロンスキアンは ϵ に比例することが分かる．

境界条件の解き方は s 偏光の場合と同じである．結果は

$$r_p = \frac{V_-}{V_+} e^{2i\beta_1 z_1} \quad (9.28)$$

$$\frac{n_2}{n_1} t_p = \frac{2i\beta_1}{V_+} e^{i(\beta_1 z_1 - \beta_2 z_2)} \quad (9.29)$$

ただし，$\mathbf{M} = \mathbf{W}_p(z_1)\mathbf{W}_p^{-1}(z_2)$ とおいて，$V_\pm$ は式 (9.13) で定義された量である．なお，行列 $\mathbf{M}$ の行列式は

$$\det \mathbf{M} = \frac{\epsilon_1}{\epsilon_2} \quad (9.30)$$

である.

比誘電率がステップ関数となる急峻な表面の場合を考えよう.H は連続であるから,$H_1 = H_2$ となる.一方,式 (9.17a) より,$H' \propto \epsilon E_x$ であり,E_x が連続であるから,$H_1'/\epsilon_1 = H_2'/\epsilon_2$ となる.よって,$\mathbf{W}_p(z_1)$ が単位行列のとき

$$\mathbf{W}_p(z_2) = \begin{pmatrix} 1 & 0 \\ 0 & \epsilon_2/\epsilon_1 \end{pmatrix} \tag{9.31}$$

となる.$\mathbf{M}$ はその逆行列であるから

$$\mathbf{M} = \mathbf{W}_p(z_2)^{-1} = \begin{pmatrix} 1 & 0 \\ 0 & \epsilon_1/\epsilon_2 \end{pmatrix} \tag{9.32}$$

を得る.これから $V_\pm = i(\beta_1 \pm \beta_2 \epsilon_1/\epsilon_2)$ が求まる.これを式 (9.28) に代入すると,p 偏光に対するフレネルの式 (2.21)

$$\begin{aligned} r_p &= \frac{\sigma_1 - \sigma_2}{\sigma_1 + \sigma_2} \\ t_p &= \frac{n_1}{n_2} \frac{2\sigma_1}{\sigma_1 + \sigma_2} \end{aligned} \tag{9.33}$$

が導かれる.

s 偏光については,$\epsilon_1 < \epsilon_2$ であれば,$\beta_1 < \beta_2$ である.ところが p 偏光では,$\sigma_1 = \sigma_2$ を満たす入射角が存在する.実際,波動ベクトルの x 成分が

$$\alpha = k_0 \sqrt{\frac{\epsilon_1 \epsilon_2}{\epsilon_1 + \epsilon_2}} \tag{9.34}$$

のとき,$\sigma_1 = \sigma_2$ となり,反射が消える.このときの入射角がブルースター角にほかならない.比誘電率が境界領域で連続的に変化する場合は,反射率は厳密には 0 にはならないが,それでも小さな値をとる.図 9.2 と図 9.3 は比誘電率が式 (9.35) で与えられるときの,β 関数と σ 関数をプロットしたものである.この図から明らかなように,s 偏光に対する $\beta(z)$ 関数は,入射角が変わっても定性的には変化しないが,p 偏光に対する $\sigma(z)$ 関数は,ブルースター角を境に左右の大小関係が逆転する.

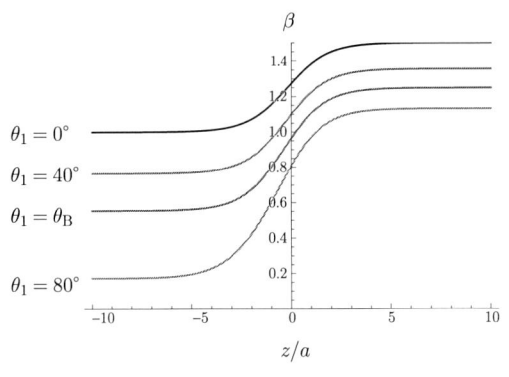

図 9.2 β 関数の例

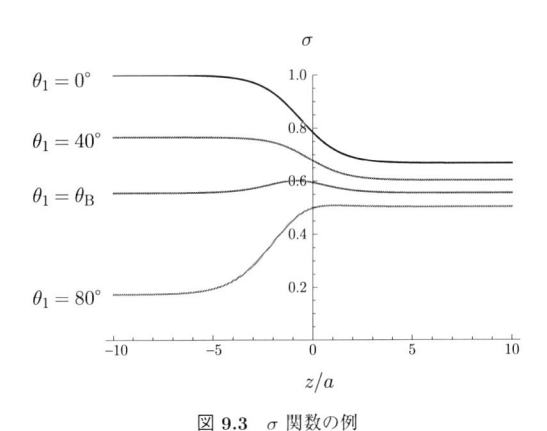

図 9.3 σ 関数の例

9.2 解析的に解ける例

不均一膜の効果を見るため，解析的な解が分かっている例を挙げよう．以下の例はすべて s 偏光の場合である．一般に p 偏光に対する解析解は難しい．

9.2.1 tanh 型

比誘電率が tanh で変化する場合，s 偏光に対して解析解が得られる．比誘電率を

$$\epsilon(z) = \frac{1}{2}(\epsilon_1 + \epsilon_2) - \frac{1}{2}(\epsilon_1 - \epsilon_2)\tanh\left(\frac{z}{2a}\right) \tag{9.35}$$

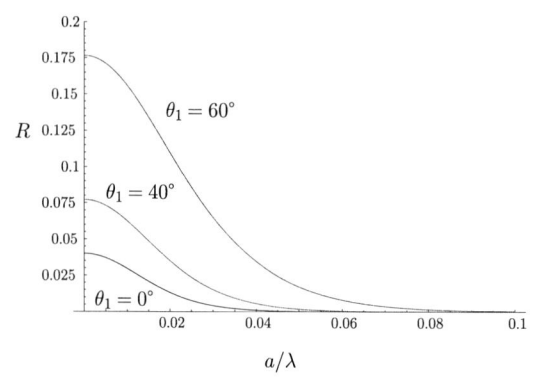

図 9.4 tanh 型の比誘電率に対する s 偏光の反射率の厚さ依存性

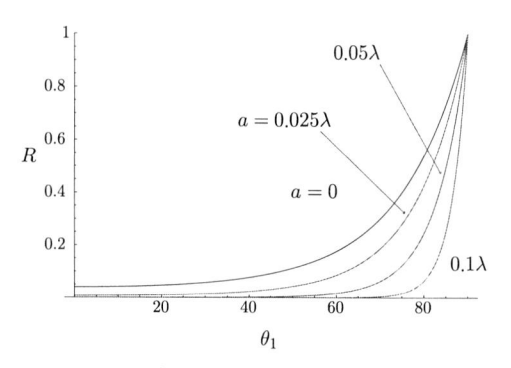

図 9.5 tanh 型の比誘電率に対する s 偏光の反射率の入射角依存性

とする．a は厚さを表すパラメーターである．これに対する方程式 (9.3) の解は超幾何関数を用いて表すことができ，反射率は次のように与えられる[35]．

$$R_s = \left[\frac{\sinh \pi a(\beta_1 - \beta_2)}{\sinh \pi a(\beta_1 + \beta_2)}\right]^2 \tag{9.36}$$

図 9.4 に入射角が $0°, 40°, 60°$ の場合の反射率の厚さ依存性のグラフを示す．また，厚さが波長の $1/40, 1/20, 1/10$ のときの角度依存性のグラフを図 9.5 に示す．厚さが波長の $1/10$ のとき，入射角が $60°$ 以内で反射率はほぼ 0 に落ちる．

9.2.2 線　　形

比誘電率が z に対し線形に変化する場合を考える[33]．ここでも偏光は s 偏光であるとする．β^2 は

$$\beta^2(z) = \begin{cases} \beta_1^2 & (z < 0) \\ \beta_1^2 + gz & (0 < z < L) \\ \beta_2^2 & (z > L) \end{cases} \tag{9.37}$$

と書ける．ここで，L は膜の厚さで，傾き g は

$$g = \frac{\beta_2^2 - \beta_1^2}{L} = k_0^2 \frac{\epsilon_2 - \epsilon_1}{L} \tag{9.38}$$

である．この β に対して式 (9.3) を解く．$0 < z < L$ の領域で，独立変数を z から $u = g^{-2/3}\beta^2$ に変換すると，微分方程式 (9.3) は

$$\frac{d^2 E}{du^2} + uE = 0 \tag{9.39}$$

となる．この微分方程式の解は

$$E(u) = C_1 \mathrm{Ai}(-u) + C_2 \mathrm{Bi}(-u) \tag{9.40}$$

の形に書ける．ここで，$\mathrm{Ai}(u), \mathrm{Bi}(u)$ はエアリー (Airy) 関数である[*2)]．

9.3 数 値 計 算

数値計算法には，2 通りある．一つは，9.1 節で議論した微分方程式を数値的に解く方法である．第 2 は，比誘電率の変化を階段関数で近似し，多層膜として近似解を求める方法である．図 9.6 は微分方程式の近似解を用いて求めた反射率である．屈折率は $n_1 = 1$, $n_2 = 1.5$ で，厚さ Δz にわたり直線的に変化するとした．入射角に対し単調に増加するのが s 偏光，一度落ち込んで再び大きくなるのが p 偏光である．過渡領域の厚さが 0 の場合と，$\Delta z = 0.2\lambda, 0.4\lambda$ の 3 通りの計算結果を表示した．

近年，この原理を用いた反射防止膜が開発された．屈折率が空気から連続的に変わる材料のモデルとして，横方向の大きさが光の波長に比べて十分小さいピラミッド状の突起を敷き詰めたものを考える．構造が波長に比べて小さいので，散

[*2)] エアリー関数 $\mathrm{Ai}(x), \mathrm{Bi}(x)$ は微分方程式 $y'' - xy = 0$ の独立な解として定義される．この関数は $\sqrt{x} Z_{1/3}(2x^{3/2}/3)$ の形に書ける．ここで $Z_{1/3}$ は $n = 1/3$ の広義のベッセル関数である．

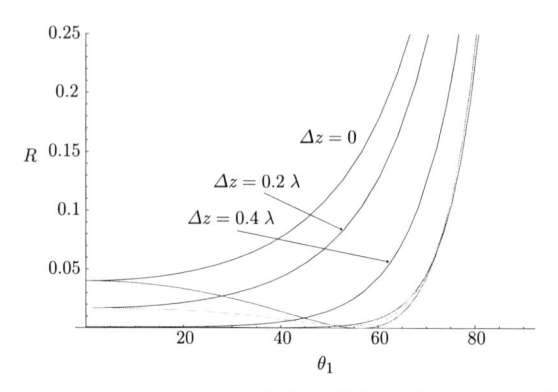

図 9.6 $n_1 = 1, n_2 = 1.5$ で,屈折率が直線的に変化する場合の反射率

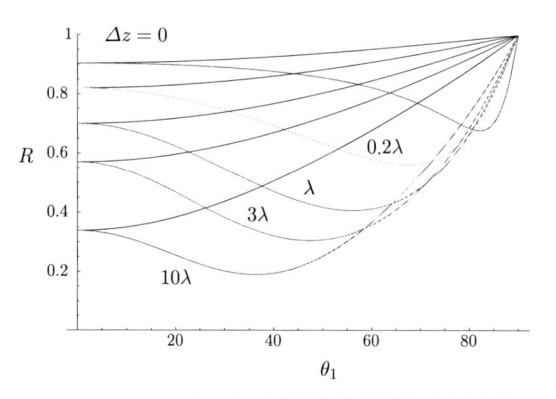

図 9.7 $\epsilon_1 = 1, \epsilon_2 = -50 + 20i$ で,比誘電率が直線的に変化する場合の反射率

乱や回折は起きない.屈折率は,材料の充填率で決まるので,連続的に変化する.実際には,ピラミッド状のものを並べるのではなく,繊維状の物質が絡まったようなアモルファスな膜を形成する.これも内部に多くの空間を持ち,平均の屈折率が表面から基板にかけて連続的に変化する.こうして,多層膜よりも入射角の拡がりの大きい反射防止膜が実現する.実際,カメラレンズの内部の面にこのような膜を形成し,レンズ表面における反射に起因するゴースト像を大きく低減することに成功している.

金属の場合は,境界領域に厚みがあっても反射率はそれほどは落ちない.図 9.7 では,$\epsilon_1 = 1, \epsilon_2 = -50 + 20i$ で,境界領域で比誘電率が直線的に変化するときの反射率である.実際,$\Delta z = 3\lambda$ でも垂直入射の反射率は 50%以上である.

10

光導波路と周期構造

10.1 平板導波路

　本章では，層状媒質からなる平板導波路，および，1次元の周期構造媒質を扱う．これらの解析は，円形導波路や，2次元あるいは3次元の周期構造媒質の基礎となる部分である．しかし，本書では解析的に解ける単純な構造に限って議論する．もっと複雑な構造をとる媒質の光学については，光導波路[36〜38]，および，フォトニック結晶[39,40] についてそれぞれの専門書を参照されたい．

　光導波路の導波モードの解析は，与えられた境界条件の下でマクスウェル方程式を解くことに帰着する．ここでは，媒質の吸収は無視できるとして，電流密度と電荷密度を0とおく．また，$\mu = 1$ と近似する．

　最も簡単な構造の平板導波路は，空気，導波層，基板の3層構造からなる．すなわち，図10.1のように，厚さ $2d$，屈折率 n_2 のコア層を，屈折率 n_1 の空気層と，屈折率 n_3 の基板で挟んだ構造をとる．各層の内部では屈折率は一定であるとする．これを，ステップ型導波路という．屈折率の大小関係は，$n_1 \leq n_3 < n_2$ であると仮定する．

　伝搬方向を z 軸とし，層に垂直に x 軸をとる．そこで

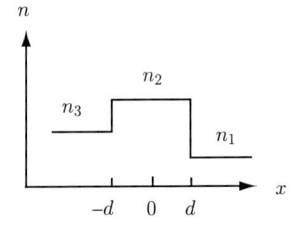

図 10.1　ステップ型導波路の屈折率分布

の形の電磁波を仮定する．この β を伝搬定数，また

$$\beta = k_0 n_{eff} \tag{10.2}$$

とおいたときの n_{eff} を有効屈折率という．ただし，$k_0 = \omega/c$ である．

マクスウェル方程式 (1.14) に式 (10.1) を代入すると，E_y, H_x, H_z の組と，H_y, E_x, E_z の組の二つに分けられる．

$$-i\beta E_y = i\omega\mu_0\mu H_x \qquad -i\beta H_y = -i\omega\epsilon_0\epsilon E_x$$
$$\frac{dE_y}{dx} = i\omega\mu_0\mu H_z \qquad \frac{dH_y}{dx} = -i\omega\epsilon_0\epsilon E_z$$
$$i\beta H_x - \frac{dH_z}{dx} = -i\omega\epsilon_0\epsilon E_y \qquad i\beta E_x - \frac{dE_z}{dx} = i\omega\mu_0\mu H_y \tag{10.3}$$

第1の組では，電場は y 成分しか持たない．この電場は伝搬方向に直交しているから，横電場モード (transverse electric field mode 略して TE モード) と呼ばれる．第2の組は磁場 (magnetic field) が伝搬方向に直交するので TM モードと呼ばれる．

10.1.1　TE モード

TE モードについて考えよう．この場合，電場 E_y を独立変数とすると，磁場はこれから導くことができる．

$$H_z = \frac{1}{i\omega\mu_0}\frac{dE_y}{dx}, \qquad H_x = -\frac{\beta}{\omega\mu_0}E_y \tag{10.4}$$

そこで，電場の y 成分を $E_y = E(x)\exp[i(\beta z - \omega t)]$ とおくと，振幅 E は波動方程式

$$\frac{d^2}{dx^2}E + \left(k_0^2 n^2(x) - \beta^2\right)E = 0 \tag{10.5}$$

を満たす．ここで，$n^2(x) = \epsilon(x)$ である．

ステップ型の導波路を考えよう．各層内では，屈折率は定数であるから，波動方程式は

$$\frac{d^2}{dx^2}E + \left(k_j^2 - \beta^2\right)E = 0 \tag{10.6}$$

と書ける．ただし $k_j = k_0 n_j$ である．伝搬定数 β は

$$k_1 \leq k_3 < \beta < k_2 \tag{10.7}$$

の範囲内にある場合を考察する．すなわち，導波層では光波は伝搬状態をとり，固有関数は $\exp(\pm i\alpha x)$ の形をとる．一方，空気層および基板では，伝搬定数は純虚数になり，導波層からエバネッセント波が滲み出ている状態であり，固有関数は減衰する指数関数 $\exp[\pm\gamma(x \pm d)]$ となる．ここで，x 方向の波数と減衰定数は，それぞれ

$$\begin{aligned}\alpha_2 &= \sqrt{k_2^2 - \beta^2} \\ \gamma_1 &= \sqrt{\beta^2 - k_1^2}, \qquad \gamma_3 = \sqrt{\beta^2 - k_3^2}\end{aligned} \tag{10.8}$$

で与えられる．

境界では，電磁場の面に接する成分，この場合は E_y と H_z が連続という条件が課せられる．ところが，H_z は E_y の x による微分に比例するから，$E(x)$ に対する境界条件は，関数とその微分が連続になる，と言い換えることができる．固有関数は

$$E = \begin{cases} Ce^{-\gamma_1(x-d)} & (x > d) \\ Ae^{i\alpha_2 x} + Be^{-i\alpha_2 x} & (d \geq x \geq -d) \\ De^{\gamma_3(x+d)} & (-d > x) \end{cases} \tag{10.9}$$

と書ける．$x = \pm d$ での連続条件から

$$\begin{aligned}Ae^{i\alpha_2 d} + Be^{-i\alpha_2 d} &= C \\ i\alpha_2(Ae^{i\alpha_2 d} - Be^{-i\alpha_2 d}) &= -\gamma_1 C \\ Ae^{-i\alpha_2 d} + Be^{i\alpha_2 d} &= D \\ i\alpha_2(Ae^{-i\alpha_2 d} - Be^{i\alpha_2 d}) &= \gamma_3 D \end{aligned} \tag{10.10}$$

が導かれる．そこで，複素数 Z_1, Z_3 を

$$Z_1 = \alpha_2 + i\gamma_1 = \sqrt{k_2^2 - k_1^2}e^{i\phi_1}$$
$$Z_3 = \alpha_2 + i\gamma_3 = \sqrt{k_2^2 - k_3^2}e^{i\phi_3} \tag{10.11}$$

と定義する．式 (10.10) から C と D を消去して

$$Z_1^* e^{i\alpha_2 d} A = Z_1 e^{-i\alpha_2 d} B$$
$$Z_3 e^{-i\alpha_2 d} A = Z_3^* e^{i\alpha_2 d} B \tag{10.12}$$

を得る．これから，固有値方程式

$$Z_1 Z_3 e^{-2i\alpha_2 d} = Z_1^* Z_3^* e^{2i\alpha_2 d} \tag{10.13}$$

が得られる．これは $Z_1 Z_3 e^{-2i\alpha_2 d}$ が実数となることを意味する．この条件を位相で書くと

$$2\alpha_2 d = m\pi + \phi_1 + \phi_3 = m\pi + \tan^{-1}\frac{\gamma_1}{\alpha_2} + \tan^{-1}\frac{\gamma_3}{\alpha_2} \tag{10.14}$$

となる．ここで，m は整数である．

無次元量による表現

固有値方程式を，無次元量を用いて書き換えよう．はじめに，導波層と基板の屈折率差と導波層の厚さを表すパラメーター V を

$$V = \sqrt{\alpha_2^2 + \gamma_3^2}\, d = k_0 d\sqrt{n_2^2 - n_3^2} = d\sqrt{k_2^2 - k_3^2} \tag{10.15}$$

と定義する．V は周波数にも比例するので，規格化周波数 (normalized frequency) と呼ばれることもある．続いて，伝搬定数，したがって有効屈折率を表すパラメーターを

$$b = \frac{\beta^2 - k_3^2}{k_2^2 - k_3^2} = \frac{n_\text{eff}^2 - n_3^2}{n_2^2 - n_3^2} \tag{10.16}$$

と定義する．屈折率差が十分小さいとき，伝搬定数は

$$\beta \approx k_3 + b(k_2 - k_3) \tag{10.17}$$

と近似できる．b は，0 と 1 の間の値をとるパラメーターで，伝搬定数の相対的な値を表すから，規格化伝搬定数 (normalized propagation constant) と呼ばれ

る．最後に，空気と基板の屈折率差を表すパラメーター

$$a = \frac{k_3^2 - k_1^2}{k_2^2 - k_3^2} = \frac{n_3^2 - n_1^2}{n_2^2 - n_3^2} \tag{10.18}$$

を導入する．$n_1 = n_3$ の対称な導波路であれば，$a = 0$ である．一方，$n_1 = 1$ で，導波層および基板の屈折率が大きくなると，a は正の大きな値をとる．以上の無次元パラメーターを用いると，横方向の伝搬定数は

$$\begin{aligned}
\gamma_3^2 d^2 &= (\beta^2 - k_3^2) d^2 = b V^2 \\
\alpha_2^2 d^2 &= (k_2^2 - \beta^2) d^2 = (1 - b) V^2 \\
\gamma_1^2 d^2 &= (\beta^2 - k_1^2) d^2 = (a + b) V^2
\end{aligned} \tag{10.19}$$

と表すことができる．よって，固有値方程式 (10.14) は

$$2V\sqrt{1-b} - m\pi = \tan^{-1}\sqrt{\frac{a+b}{1-b}} + \tan^{-1}\sqrt{\frac{b}{1-b}} \tag{10.20a}$$

と書き換えられる．これは，V, a, m をパラメーターとして，規格化伝搬定数 b を決定する方程式になっている．あるいは，見方を変えて

$$V = \frac{1}{2}\left(m\pi + \tan^{-1}\sqrt{\frac{a+b}{1-b}} + \tan^{-1}\sqrt{\frac{b}{1-b}}\right)(1-b)^{-1/2} \tag{10.20b}$$

と変形すれば，b が与えられたときに V を求める式になっている．図 10.2 は b–V 曲線を描いた図である[*1)]．

問題 10.1 固有値方程式 (10.14) は，図 10.3 に描いたように，導波層中を光線が全反射しながら進むという，幾何光学的な解釈と結びつけることができる．このとき，モードの固有値方程式は，光線が図 10.3 の A から C まで 1 周期進んだとき，位相変化が 2π の整数倍に等しいという条件で与えられる．

解答 光線が導波層の境界面において全反射するときの位相跳びは式 (2.49) で与えられる．TE モード，すなわち，s 偏光では，位相跳び δ_s は $\tan(\delta_s/2) = -\gamma/\alpha$ となるから，式 (10.11) より，$\delta_s = -2\phi_j$ に等しい．そこで，図 10.3 のように光線が全反射しながら導波層内を進むとする．厚さ $2d$，屈折率 n_2，角度 θ でジグザグに進む光線の 1 周期の位相変化は $2k_0 n_2 \cos\theta \times 2d = 4\alpha_2 d$ で与えられる．さらに，B 点における位相跳び δ_1 と C 点における位相跳び δ_3 が加わるから，全体の位相差は $4\alpha_2 d + \delta_1 + \delta_3$ となる．これが 2π の整数倍になるという条件から，固有値方程式 (10.14) が導かれる．

[*1)] 実際には，V–b 曲線を計算し，縦軸と横軸を入れ替えた．

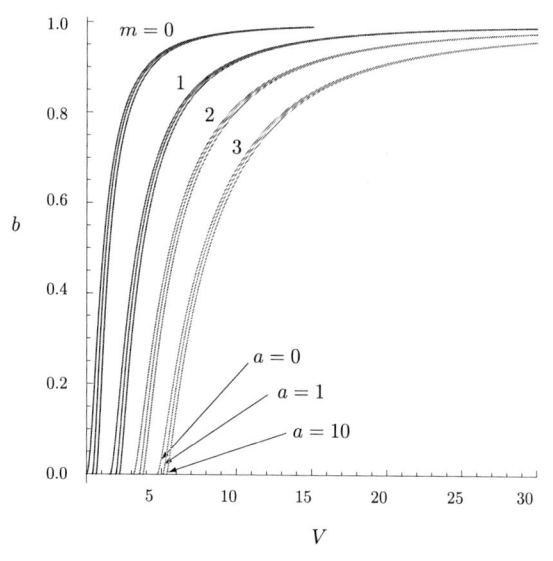

図 10.2 TE モードの分散曲線

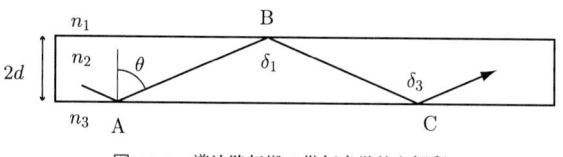

図 10.3 導波路伝搬の幾何光学的な解釈

10.1.2 TM モード

TM モードも同じようにして求めることができる．この場合，磁場 H_y を独立変数とすると，電場は

$$E_z = \frac{i}{\omega\epsilon_0 n^2}\frac{dH_y}{dx}, \qquad E_x = \frac{\beta}{\omega\epsilon_0 n^2}H_y \qquad (10.21)$$

となる．そこで，$H_y = H(x)\exp[i(\beta z - \omega t)]$ と表すと，振幅 $H(x)$ に対する波動方程式は

$$n^2(x)\frac{d}{dx}\left(\frac{1}{n^2(x)}\frac{dH}{dx}\right) + \left(k_0^2 n^2(x) - \beta^2\right)H = 0 \qquad (10.22)$$

となる．境界では，H と $n^{-2}dH/dx$ が連続になる．

10.1 平板導波路

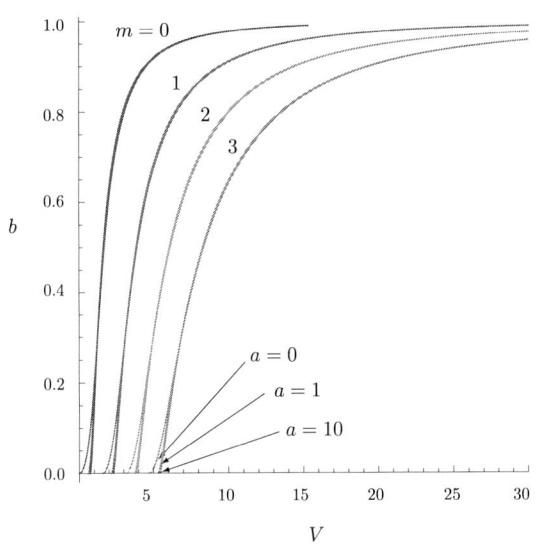

図 10.4 TM モードの分散曲線

ステップ型の導波路を考察する．各層内では $n(x)$ は定数となるから，波動方程式は，TE モードと同じ形の

$$\frac{d^2}{dx^2}H + \left(k_j^2 - \beta^2\right)H = 0 \tag{10.23}$$

が成り立つ．TE モードと異なるのは，境界条件だけである．磁場の振幅 H は

$$H = \begin{cases} Ce^{-\gamma_1(x-d)} & (x > d) \\ Ae^{i\alpha_2 x} + Be^{-i\alpha_2 x} & (d \geq x \geq -d) \\ De^{\gamma_3(x+d)} & (-d > x) \end{cases} \tag{10.24}$$

と書ける．

$x = \pm d$ での連続条件から

$$Ae^{i\alpha_2 d} + Be^{-i\alpha_2 d} = C$$

$$i\frac{\alpha_2}{n_2^2}\left(Ae^{-i\alpha_2 d} - Be^{i\alpha_2 d}\right) = -\frac{\gamma_1}{n_1^2}D$$

$$Ae^{-i\alpha_2 d} + Be^{i\alpha_2 d} = D$$

$$i\frac{\alpha_2}{n_2^2}\left(Ae^{-i\alpha_2 d} - Be^{i\alpha_2 d}\right) = \frac{\gamma_3}{n_3^2}D \tag{10.25}$$

が導かれる．そこで，複素数 Z_1', Z_3' を

$$Z_1' = \frac{\alpha_2}{n_2^2} + i\frac{\gamma_1}{n_1^2} = |Z_1'|e^{i\phi_1'}$$
$$Z_3' = \frac{\alpha_2}{n_2^2} + i\frac{\gamma_3}{n_3^2} = |Z_3'|e^{i\phi_3'} \tag{10.26}$$

とおく．TE モードの場合の Z_1, Z_3 を，そのまま Z_1', Z_3' で置き換えれば，TM モードの場合の式が得られる．よって，固有値条件は

$$2\alpha_2 d = m\pi + \phi_1' + \phi_3' = m\pi + \tan^{-1}\frac{n_2^2 \gamma_1}{n_1^2 \alpha_2} + \tan^{-1}\frac{n_2^2 \gamma_3}{n_3^2 \alpha_2} \tag{10.27}$$

となる．これを無次元パラメーターで書き直せば

$$2V\sqrt{1-b} - m\pi = \tan^{-1}\left(\frac{n_2^2}{n_1^2}\sqrt{\frac{a+b}{1-b}}\right) + \tan^{-1}\left(\frac{n_2^2}{n_3^2}\sqrt{\frac{b}{1-b}}\right) \tag{10.28}$$

を得る．TE モードの式 (10.20) と比べると，TM モードは無次元パラメーターだけでは記述できず，屈折率比にも依存する．

図 10.4 は，$n_1 = 1, n_1 = 1.6$ のとき，$a = 0\,(n_3 = 1)$，$a = 1\,(n_3 = 1.334)$，および，$a = 10\,(n_3 = 1.555)$ としたときの TM モードの分散曲線である．図 10.2 の TE モードと同じスケールでプロットしたが，パラメーター a による差は小さい．

10.2　1次元周期構造

屈折率が周期的に変化する媒質中の光波の伝搬を考えよう (図 10.5)．伝搬方向を z 軸にとり，x 方向に周期的な構造を持つとする．最も簡単な周期構造として，図 10.6 のように，$0 < x < d_1$ で屈折率 n_1，$d_1 < x < d_1 + d_2$ で屈折率 n_2 を持つ構造を基本単位とし，これが x 方向に周期 $\Lambda = d_1 + d_2$ で繰り返されている構造を考える．

角周波数を ω，波数を $k_j = k_0 n_j$，z 方向への伝搬定数を β とする．ただし，$k_0 = \omega/c$ である．ここでは，簡単のため，入射面が周期構造の境界面に垂直になる，すなわち，xz 面となる場合を考える．この場合，電磁場は y 方向には一様になるから，2 次元の問題として扱うことができる．このとき，電磁場は

10.2 1次元周期構造

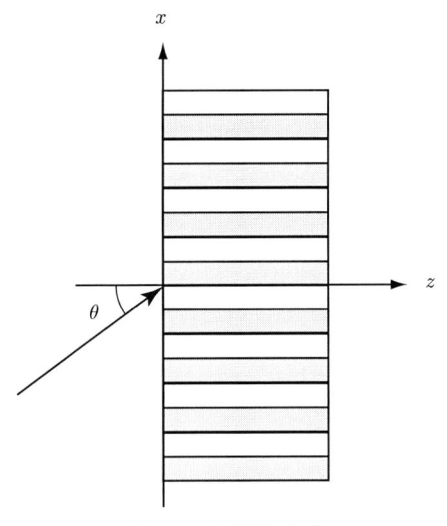

$$\boldsymbol{E}(x,y,z,t) = \boldsymbol{E}_0(x)e^{i(\beta z - \omega t)}$$
$$\boldsymbol{H}(x,y,z,t) = \boldsymbol{H}_0(x)e^{i(\beta z - \omega t)} \tag{10.29}$$

と表すことができる．各層内では，電場の振幅は，波動方程式

$$\frac{d^2}{dx^2}\boldsymbol{E}_0 + (k_j^2 - \beta^2)\boldsymbol{E}_0 = 0 \tag{10.30}$$

を満たす．磁場の振幅も同じ方程式を満たす．各層における横方向の伝搬定数は，k_j と β の大小関係より

$$\alpha_j = \sqrt{k_j^2 - \beta^2} \tag{10.31a}$$

または

$$\alpha_j = i\gamma_j = i\sqrt{\beta^2 - k_j^2} \tag{10.31b}$$

となる．

周期構造媒質中を伝搬する光は，固体物理学のブロッホ (Bloch) の定理に相当する定理を満たす．すなわち，解は，複素指数関数 $\exp(iKx)$ と周期関数の積の形に書ける．

$$\boldsymbol{E}_0(x) = \boldsymbol{u}(x)e^{iKx} \tag{10.32}$$

ただし，$\boldsymbol{u}(x + \Lambda) = \boldsymbol{u}(x)$ は周期関数である．したがって，$\boldsymbol{E}_0(x)$ に対しては

$$\boldsymbol{E}_0(x+\Lambda) = \boldsymbol{E}_0(x)e^{iK\Lambda} \tag{10.33}$$

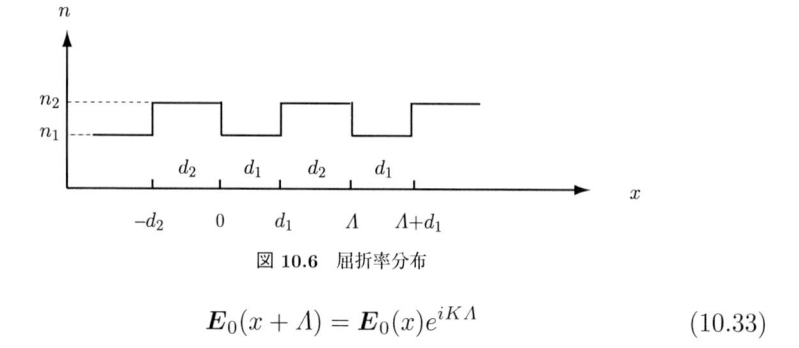

が成り立つ．周期 $N\Lambda$ の周期境界条件を仮定すると，波数は $K = 2\pi n/N\Lambda$ となる．ここで，n は整数である．N は十分大きいとすると，K は準連続的であると考えてよい．

10.2.1　TE モード

はじめに，電場が伝搬方向に垂直に y 軸方向を向いた TE モードを考えよう．電場 E_y を独立変数にとり，$E_y = E(x)\exp[i(\beta z - \omega t)]$ とおく．磁場は式 (10.4) で表される．境界面では，電場と磁場の接線成分が連続になるから，この式より，電場の振幅 E とその微分が連続になる．電場を

$$E = \begin{cases} Ae^{i\alpha_1 x} + Be^{-i\alpha_1 x} & (0 \leq x \leq d_1) \\ Ce^{i\alpha_2 x} + De^{-i\alpha_2 x} & (-d_2 \leq x \leq 0) \end{cases} \tag{10.34}$$

とする．

$x = 0$ における境界条件は

$$A + B = C + D$$
$$\alpha_1(A - B) = \alpha_2(C - D) \tag{10.35}$$

で与えられる．これを，C, D について解くと

$$C = \frac{1}{2}\Big(1 + \frac{\alpha_1}{\alpha_2}\Big)A + \frac{1}{2}\Big(1 - \frac{\alpha_1}{\alpha_2}\Big)B \equiv rA + (1-r)B$$
$$D = (1-r)A + rB \tag{10.36}$$

を得る．次に，$x = d_1$ における境界条件は，ブロッホの定理より $E(d_1) = $

$E(-d_2)\exp(iK\Lambda)$ であることに注意すると

$$Ae^{i\alpha_1 d_1} + Be^{-i\alpha_1 d_1} = (Ce^{-i\alpha_2 d_2} + De^{i\alpha_2 d_2})e^{iK\Lambda}$$
$$\alpha_1(Ae^{i\alpha_1 d_1} - Be^{-i\alpha_1 d_1}) = \alpha_2(Ce^{-i\alpha_2 d_2} - De^{i\alpha_2 d_2})e^{iK\Lambda} \quad (10.37)$$

となる．これも C, D について解くと

$$Ce^{K\Lambda} = rAe^{i\alpha_1 d_1 + i\alpha_2 d_2} + (1-r)Be^{-i\alpha_1 d_1 + i\alpha_2 d_2}$$
$$De^{K\Lambda} = (1-r)Ae^{i\alpha_1 d_1 - i\alpha_2 d_2} + rBe^{-i\alpha_1 d_1 - i\alpha_2 d_2} \quad (10.38)$$

が得られる．式 (10.36) と式 (10.38) より

$$(1 - e^{i\alpha_1 d_1 + i\alpha_2 d_2 - iK\Lambda})rA + (1 - e^{-i\alpha_1 d_1 + i\alpha_2 d_2 - iK\Lambda})(1-r)B = 0$$
$$(1 - e^{i\alpha_1 d_1 - i\alpha_2 d_2 - iK\Lambda})(1-r)A + (1 - e^{-i\alpha_1 a - i\alpha_2 d_2 - iK\Lambda})rB = 0$$

となるから，A, B が 0 ではない解を持つ条件は

$$(1 - e^{i\alpha_1 d_1 + i\alpha_2 d_2 - iK\Lambda})(1 - e^{-i\alpha_1 d_1 - i\alpha_2 d_2 - iK\Lambda})r^2$$
$$= (1 - e^{-i\alpha_1 d_1 + i\alpha_2 d_2 - iK\Lambda})(1 - e^{i\alpha_1 d_1 - i\alpha_2 d_2 - iK\Lambda})(1-r)^2$$

で与えられる．これを変形して

$$\cos K_E \Lambda = \cos \alpha_1 d_1 \cos \alpha_2 d_2 - \frac{\alpha_1^2 + \alpha_2^2}{2\alpha_1 \alpha_2} \sin \alpha_1 d_1 \sin \alpha_2 d_2 \quad (10.39\text{a})$$

を得る．ただし，TE 波であることを表すため，K に添字 E を添えた．これに，$\alpha_j^2 = k_j^2 - \beta^2$ を代入すると，z 方向の伝搬定数 β と x 方向の波数 K との関係を与える式になる．

以上の議論は，$\beta > k_j$ となり，α_j が純虚数になってもそのまま成り立つ．$n_1 < n_2$ であれば，β が増大していくと α_1 が先に純虚数になる．そこで，$\alpha_1 = i\gamma_1$ とおくと，式 (10.39a) は

$$\cos K_E \Lambda = \cosh \gamma_1 d_1 \cos \alpha_2 d_2 - \frac{-\gamma_1^2 + \alpha_2^2}{2\gamma_1 \alpha_2} \sinh \gamma_1 d_1 \sin \alpha_2 d_2 \quad (10.39\text{b})$$

となる．

10.2.2 TM モード

次に,磁場が伝搬方向に垂直に y 軸方向を向いた TM モードを考える.磁場 H_y を独立変数とし,$H_y = H(x)\exp[i(\beta z - \omega t)]$ とおく.電場は式 (10.21) で表される.境界面では,H と $n^{-2}dH/dx$ が連続になる.そこで,磁場を

$$H = \begin{cases} Ae^{i\alpha_1 x} + Be^{-i\alpha_1 x} & (0 \leq x \leq d_1) \\ Ce^{i\alpha_2 x} + De^{-i\alpha_2 x} & (-d_2 \leq x \leq 0) \end{cases} \tag{10.40}$$

とする.

$x = 0$ における境界条件は

$$A + B = C + D$$
$$\frac{\alpha_1}{n_1^2}(A - B) = \frac{\alpha_2}{n_2^2}(C - D) \tag{10.41}$$

で与えられる.上式を C, D について解いて

$$C = \frac{1}{2}\left(1 + \frac{n_2^2 \alpha_1}{n_1^2 \alpha_2}\right)A + \frac{1}{2}\left(1 - \frac{n_2^2 \alpha_1}{n_1^2 \alpha_2}\right)B \equiv r'A + (1 - r')B$$
$$D = (1 - r')A + r'B \tag{10.42}$$

を得る.これから,TM モードの公式は TE モードの公式で,微分の連続の式の係数を α から α/n^2 に変え,r を r' に変えるだけでよいことが分かる.よって,式 (10.39) より,TM モードの波数 K_M に対する公式

$$\cos K_M \Lambda = \cos \alpha_1 d_1 \cos \alpha_2 d_2 - \frac{n_2^4 \alpha_1^2 + n_1^4 \alpha_2^2}{2n_1^2 n_2^2 \alpha_1 \alpha_2} \sin \alpha_1 d_1 \sin \alpha_2 d_2 \tag{10.43a}$$

または

$$\cos K_M \Lambda = \cosh \gamma_1 d_1 \cos \alpha_2 d_2 - \frac{-n_2^4 \gamma_1^2 + n_1^4 \alpha_2^2}{2n_1^2 n_2^2 \gamma_1 \alpha_2} \sinh \gamma_1 d_1 \sin \alpha_2 d_2 \tag{10.43b}$$

を得る.

10.2.3 構造複屈折

周期が,光の波長に比べて十分小さい場合を考えよう.d_1, d_2 が十分小さいとして,三角関数を 2 次の項まで展開すると

$$K_E^2 = k_0^2 \frac{n_1^2 d_1 + n_2^2 d_2}{\Lambda} - \beta^2 \tag{10.44a}$$

$$K_M^2 = k_0^2 \frac{n_1^2 d_1 + n_2^2 d_2}{\Lambda} - \beta^2 \frac{(n_1^2 d_1 + n_2^2 d_2)}{\Lambda^2} \left(\frac{d_1}{n_1^2} + \frac{d_2}{n_2^2}\right) \tag{10.44b}$$

を得る．そこで，各層の占有率を $f_j = d_j/\Lambda$ とし ($f_1 + f_2 = 1$)，誘電率とその逆数の平均を

$$N_o^2 \equiv \overline{n^2} = f_1 n_1^2 + f_2 n_2^2 \tag{10.45a}$$

$$\frac{1}{N_e^2} \equiv \overline{\left(\frac{1}{n^2}\right)} = \frac{f_1}{n_1^2} + \frac{f_2}{n_2^2} \tag{10.45b}$$

とおくと，式 (10.44) は

$$\frac{K_E^2}{N_o^2} + \frac{\beta^2}{N_o^2} = k_0^2, \qquad \frac{K_M^2}{N_o^2} + \frac{\beta^2}{N_e^2} = k_0^2 \tag{10.46}$$

と書き換えられる．これは，常光線主屈折率が N_o，異常光線主屈折率が N_e の一軸結晶に対するフレネルの式にほかならない．すなわち，周期構造体は一軸結晶のように振る舞う．TE モードが常光線，TM モードが異常光線に相当する．屈折率差を計算すると

$$N_o^2 - N_e^2 = \frac{f_1 f_2 (n_1^2 - n_2^2)^2}{f_2 n_1^2 + f_1 n_2^2} \geq 0 \tag{10.47}$$

となる．すなわち，負の一軸結晶となる．

平均電場と平均電束密度

この結果は，次のように説明できる．はじめに，電場が周期構造膜の境界面に平行な TE モードを考える．この配置では，電場 E は境界面で連続になる．そこで，波長より小さいが構造の周期 Λ より大きい領域を考える．この領域で電場が一様であるとすると，電束密度は周期的に変化する．その平均値 $\overline{D}$ は

$$\overline{D} = \epsilon_0 \overline{n^2} E = \epsilon_0 \{f_1 n_1^2 + f_2 n_2^2\} E \tag{10.48}$$

となる．これから，有効屈折率 N_o が式 (10.45a) で与えられることが分かる．次に TM モードについては，電場は境界面に垂直の方向を向くから，電束密度 D が連続になり，電場 E が周期的に変化する．D が一様な領域で，平均電場は

$$\overline{E} = \frac{1}{\epsilon_0}\overline{\left(\frac{1}{n^2}\right)} D = \frac{1}{\epsilon_0}\left(\frac{f_1}{n_1^2} + \frac{f_2}{n_2^2}\right) D \tag{10.49}$$

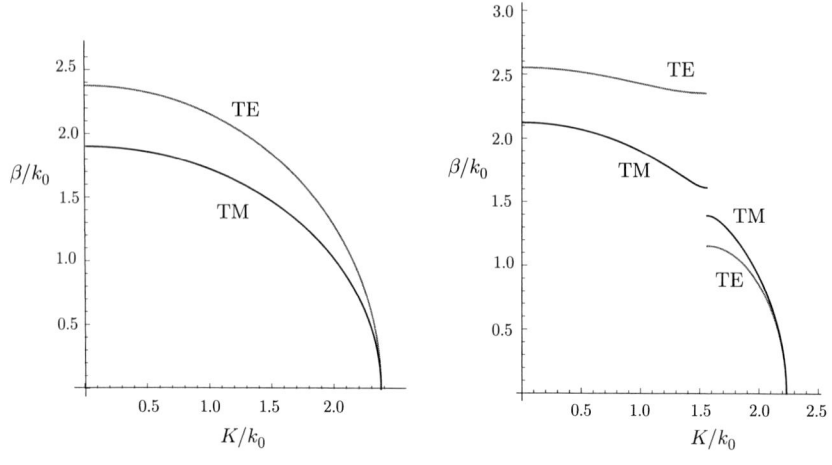

図 10.7　周期構造媒質の屈折率面．膜厚 $d_1 = d_2 = 10$ nm．

図 10.8　周期構造媒質の屈折率面．膜厚 $d_1 = d_2 = 80$ nm．

で与えられる．これから，有効屈折率 N_e が式 (10.45b) となることが導かれる．以上の考察では，周期性は使っていない．重要なのは境界条件であり，E または D が連続という条件が満たされれば，誘電率の分布はランダムでも構わない．

10.2.4　屈折率面

図 10.7 は，屈折率 $n_1 = 1.5$ の媒質と $n_2 = 3$ の媒質が，それぞれ 10 nm の厚さで周期的に並んだときの，波長 0.5 μm の光に対する K–β 曲線，すなわち，結晶光学でいう屈折率面である．K と β はそれぞれ $k_0 = \omega/c$ を単位にプロットしてある．上に述べた通り，周期が小さいときは，あたかも一軸結晶のように振る舞う．このように，元々の媒質は等方的であるが，構造によって異方性が生じる現象を構造複屈折または形態複屈折 (form birefringence) という．図 10.7 の例では，$N_o = 2.37, N_e = 1.90$ で，屈折率差は 0.47 にもなる．もちろんこれは，元の媒質の屈折率差 1.5 が大きいから可能になるのである．

10.2.5　1 次元フォトニック結晶

周期が大きくなると，フォトニック結晶の特徴を示すようになる．x 方向の波数 K が周期構造の波数のちょうど半分になるとき，すなわち $K = \pi/\Lambda$ のとき，x の正の方向に進む波と負の方向に進む波が干渉してできる干渉縞の周期が，媒質の周

期と一致する．これが，固体物理学に登場するブリユアンゾーン (Brillouin zone) の境界波数になり，分散曲線は，ここで折り返す．図 10.8 は，屈折率 $n_1 = 1.5$ の媒質と $n_2 = 3$ の媒質が，それぞれ 80 nm の厚さで周期的に並んだときの，波長 0.5 μm の光に対する屈折率面である．この図には，ブリユアンゾーンの端における折り返しや，バンドギャップなど，結晶に特有な構造が見える．

　誘電体多層膜を用いた高反射膜は，バンド構造の折り返し点を動作点とする 1 次元のフォトニック結晶であるとみなすことができる．バンドギャップ内に入る周波数成分はフォトニック結晶内を伝搬できないため，外から入射させても内部に入り込むことができず，ほとんど反射されてしまう．

11

負屈折率媒質

11.1 メタマテリアル

　特異な光学媒質に屈折率が負になる媒質がある．このような負屈折率媒質は 2 種類あり，一つは，ベセラゴ (Veselago) が予測した誘電率と透磁率が同時に負になる物質である[41]．もう一つはフォトニック結晶である．ここでは，前者を取り上げる．自然界には屈折率が負になるような物質は存在しない．人工的な構造物で初めて実現されるのでメタマテリアル (metamaterial) と呼ばれる．

　誘電率は物質によっていろいろな値をとる．負になることも珍しくない．事実，式 (7.8) で与えられる金属の誘電率は，プラズマ周波数以下の周波数領域で負になる．これに対し，比透磁率は光の周波数ではほとんどすべての物質で 1 である．ところが，最近になって，μ が 1 と大きく異なる材料が人工的に作られるようになった．なかでも，一部分が欠けたリング型の共振器 (split ring resonator, SRR) を並べると，透磁率がマイクロ波領域に共鳴特性を持つようになり，共鳴周波数の近くで負の透磁率が実現することが示された．その解析によると，リング共振器の比透磁率は

$$\mu = 1 - \frac{F\omega^2}{\omega^2 - \omega_0^2 + i\gamma\omega} \tag{11.1}$$

で与えられる[42,43]．ここで，ω_0 は共鳴周波数で，上記論文の例では 5 GHz 程度である．F は共鳴の強さを表す無次元のパラメーターで，リングの径と隣り合うリング間の間隔で決まる量である．γ は減衰係数である．これと，金属の構造体を組み合わせ，負屈折率媒質がマイクロ波領域で実現した．これをきっかけに，負屈折率媒質が注目を集めるようになった．はじめはマイクロ波領域であったが，基本的には構造を小さくすることにより，近赤外から可視域でも負屈折率媒質が

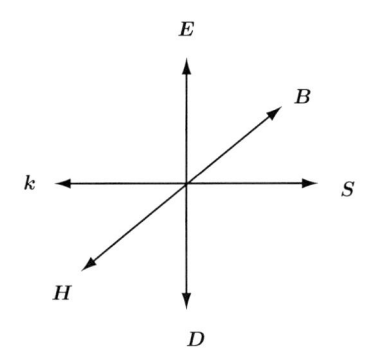

図 11.1 負屈折率媒質中の各種ベクトル

作られるようになってきた.

メタマテリアルの本質は,ミクロな構造が媒質の光学的な性質を決定するということにある.しかし,ミクロな構造に関する議論は本書の程度を超える.ここではマクロな観点から,メタマテリアルを自然には存在しないような誘電率や透磁率を持った媒質と捉え,そのような媒質中の光の伝搬を議論する[44].

11.2 負屈折率媒質

誘電率と透磁率が同時に負になる物質を考えよう[32,45].媒質は等方的であるとする.ここで簡単のため,誘電率や透磁率の虚数部分は 0 であるとする.これは,媒質の吸収を無視することに相当する.角周波数 ω,波動ベクトル k の平面波に対するマクスウェル方程式を改めて書くと ($J = \rho = 0$)

$$k \times H = -\omega\epsilon_0\epsilon E \tag{11.2a}$$

$$k \times E = \omega\mu_0\mu H \tag{11.2b}$$

となる.これに,横波条件 $k \cdot D = k \cdot B = 0$ が加わる.

図 11.1 は,負屈折率媒質中の平面電磁波の各種ベクトルの関係を図示したものである.誘電率と透磁率が負であるから,E と D,および,H と B が逆を向くのはすぐ分かる.さて,負の屈折率媒質中でもポインティングベクトル S は $E \times H$ で与えられるから,E, H, S がこの順に右手系を形成する.ところが誘電率や透磁率が負になることを考慮すると,式 (11.2) は E, H, k がこの順に左手系をなすことを表している.すなわち,ポインティングベクトルと波動ベクト

ルが逆を向くことになる．ポインティングベクトルはエネルギーの流れを表すから，光線は S の方向に進んでいく．ところが，波面はそれとは逆向きに進むのである．波面法線 e を通常の媒質と同じように光のエネルギーの進む方向にとるとき，$k = (\omega n/c)e$ で定義される屈折率 n は負になることを意味する．一方，電場と磁場の大きさの比を表すアドミッタンス $m = \sqrt{\epsilon/\mu} = n/\mu$ は，n と μ の両方が負になるから，正の値をとる．本書では，n と m を区別して扱ってきたので，多くの公式が負屈折率媒質に対しても変更なしにそのまま使える．なお，E, H, k が左手系をなすので，負屈折率媒質は左利き媒質 (left-handed medium) とも呼ばれる．

負屈折率媒質中では，エネルギー密度の式 (1.31) は成り立たない．なぜなら，誘電率も透磁率も負であるから，エネルギー密度も負になってしまうが，それは許されないからである．その代わりに，分散媒質中のエネルギー密度の式 (6.28) が成り立つ．分散を考慮すると，負屈折率媒質に対してもこの式は正になり，矛盾は生じない．言い換えると，負屈折率媒質では分散があることは本質的である．

11.3 複素屈折率と複素アドミッタンス

誘電率や透磁率は媒質に損失があると，複素数になる．このとき，$n = \sqrt{\epsilon\mu}$ と $m = \sqrt{\epsilon/\mu}$ の平方根のとり方を明らかにしておこう．エネルギー損失に対する考察から，誘電率や透磁率の虚部は正になる．実部は正負どちらの符号もとり得るが，負屈折率媒質では，実部は負になる．そこで

$$\epsilon = \epsilon' + i\epsilon'' = |\epsilon|e^{i\phi_\epsilon}$$
$$\mu = \mu' + i\mu'' = |\mu|e^{i\phi_\mu} \tag{11.3}$$

とすると，負屈折率媒質では誘電率や透磁率は複素平面の第 2 象限にあり，$\pi/2 \leq \phi_\epsilon, \phi_\mu \leq \pi$ である．よって，複素屈折率は

$$n = \sqrt{|\epsilon||\mu|}e^{i(\phi_\epsilon+\phi_\mu)/2} \tag{11.4}$$

と書け，位相は $\pi/2 \leq \phi_n \leq \pi$ の範囲に収まる．すなわち，$n' \leq 0, n'' \geq 0$ となる．一方，複素比アドミッタンスは

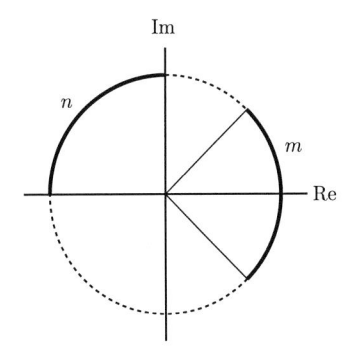

図 11.2 負屈折率媒質の n と m の位相の存在範囲

$$m = \sqrt{\frac{|\epsilon|}{|\mu|}} e^{i(\phi_\epsilon - \phi_\mu)/2} \tag{11.5}$$

となり，位相は $-\pi/4 \leq \phi_m \leq \pi/4$ の範囲に入る．したがって，虚部は正負どちらの符号もとり得るが，実部は常に正で，$m' \geq |m''|$ の関係を満たす．複素面上における n と m の位相の存在範囲を図 11.2 に示した．この図で円の半径は特に意味はない．

11.4 ドップラー効果とチェレンコフ効果

負屈折率媒質中では，ドップラー (Doppler) 効果やチェレンコフ (Cerenkov) 効果の符号が逆転する．エネルギー $\hbar\omega$ の光子の運動量は

$$\boldsymbol{p}_{ph} = \hbar\boldsymbol{k} = \frac{\hbar\omega n}{c}\boldsymbol{e} \tag{11.6}$$

で与えられる．ここで，$\boldsymbol{e}$ は光線 (エネルギー) が進む方向の単位ベクトルである．運動量が屈折率に依存するから，負屈折率媒質中では運動量は普通の場合と逆を向く．このために，符号が変わるのである．

11.4.1 ドップラー効果

速度 $\boldsymbol{v}$ で運動する質量 m の原子からの放射を考える．この原子は，励起エネルギー $\hbar\omega_0$ の励起状態にあるとする．原子はエネルギー $\hbar\omega$ の光子を放出し，基底状態に遷移する．光子放出後の速度を $\boldsymbol{v}'$ とおく．エネルギーと運動量の保存

則は，それぞれ

$$\hbar\omega_0 + \frac{1}{2}mv^2 = \hbar\omega + \frac{1}{2}mv'^2$$
$$m\boldsymbol{v} = m\boldsymbol{v}' + \hbar\boldsymbol{k} \tag{11.7}$$

と書ける．第2式で $\hbar\boldsymbol{k}$ を左辺に移項し，2乗して

$$v^2 - v'^2 = 2\frac{\hbar\omega nv}{mc}\cos\theta - \frac{\hbar^2\omega^2 n^2}{m^2 c^2}$$

を得る．ここで，θ は，$\boldsymbol{v}$ と $\boldsymbol{e}$ の間の角度である．シフト量は小さいとして，$1/c$ の1次の項までの近似で

$$\omega \approx \omega_0 \left(1 + \frac{nv}{c}\cos\theta\right) \tag{11.8}$$

を得る．これから，ドップラーシフトの符号が屈折率の符号に依存することが分かる．負屈折率媒質中では，光源が近づくとき，周波数がレッドシフトするという，通常と逆向きの現象が起きる．

11.4.2 チェレンコフ効果

荷電粒子が光速度より速く走ると，衝撃波が発生する．真空中では不可能であるが，媒質中では光速度は $c/|n|$ であるから，荷電粒子の速度が光速度を超えることは可能である．このとき，等速直線運動をしていても，放射を放出することができる．これをチェレンコフ放射という．相対論的領域では，質量 m, 速度 $\boldsymbol{v}$ の粒子のエネルギーと運動量は

$$E = \sqrt{m^2 c^4 + p^2 c^2} = \frac{mc^2}{\sqrt{1 - v^2/c^2}}$$
$$\boldsymbol{p} = \frac{m\boldsymbol{v}}{\sqrt{1 - v^2/c^2}} \tag{11.9}$$

で与えられる．放射前の粒子のエネルギーと運動量を E, $\boldsymbol{p}$, 放射後の値を E', $\boldsymbol{p}'$ とすると

$$E = E' + \hbar\omega$$
$$\boldsymbol{p} = \boldsymbol{p}' + \hbar\boldsymbol{k} \tag{11.10}$$

が成り立つ．p と e の間の角度を θ とする．これらを解くと，チェレンコフ放射の周波数は

$$\hbar\omega = \frac{2mc(vn\cos\theta - c)}{(n^2 - 1)\sqrt{1 - v^2/c^2}} \tag{11.11}$$

で与えられる．これから，$\hbar\omega > 0$ の解を得るためには，$v > c/|n|$ であり，さらに，$n < 0$ のときは $\cos\theta < 0$ でなくてはならないことが分かる．

問題 11.1 チェレンコフ放射の周波数と角度を求めよ．

解答 $x = \hbar\omega/c$ とおくと，$\hbar k = xn$ である．さて，運動量保存の式は，三つのベクトルが三角形を構成することを意味するから，三角形の余弦定理より

$$p'^2 = p^2 + x^2 n^2 - 2pxn\cos\theta$$

が成り立つ．エネルギー保存則を $\sqrt{m^2c^2 + p^2} - x = \sqrt{m^2c^2 + p'^2}$ と書き換えて，両辺の 2 乗をとり，x の冪級数の形に整理すると，0 次の項は消える．

$$x(n^2 - 1) = 2pn\cos\theta - 2\sqrt{m^2c^2 + p^2} = \frac{2m(vn\cos\theta - c)}{\sqrt{1 - v^2/c^2}}$$

これから，チェレンコフ放射の周波数の式 (11.11) が導かれる．この式を $\cos\theta$ について解くと

$$\cos\theta = \frac{c}{nv}\left(1 + \frac{\hbar\omega}{2mc^2}(n^2 - 1)\sqrt{1 - \frac{v^2}{c^2}}\right)$$

を得る．

11.5 反射と屈折

11.5.1 スネルの法則

正屈折率媒質と負屈折率媒質が接する境界面での反射屈折を考えよう．図 11.3 の左図は，なじみの正の屈折における波面の変化を図示したものである．一方，右図は負の屈折の場合で，エネルギーは上から下へ流れるのであるが，負屈折率媒質中の波面は下から上に伝搬する．

図 11.4 は，$n_1 > 0$ から $n_2 < 0$ へ光が入射したときの反射波と屈折波の波動ベクトルを図示したものである．この場合でも，波動ベクトルの境界面に平行な成分はすべて等しい値を持つ．入射波の波動ベクトルを $\boldsymbol{k}_1^+$ とする．反射波の波動

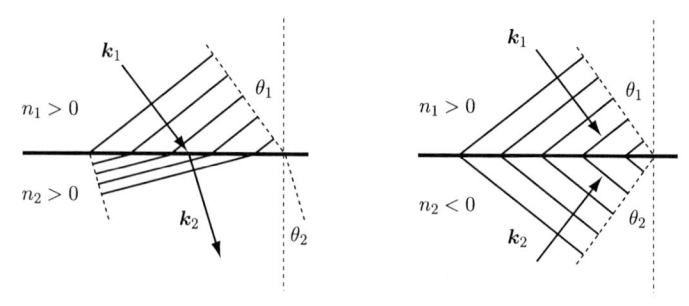

図 11.3　正の屈折と負の屈折の波面

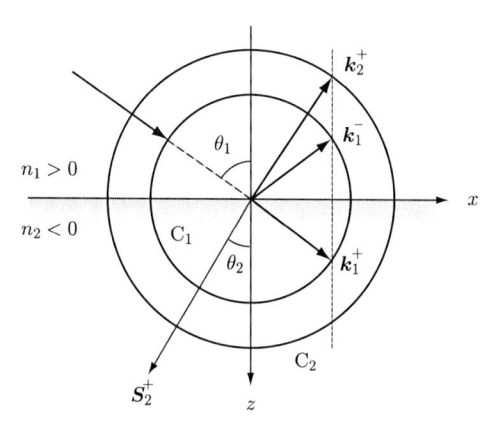

図 11.4　負の屈折の波動ベクトル図

ベクトル k_1^- は通常の場合と変わらない．ところが，屈折波の波動ベクトル k_2^+ は，図の上方を向く．屈折率が負になるので，この配置ではじめて $k_{1x}^+ = k_{2x}^+$ が満たされるのである．光線は波動ベクトルと逆向きに進むから図の S_2^+ の方向を向き，光線は n_2 媒質中に入っていく．屈折角 θ_2 も負になるので，スネルの法則は変更を受けず，$n_1 \sin\theta_1 = n_2 \sin\theta_2$ が成り立つ．

フレネルの反射透過係数は，n ではなく m で決まる．角度依存性も $\cos\theta$ の形で入るので，θ の符号によらない．よって，フレネル係数は正の屈折率媒質の場合と同じになる．

11.5.2　光パルスの屈折

図 11.5 に示すように，有限幅の光パルスが負屈折率媒質に入射したときの負の屈折を考えよう[47]．正屈折率側では，波面は AB から CD へ進む．一方，負屈折

11.5 反射と屈折

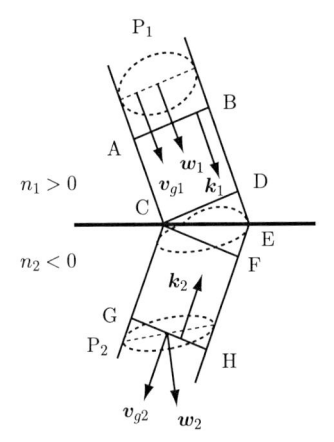

図 11.5 光パルスの負の屈折

率側では，波面は GH から CF へ進む．すなわち，D と F は同位相である．一見，D から F に瞬時に移動するように見えるが，もちろんそのようなことは起きない．

パルスの伝搬を考えよう．正屈折率側から，パルス P_1 が入射する．パルスの伝搬速度は群速度

$$\bm{v}_g = \frac{\partial \omega}{\partial \bm{k}} = \left(\frac{\partial \omega}{\partial k_1}, \frac{\partial \omega}{\partial k_2}, \frac{\partial \omega}{\partial k_3} \right) \tag{11.12}$$

で与えられる．等方媒質では，$\bm{v}_g$ は $\bm{k}$ に平行になり，正屈折率媒質では同じ方向を向き，負屈折率媒質では逆を向く．一方，パルスのピークの位置を繋いだ面をパルス面と呼ぼう．それは次のように求めることができる．正屈折率媒質中で平面波状の光パルスを用意する．そのようなパルスは，進行方向が平行な単色平面波の重ね合わせで表すことができる．

$$u(\bm{r}) = \int a(\omega) e^{i(\bm{k}\cdot\bm{r} - \omega t)} d\omega \tag{11.13}$$

個々の単色平面波はスネルの法則に従って屈折し，振幅には振幅透過率がかかる．その結果，負屈折率媒質中における光パルスも，式 (11.13) の形に書ける．ただし，波動ベクトル $\bm{k}$ はスネルの法則で決まる方向を向くから，大きさだけではなく向きも ω に依存する．さて，パルスのピークの位置は，積分 (11.13) が大きな値をとる位置である．重み関数 $a(\omega)$ が ω の穏やかに変化する関数であれば，積分が大きな値をとるのは，位相の停留点である．これは，位相 $\psi = \bm{k}\cdot\bm{r} - \omega t$ を

ω で微分して 0 になる点である．そこで

$$w = \frac{d\boldsymbol{k}}{d\omega} \tag{11.14}$$

とおくと，パルスのピーク位置は $\boldsymbol{w}\cdot\boldsymbol{r}=t$ を満たす点ということになる．幾何学的には，これはベクトル $\boldsymbol{w}$ に直交する面を表す．すなわち，パルス面は $\boldsymbol{w}$ に直交する．ところで，$\boldsymbol{w}$ は屈折率の分散だけではなく，角度分散にも依存する，すなわち，波動ベクトルを $\boldsymbol{k}=k\boldsymbol{e}$ と大きさと方向に書き分けると，$\boldsymbol{w}=k'\boldsymbol{e}+k\boldsymbol{e}'$ となる．ここで，プライムは ω による微分を意味する．群速度は ω と $\boldsymbol{k}$ の分散関係だけで決まるが，$\boldsymbol{w}$ はパルスの成り立ちにも依存するのである．なお，簡単な考察から $\boldsymbol{w}\cdot\boldsymbol{v}_g=1$ が導かれる．しかし，これは $\boldsymbol{w}$ と $\boldsymbol{v}_g$ が平行であることを意味しない．

さて，負の屈折の場合を考えよう．正屈折率媒質内の入射パルス P_1 については，$\boldsymbol{k}_1, \boldsymbol{v}_{g1}, \boldsymbol{w}_1$ は平行で同じ向きを向いている．屈折後の光パルス P_2 は，図 11.5 の $\boldsymbol{v}_{g2}$ の方向に進む．これは，波動ベクトル $\boldsymbol{k}_2$ とは平行だが逆向きである．さて，屈折に際し角度分散が生じるから，$\boldsymbol{w}_2$ は $\boldsymbol{v}_{g2}$ とは平行にはならない．すなわち，パルス面はパルスの進む方向に対し垂直にはならず，パルスは傾いて進むのである．こうして，位相は D から F にジャンプするが，エネルギー的には DEF と連続的に伝搬することが理解できる．

パルス面の傾斜は，パルスが回折格子で回折されたり，プリズムで分光されるときにも起こる．有限幅のビームでは，角度分散のため異なる周波数成分は空間的に分離するから，伝搬距離が長くなると，パルスの形状が崩れてしまう．

問題 11.2 図 11.5 で，入射側を空気，屈折側を等方的な負屈折率媒質とする．負屈折率媒質の屈折率を $n<0$，群屈折率を $n_g=d(\omega n)/d\omega>0$ とする．入射側から角度 θ でパルスが入射したときの，$\boldsymbol{k}_2, \boldsymbol{v}_{g2}, \boldsymbol{w}_2$ を求めよ．

解答 結果のみを記す．入射方向の単位ベクトルを $(\sin\theta, 0, \cos\theta)$ とする．

$$\boldsymbol{k}_2 = \frac{\omega}{c}\left(\sin\theta, 0, -\sqrt{n^2-\sin^2\theta}\right)$$

$$\boldsymbol{v}_{g2} = \frac{c}{n_g}\left(-\sin\theta, 0, \sqrt{n^2-\sin^2\theta}\right)$$

$$\boldsymbol{w}_2 = \frac{1}{c}\left(\sin\theta, 0, \frac{-n(n_g-n)}{\sqrt{n^2-\sin^2\theta}}\right)$$

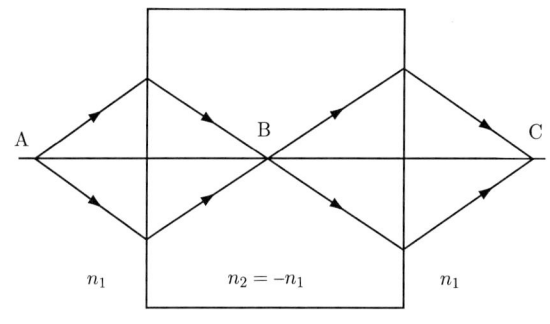

図 11.6 　負屈折率媒質のレンズ作用

w_2 の x 成分も z 成分も正になるから，負の屈折であっても，パルス面傾斜方向は折り返さない．

11.6　完全レンズ

負屈折率媒質において興味深いのは，$n_2 = -n_1$ の場合，平面がレンズの作用を持つことである．図 11.6 のように，n_1 空間の中に $n_2 = -n_1$ の負屈折媒質でできた平行な板を置く．図から明らかな通り，A 点から出た光線は負の屈折を受けて，負屈折率媒質中の B 点に像を結ぶ．この光線は再び n_1 空間に出て C 点に像を結ぶ．さらに，$\epsilon_2 = -\epsilon_1, \mu_2 = -\mu_1$ であると，アドミッタンスは等しいから $(m_1 = m_2)$，反射は 0 になる．なお，物点 A と像点 B の共役関係は，入射面に平面反射鏡を置いたときの共役関係と同じである．ただし，鏡の場合は虚像であるが，負屈折率媒質では実像ができるという違いはある[*1)]．

この光学系は特異な性質を持つことが指摘された[46)]．それは，図 11.6 の光学系は波長以下のどんなに細かい物体でも結像することが示されたのである．これを完全レンズ (perfect lens) と呼ぶ．その根拠は，負屈折率媒質中でエバネッセント波の振幅が増大するため，図 11.6 の A 点で発生したエバネッセント波が，減衰せず C 点に到達できることにある．エバネッセント波はエネルギーを運ばないから，振幅が増大してもエネルギー保存則に抵触しない．この問題は，図 11.6 を正負屈折率媒質からなる層構造とみなし，次節で議論する．

[*1)] 光学系の設計では反射光線に対して屈折率を負にとるという表現法がとられる．光学設計の数学的な便法が，負屈折率媒質で現実になったといえる．

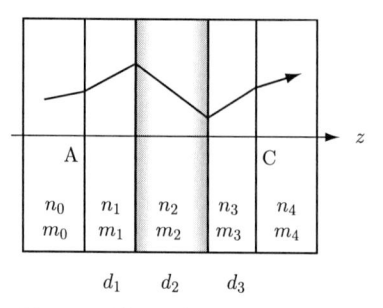

図 11.7 正負屈折率媒質からなる層構造

11.7 層　構　造

前節で議論した完全レンズは，正の屈折率媒質と負の屈折率媒質のサンドイッチ構造で，正負屈折率材料の厚さが等しいものと見ることができる．そこで，図11.7に示すような，n_2 が負屈折率媒質で，その両側を n_1, n_3 の正屈折率媒質で挟んだ構造を考えよう[48]．図中の m_j は比アドミッタンスである．完全レンズの場合は，$n_1 = -n_2 = n_3$, $m_1 = m_2 = m_3$ で $d_1 + d_3 = d_2$ である．A点に物体をおくとC点に結像する．エバネッセント波も扱えるように，サンドイッチ構造の両側を，高屈折率の媒質 n_0, n_4 で挟んだ．この構造を，8章の多層膜の方法を用いて解析してみよう．負屈折率媒質中では，単に屈折率を負の量で置き換えればよい．吸収を考慮する場合は，屈折率やアドミッタンスを複素数に拡張する必要があるが，このときの虚部の符号に関しては図11.2に示すようにとる．これだけ注意すれば，多層膜の解析の公式をそのまま適用できる．

図11.7で負屈折率媒質がないときは ($d_2 = 0$)，8.3.4項で論じた漏洩全反射の配置になっている．ここでは，ギャップ層に負屈折率媒質を挿入したときの透過率の変化を計算しよう．理想的な場合を考え，屈折率を $n_0 = n_4 = 1.5$, $n_1 = n_3 = 1$, $n_2 = -1$, アドミッタンスを $m_0 = m_4 = 1.5$, $m_1 = m_2 = m_3 = 1$ とする．図8.8に合わせて，全ギャップ間隔を $d_T = d_1 + d_2 + d_3 = 0.3\lambda_0$ にとる．負屈折率媒質の厚さ $d_N = d_2$ を，全ギャップ間隔の 0%, 30%, 40%, 50%としたときの透過率を図11.8にプロットした．横軸は入射角で，θ_c は n_0 から n_1 へ入射するときの臨界角である．それぞれ，s偏光，p偏光の2通りの場合を計算した．p偏光

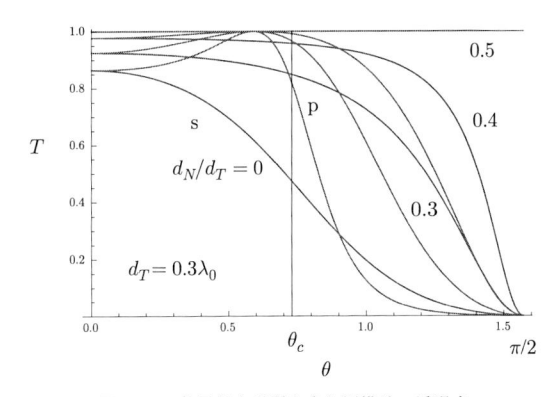

図 **11.8** 負屈折率媒質を含む層構造の透過率

ではブルースター角で透過率が1になる．$d_N/d_T = 1$ の曲線は，図8.8と同じものである．挿入する負屈折率媒質の割合が増えるにつれて透過率が増大する．正常入射の場合も増加するが，臨界角を超えた漏洩全反射の状態で，透過率の増大が著しい．負屈折率材質と正屈折率媒質の厚さが等しくなるとき ($d_N/d_T = 0.5$)，すべての入射角で透過率が1になる．この図には透過光の位相は書かれていないが，この状態で位相変化は0になる．すなわち，複素振幅透過率が $\tau = 1$ になり，完全レンズが実現する．図11.7のAの位置に，波長に比べて十分細かい周期の回折格子を置いたとしよう．この状態では，回折波は通常の伝搬できる波にはならずエバネッセント波になる．通常の光学系ではエバネッセント波は速やかに減衰してしまうから，観測できるのは回折されずに透過した0次光しかない．したがって，一様に明るい光しか観測されない．ところが，ここで考えた光学系では，Cの位置には，エバネッセント波も減衰せずに到達する．理想的にはすべての次数の回折波が到達できるから，それらが干渉し，元の物体(回折格子)の像がCの位置に形成される．要するに，波長以下のどんなに細かい構造の物体も解像できることになる．なお，透過率の回復はエバネッセント波だけではなく，臨界角以下の通常の伝搬光に対しても起こる．要するに，完全レンズでは，AとCは光学的には等価の面になり，AとCが密着して何もないのと同じことになる．この材料で窓を作ったとすると，光学的には，窓がない状態と同じことになり，窓に邪魔されず外の景色が見えるはずである[*2]．

[*2] 宇宙ステーションで使えれば役に立つが，分散のため狭い波長域でしか成り立たないから，実用になるとは思えない．

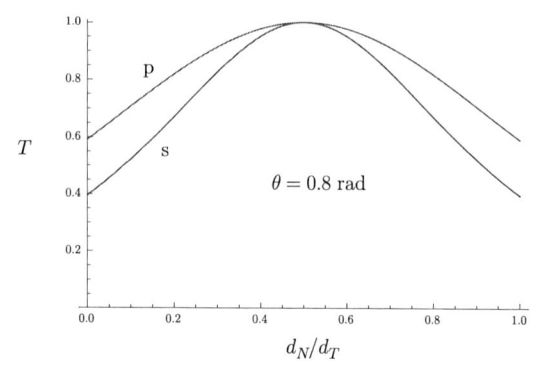

図 11.9　透過率の負屈折率割合依存性

　図 11.9 は，入射角が $\theta = 0.8$ rad のときに，負屈折率媒質の割合を変えたときの透過率をプロットした図である．横軸が 0.5 のとき，完全レンズの状態になり，透過率は 1 になる．これから外れると透過率は減少する．負屈折率媒質の割合が 50%ではない配置は，ピントがぼけた状態に対応する．普通の光学系では，ピントがぼけると，回折波の間の位相がずれ，そのために像がぼやけると説明される．しかし，ここでの場合は，エバネッセント波の透過率，すなわち，振幅が減少するため，解像度が落ちることになる．図 11.9 にある通り，負屈折率媒質の割合が 50%から増大すると，再び透過率は落ちる．実際結果は相補的で，例えば，負屈折率媒質の割合が 30%のときと 70%のときと透過率は等しくなる．したがって，ギャップがすべて負屈折率媒質で満たされたときの透過率は，正屈折率媒質だけのときと同じになる．なお，以上の結果は負屈折率媒質の位置にはよらない．$d_1 + d_3$ が一定であればよく，例えば，$d_3 = 0$ としてよい．

　以上の数値計算による結果を特性行列で確かめてみよう．$n_1 = -n_2 = n_3 = 1, m_1 = m_2 = m_3 = 1$ の理想的な場合，$\theta_1 = -\theta_2 = \theta_3$ となるから，任意の入射角で $\eta_1 = \eta_2 = \eta_3$ が成り立つ．これはエバネッセント波の場合でも正しい．ところが $\eta_j = \eta$ のとき，特性行列を

$$\mathbf{M}(\phi) = \begin{pmatrix} \cos\phi & -\dfrac{i}{\eta}\sin\phi \\ -i\eta\sin\phi & \cos\phi \end{pmatrix} \tag{11.15}$$

と書くと

$$\mathbf{M}(\phi_1)\mathbf{M}(\phi_2) = \mathbf{M}(\phi_1 + \phi_2) \tag{11.16}$$

が成り立つ．通常の媒質では，η が等しいということは同じ材質を意味するから，厚さ d_1 と d_2 の媒質を密着すれば，厚さ $d_1 + d_2$ になるのは当然の結果である．これは何層重ねても成り立つから，ここでの例では，3層の特性行列は $\mathbf{M}(\phi_1 + \phi_2 + \phi_3)$ になる．ところが，負の屈折率媒質では，位相 ϕ の符号が負になる．よって，$d_1 + d_3 = d_2$ であれば，$\phi_1 + \phi_2 + \phi_3 = 0$ になる．こうして，特性行列は単位行列になると結論できる．すなわち，光学的には何もないのと同じであり，入射側の媒質と射出側の媒質が直接接触しているのと変わらない．以上の結果は，エバネッセント波の場合でも正しい．エバネッセント波の場合，位相 ϕ の代わりに，振幅の指数関数的変化を与える量 Δ が現れるが，これも負屈折率媒質中では符号が負になる．よって，位相の場合と同様に $\Delta_1 + \Delta_2 + \Delta_3 = 0$ となり，特性行列は単位行列になる．

付録

ベクトル演算

A.1 微分演算

ベクトル演算公式をまとめておく．3次元空間におけるベクトル微分演算子

$$\nabla = \left(\frac{\partial}{\partial x}, \frac{\partial}{\partial y}, \frac{\partial}{\partial z}\right) \equiv \left(\partial_x, \partial_y, \partial_z\right) \tag{A.1}$$

を導入する．ただし，∂_x は x による偏微分の簡略記号である．この記号はナブラ (nabla) とよむ[*3]．ナブラは偏微分演算子を成分に持つベクトルである．

スカラー関数 ϕ の勾配 (gradient) は

$$\operatorname{grad} \phi \equiv \nabla \phi = \left(\frac{\partial \phi}{\partial x}, \frac{\partial \phi}{\partial y}, \frac{\partial \phi}{\partial z}\right) \tag{A.2}$$

と定義される．grad の意味は，2次元で考えると分かりやすいが，地形図の勾配が一番急な方向とその傾きの大きさを表す．あるいは，等高線が最も密になる方向といってもよい．

ベクトル関数 $\boldsymbol{A} = (A_1, A_2, A_3)$ の発散 (divergence) は

$$\operatorname{div} \boldsymbol{A} \equiv \nabla \cdot \boldsymbol{A} = \frac{\partial A_1}{\partial x} + \frac{\partial A_2}{\partial y} + \frac{\partial A_3}{\partial z} \tag{A.3}$$

と定義される．演算結果はスカラーである．発散の意味は次の通り．図 A.1 に示すように，6面が座標面に平行な，辺の長さ dx, dy, dz の微小な直方体を考える．ベクトル $\boldsymbol{A}$ は流れのベクトルであるとする．$dxdy$ 面を通して単位時間あたりに図の左から流れ込む量は $A_z(x, y, z)dxdy$ に等しい．一方，右から流れ出る量は $A_z(x, y, z+dz)dxdy$ になる．よって，正味の流出量は

$$A_z(x, y, z+dz)dxdy - A_z(x, y, z)dxdy = \frac{\partial A_z}{\partial z}dzdxdy$$

になる．$dydz$ 面，$dzdx$ 面についても同様の式が得られる．これら3つの量の総和は

[*3] 辞書を引くと，古代ヘブライの弦楽器，とある．

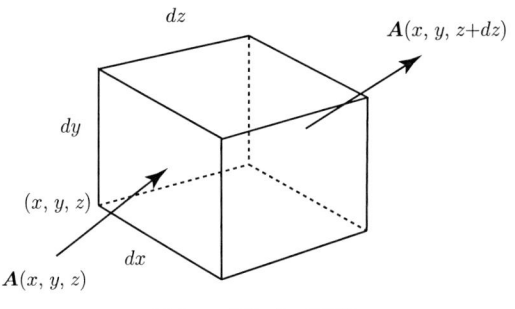

図 **A.1** 発散 div の意味

$\text{div}\,\boldsymbol{A}\,dxdydz$ になり，これが立方体から単位時間あたりに流れ出す量に等しい．すなわち，発散は流れによる変化率を表す．

回転 (rotation) の定義は

$$\text{rot}\,\boldsymbol{A} \equiv \nabla \times \boldsymbol{A}$$
$$= \left(\frac{\partial A_3}{\partial y} - \frac{\partial A_2}{\partial z}, \frac{\partial A_1}{\partial z} - \frac{\partial A_3}{\partial x}, \frac{\partial A_2}{\partial x} - \frac{\partial A_1}{\partial y} \right) \tag{A.4a}$$

で与えられる．なお，回転については curl という記号も使われる．x, y, z 方向の単位ベクトルを，それぞれ $\boldsymbol{i}, \boldsymbol{j}, \boldsymbol{k}$ と表すと，回転は行列式の形に書くこともできる．

$$\nabla \times \boldsymbol{A} = \begin{vmatrix} \boldsymbol{i} & \boldsymbol{j} & \boldsymbol{k} \\ \partial_x & \partial_y & \partial_z \\ A_1 & A_2 & A_3 \end{vmatrix} \tag{A.4b}$$

回転は，その名が示唆するように，回転する量，例えば，渦の強さを表す演算子である．一例として，角速度 ω で回転する物体を考えよう．回転軸を z 軸にとると，円筒座標表示で，位置ベクトルは $\boldsymbol{r} = (r\cos\omega t, r\sin\omega t, z)$ と書ける．これを時間で微分して，速度ベクトル $\boldsymbol{v} = (-\omega r \sin\omega t, \omega r \cos\omega t, 0)$ を得る．速度ベクトルの回転は $\text{rot}\,\boldsymbol{v} = (0, 0, 2\omega)$ となり，回転軸の方向を向いた大きさが角速度の 2 倍に等しいベクトルに一致する．すなわち，rot が一定値をとる速度ベクトルは，その物体の一様な回転に等しい．

最後に，ナブラの 2 乗

$$\triangle = \nabla^2 = \frac{\partial^2}{\partial x^2} + \frac{\partial^2}{\partial y^2} + \frac{\partial^2}{\partial z^2} \tag{A.5}$$

をラプラス演算子 (Laplacian) という．ベクトルの 2 乗は自分自身との内積であるから，$\text{div}(\text{grad}\,\phi) = \nabla \cdot (\nabla \phi) = \triangle \phi$ と表すことができる．

ナブラを使う表記と div などの表記は，全く等価である．適宜使い分けることにするが，実際に計算が必要になるところでは，ナブラを使った方が式の展開が見やすくなる．

A.2　ベクトル演算公式

スカラーおよびベクトル関数の積に対する微分公式を以下にあげる.

$$\nabla(\phi\psi) = (\nabla\phi)\psi + \phi(\nabla\psi) \tag{A.6}$$

$$\nabla \cdot (\phi\boldsymbol{A}) = (\nabla\phi) \cdot \boldsymbol{A} + \phi(\nabla \cdot \boldsymbol{A}) \tag{A.7}$$

$$\nabla \times (\phi\boldsymbol{A}) = (\nabla\phi) \times \boldsymbol{A} + \phi(\nabla \times \boldsymbol{A}) \tag{A.8}$$

$$\nabla \cdot (\boldsymbol{A} \times \boldsymbol{B}) = \boldsymbol{B} \cdot (\nabla \times \boldsymbol{A}) - \boldsymbol{A} \cdot (\nabla \times \boldsymbol{B}) \tag{A.9}$$

$$\nabla \times (\boldsymbol{A} \times \boldsymbol{B}) = (\boldsymbol{B} \cdot \nabla)\boldsymbol{A} - (\boldsymbol{A} \cdot \nabla)\boldsymbol{B}$$
$$+ \boldsymbol{A}(\nabla \cdot \boldsymbol{B}) - \boldsymbol{B}(\nabla \cdot \boldsymbol{A}) \tag{A.10}$$

$$\nabla(\boldsymbol{A} \cdot \boldsymbol{B}) = (\boldsymbol{B} \cdot \nabla)\boldsymbol{A} + (\boldsymbol{A} \cdot \nabla)\boldsymbol{B}$$
$$+ \boldsymbol{A} \times (\nabla \times \boldsymbol{B}) + \boldsymbol{B} \times (\nabla \times \boldsymbol{A}) \tag{A.11}$$

二重微分公式を以下にあげる.

$$\nabla \times (\nabla\phi) = 0 \tag{A.12}$$

$$\nabla \cdot (\nabla \times \boldsymbol{A}) = 0 \tag{A.13}$$

$$\nabla \times (\nabla \times \boldsymbol{A}) = \nabla(\nabla \cdot \boldsymbol{A}) - \nabla^2 \boldsymbol{A} \tag{A.14}$$

A.3　積　分　公　式

ガウス (Gauss) の発散定理と関連する公式

V を任意の立体領域, S を領域 V の境界面とする. $\boldsymbol{n}$ を境界面 S の外向きの法線ベクトルとする.

$$\iiint_V \nabla \cdot \boldsymbol{A} dV = \iint_S \boldsymbol{A} \cdot \boldsymbol{n} dS \tag{A.15}$$

$$\iiint_V \nabla\phi dV = \iint_S \boldsymbol{n}\phi dS \tag{A.16}$$

$$\iiint_V \nabla \times \boldsymbol{A} dV = \iint_S \boldsymbol{n} \times \boldsymbol{A} dS \tag{A.17}$$

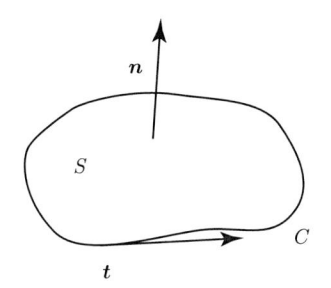

図 **A.2** ストークスの定理

ストークス (Stokes) の定理と関連する公式

S を任意の面領域,C をその境界線とする.n を面の法線ベクトル,t を境界線 C に対する接線ベクトルとする.ただし,n と t の向きは図 A.2 の通りとする.言葉で表現すると,境界線上を接線方向に 1 周したとき右ねじが進む方向が,面の法線方向と同じ側にくるように,接線および法線の方向を定義する.

$$\iint_S (\nabla \times \boldsymbol{A}) \cdot \boldsymbol{n} dS = \int_C \boldsymbol{A} \cdot \boldsymbol{t} ds \tag{A.18a}$$

$$\iint_S (\boldsymbol{n} \times \nabla) \cdot \boldsymbol{A} dS = \int_C \boldsymbol{t} \cdot \boldsymbol{A} ds \tag{A.18b}$$

$$\iint_S (\boldsymbol{n} \times \nabla) \phi dS = \int_C \boldsymbol{t} \phi ds \tag{A.19}$$

$$\iint_S (\boldsymbol{n} \times \nabla) \times \boldsymbol{A} dS = \int_C \boldsymbol{t} \times \boldsymbol{A} ds \tag{A.20}$$

文　　献

1) M. Born and E. Wolf: *Principles of Optics*, 7th ed. (Cambridge University Press, 1999); 草川　徹訳: 光学の原理 I, II, III (東海大学出版会, 2005).
2) 辻内順平: 光学概論 I, II (朝倉書店, 1979).
3) 鶴田匡夫: 応用光学 I, II (培風館, 1990).
4) E. Hecht: *Optics*, 4th ed. (Addison-Wesley, 2002); 尾崎義治, 朝倉利光訳:光学 I, II, III (丸善, 2003).

以下は，各章で引用された文献である．

5) 高橋秀俊, 藤村　靖: 物理学汎論 (丸善, 1990).
6) 大津元一, 田所利康: 光学入門 (朝倉書店, 2008).
7) 土井康弘: 偏光と結晶光学 (共立出版, 1975).
8) A. Yariv and P. Yeh: *Optical Waves in Crystals* (John Wiley, 1984).
9) H. C. Chen: *Theory of Electromagnetic Waves* (McGraw-Hill, 1985).
10) G. N. Ramachandran and S. Ramaseshan: "Crystal Optics", in *Hundbuch der Physik*, **XXV/1** (Springer, 1961) p.1.
11) L. D. Landau, E. M. Lifshitz, and E. M. Pitaevskii: *Electrodynamics of Continuous Media*, 2nd ed. (Pergamon, 1984).
12) 小川智哉: 結晶工学の基礎 (裳華房, 1998).
13) T. Martin Lowry: *Optical Rotatory Power* (Dover, 1964).
14) I. V. Lindell, A. H. Sihvola, S. A. Tretyakov, and A. J. Viitanen: *Electromagnetic Waves in Chiral and Bi-Isotropic Media* (Artech House, 1994).
15) T. G. Mackay and A. Lakhtakia: *Electromagnetic Anisotropy and Bianisotropy* (World Science, 2009).
16) L. D. Landau, E. M. Lifshitz (小林秋男, 小川岩雄, 富永五郎, 浜田達二, 横田伊佐秋訳): 統計物理学 (第 3 版) 下 (岩波書店, 1980) p.460.
17) E. Hecht: *Optics*, 4th ed. (Addison-Wesley,2002) p.363.; 尾崎義治, 朝倉利光訳: 光学 II (丸善, 2003) p.121.
18) 江馬一弘: 光物理学の基礎 (朝倉書店, 2010) 5 章.
19) G. P. Agrawal: *Nonlinear Fiber Optics*, 4th ed. (Achademic Press, 2007) Chap.3.
20) 黒田和男: 非線形光学 (コロナ社, 2008) 7 章.
21) 江馬一弘: 光物理学の基礎 (朝倉書店, 2010) 6 章.
22) *American Institute of Physics Handbook*, 3rd ed. (McGraw Hill, 1972).

23) 福井萬壽夫, 大津元一: 光ナノテクノロジーの基礎 (オーム社, 2003).
24) V. G. Bordo and H.-G. Rubahn: *Optics and Spectroscopy at Surfaces and Interfaces* (Wiley-VHC, 2005).
25) M. Mansuripur (辻内順平訳): シミュレーションで見る光学現象 (新技術コミュニケーションズ, 2006) p.73.
26) P. Yeh: *Optical Waves in Layered Media* (John Wiley, 1988) 5 章.
27) 山口一郎: 応用光学 (オーム社, 1998) p.102.
28) 李正中 (アルバック訳): 光学薄膜と成膜技術 (アグネ技術センター, 2002).
29) H. A. Macleod: *Thin-Film Optical Filters*, 2nd ed. (Adam Hilger, 1986).
30) A. M. Steinberg and R. Y. Chiao: "Subfemtosecond determination of transmission delay times for a dielectric mirror (photonic band gap) as a function of the angle of incidence", *Phys. Rev.* A **51**, 3524 (1995).
31) R. Y. Chiao and A. M. Steinberg: "Tunneling times and superluminality", in *Progress in Optics*, ed. E. Wolf, Vol.37 (North-Holland, 1997) p.345.
32) P. W. Milonni: *Fast Light, Slow Light and Left-Handed Light* (Institute of Physics Publishing, 2005).
33) P. Yeh: *Optical Waves in Layered Media* (John Wiley, 1988).
34) P. Yeh and C. Gu: *Optics of Liquid Crystal Displays*, 2nd ed. (John Wiley, 2010).
35) J. Lekner: *Theory of Reflection* (Martinus Hijhoff Publishers, 1987).
36) 菊池和朗: 光ファイバー通信の基礎 (昭晃堂, 1997) 5 章.
37) 栖原敏明: 光波工学 (コロナ社, 1998) 4 章.
38) 國分泰雄: 光波工学 (共立出版, 1999).
39) 迫田和彰: フォトニック結晶入門 (森北出版, 2004).
40) J.-M. Lourtioz, H. Benisty, V. Berger, J.-M. Gerard, D. Maystre, and A. Tchelnokov (trans. M. Pierre de Fornel): *Photonic Crystals*, 2nd ed. (Springer, 2008).
41) V. G. Veselago: "The electrodynamics of substances with simultaneously negative values of ϵ and μ", *Sov. Phys. Usp.* **10**, 509 (1968).
42) D. R. Smith, W. J. Padilla, D. C. Vier, S. C. Nemat-Nasser, and S. Schultz: "Composite medium with simultaneously negative permeability and permittivity", *Phys. Rev. Lett.* **84**, 4184 (2000).
43) D. R. Smith and N. Kroll: "Negative refractive index in left-handed materials", *Phys. Rev. Lett.* **85**, 2933 (2000).
44) L. Solymer and E. Shamonina: *Waves in Matamaterials* (Oxford University Press, 2009).
45) S. Anantha Ramakrishna and T. M. Grzegorczyk: *Physics and Applications of Nagative Refractive Index Materials* (SPIE Press, 2009).
46) J. B. Pendry: "Negative refraction makes a perfect lens", *Phys. Rev. Lett.* **85**, 3966 (2000).
47) D. R. Smith, D. Schurig, and J. B. Pendry: "Negative refraction of modulated electromagnetic waves", *Appl. Phys. Lett.* **81**, 2713 (2002).
48) Z. M. Zhang and C. J. Fu: "Unusual photon tunneling in the presence of a layer with a negative refractive index", *Appl. Phys. Lett.* **80**, 1097 (2002).

索　　引

p 偏光　15
s 偏光　15
TE 偏光　15
TE モード　15
TM 偏光　15
TM モード　15

ア　行

アドミッタンス　9, 190
アドミッタンス図　150

異常光線　72
異常光線主屈折率　72
位相遅れ　44, 89, 155
移相子　43
位相板　43
一軸結晶　72
因果律　107
インパルス応答関数　107
インピーダンス　9

ヴェルデ定数　104

エネルギー密度　11, 113
エバネッセント波　29, 125, 141
円錐屈折　83
円二色性　91
円偏光　35

応答関数　107
オットー配置　128
オームの法則　3
オンサーガーの相反定理　92

カ　行

外部円錐屈折　85
カイラル媒質　91
拡張ジョーンズ行列法　151
カー効果　89
かすり入射　23
活性ベクトル　100
完全レンズ　197

規格化周波数　176
規格化伝搬定数　176

屈折の法則　14, 85
屈折率　7
屈折率楕円体　64
屈折率ベクトル　14
屈折率面　69
クレッツマン配置　128
群屈折率　111
群速度　111
群速度分散　111

形態複屈折　186
減衰全反射　128

光学アドミッタンス　150
光学活性　91
光学軸　73, 78
光学的等方結晶　71
光学薄膜　147
光子の運動量　15
構成関係式　2, 92
合成積　108

合成積定理　108
光線速度　67
光線速度面　69
光線ベクトル　67
構造複屈折　186
コットン・ムートン効果　104
コノスコープ　158
コヒーレンシー行列　46
コヒーレンス関数　46

　　　　サ　行

磁化　2
磁化率　3
時間反転　25
磁気カー効果　105
磁気光学効果　102
磁束密度　2
磁場　1
シフト不変性　108
修正光学アドミッタンス　134
主屈折率　60
主誘電率　60
ジュール熱　4, 113
常光線　72
常光線主屈折率　72
障壁通過時間　146
ジョーンズ行列　42
ジョーンズベクトル　40
進相軸　44
振動面　8
振幅透過係数　16
振幅反射係数　16

垂直入射　23
ストークスの関係式　26
ストークスパラメーター　47
スネルの法則　14

旋回ベクトル　99, 103
旋光子　42
旋光性　91
旋光能　91
全反射　28

双対性　68

　　　　タ　行

楕円偏光　35
楕円率　35
楕円率角　35
多層膜　132
単層膜　137

チェレンコフ効果　191
遅相軸　44
直線偏光　8

電荷密度　2
電気感受率　3
電気光学係数　88
電気光学効果　87
電気双極子モーメント　108
電気伝導度　4
電気分極　2
電気変位　2
電束密度　2
伝達関数　108
電場　1
電流密度　2

透過率　21
透磁率　2
導波路　173
特性行列　133, 136
ドップラー効果　191
ドルーデモデル　121
トンネル効果　146

　　　　ナ　行

内部円錐屈折　84

二軸結晶　71, 77
入射面　13

　　　　ハ　行

波数　7
波長　7
波長板　43

波動ベクトル　6, 13
反射防止膜　139
反射率　21
搬送波　111
反対称単位テンソル　99
半波長電圧　89

光トンネル効果　141
比透磁率　3
比誘電率　3
表面プラズモン　126
表面プラズモンポラリトン　126
表面ポラリトン　125

ファラディ効果　102
フォークト効果　104
フォトニック結晶　186
不均一な層状媒質　161
複屈折　85
負屈折率媒質　188
部分偏光　46
プラズマ周波数　121
フーリエ変換　107
ブリユアンゾーン　187
ブルースター角　23
フレネル係数　19
フレネルの菱面体　44
フレネル方程式　62, 98
ブロッホの定理　181
分極率　108

平板導波路　173
偏光　33
偏光角　23

偏光行列　46
偏光子　42
偏光素子　42
偏光板　42

ポアンカレ球　52
ホイヘンスの原理　86
ポインティングベクトル　12, 60, 112, 189
包絡線　111
ポッケルス係数　88
ポッケルス効果　87
ポッケルスセル　88

マ 行

マクスウェル方程式　1, 5, 60
マリュスの法則　43, 56

ミューラー行列　54

メタマテリアル　188

ヤ 行

有効ポッケルス係数　88
誘電率　2

ラ 行

臨界角　21, 28

連続の式　4

漏洩全反射　141
ローレンツモデル　109
ロンスキアン　163

著者略歴

黒田 和男 (くろだ かずお)
1947年　東京都に生まれる
1976年　東京大学大学院工学系研究科
　　　　博士課程修了
現　在　東京大学名誉教授，
　　　　工学博士

光学ライブラリー3
物理光学—媒質中の光波の伝搬—　　　定価はカバーに表示

2011年3月20日　初版第1刷
2017年8月25日　　第3刷

著者　黒　田　和　男
発行者　朝　倉　誠　造
発行所　株式会社　朝倉書店
　　　　東京都新宿区新小川町6-29
　　　　郵便番号　162-8707
　　　　電　話　03(3260)0141
　　　　Ｆ　Ａ　Ｘ　03(3260)0180
　　　　http://www.asakura.co.jp

〈検印省略〉

© 2011 〈無断複写・転載を禁ず〉　　　中央印刷・渡辺製本

ISBN 978-4-254-13733-0　C 3342　　　Printed in Japan

JCOPY <(社)出版者著作権管理機構 委託出版物>

本書の無断複写は著作権法上での例外を除き禁じられています．複写される場合は，そのつど事前に，(社)出版者著作権管理機構（電話 03-3513-6969，FAX 03-3513-6979, e-mail: info@jcopy.or.jp）の許諾を得てください．

好評の事典・辞典・ハンドブック

物理データ事典	日本物理学会 編	B5判 600頁
現代物理学ハンドブック	鈴木増雄ほか 訳	A5判 448頁
物理学大事典	鈴木増雄ほか 編	B5判 896頁
統計物理学ハンドブック	鈴木増雄ほか 訳	A5判 608頁
素粒子物理学ハンドブック	山田作衛ほか 編	A5判 688頁
超伝導ハンドブック	福山秀敏ほか編	A5判 328頁
化学測定の事典	梅澤喜夫 編	A5判 352頁
炭素の事典	伊与田正彦ほか 編	A5判 660頁
元素大百科事典	渡辺 正 監訳	B5判 712頁
ガラスの百科事典	作花済夫ほか 編	A5判 696頁
セラミックスの事典	山村 博ほか 監修	A5判 496頁
高分子分析ハンドブック	高分子分析研究懇談会 編	B5判 1268頁
エネルギーの事典	日本エネルギー学会 編	B5判 768頁
モータの事典	曽根 悟ほか 編	B5判 520頁
電子物性・材料の事典	森泉豊栄ほか 編	A5判 696頁
電子材料ハンドブック	木村忠正ほか 編	B5判 1012頁
計算力学ハンドブック	矢川元基ほか 編	B5判 680頁
コンクリート工学ハンドブック	小柳 洽ほか 編	B5判 1536頁
測量工学ハンドブック	村井俊治 編	B5判 544頁
建築設備ハンドブック	紀谷文樹ほか 編	B5判 948頁
建築大百科事典	長澤 泰ほか 編	B5判 720頁

価格・概要等は小社ホームページをご覧ください.